高职高专"十三五"规划教材

焊接方法与操作实训

U0167803

主　编　罗　意
副主编　李晓波　提学超　夏江华　宋　琴
主　审　蔡顶伦　李文兵

北京航空航天大学出版社

内 容 简 介

为适应"工学结合、校企合作"的职业教育培养模式,充分体现"基于工作过程导向"的职业教育理念,本书邀请全国技术能手、航天技能大奖获得者肖怀国以及国家焊接大师工作室负责人李兵等参与案例编写;以项目模式组织内容,注重理论学习和技能实训间的相互渗透、融合;项目之间相对独立,涵盖了焊接生产实训的主要内容。

本书共 6 个项目,内容包括焊接安全与防护、焊条电弧焊、二氧化碳气体保护焊、钨极氩弧焊、气焊与气割、综合强化训练。通过本书的学习和训练,读者可以根据具体的焊接操作方法,选择合适的焊接工艺、运用正确的焊接操作技术,完成对焊接产品的焊接生产。

本书可作为高等职业技术院校或中等专业学校焊接专业的实训教材,也可供从事焊接理论研究、焊接生产与施工等工程技术人员参考。

图书在版编目(CIP)数据

焊接方法与操作实训 / 罗意主编. -- 北京 : 北京
航空航天大学出版社,2020.1
ISBN 978 - 7 - 5124 - 3028 - 0

Ⅰ. ①焊… Ⅱ. ①罗… Ⅲ. ①焊接—高等学校—教材
Ⅳ. ①TG4

中国版本图书馆 CIP 数据核字(2019)第 125993 号

焊接方法与操作实训
主 编 罗 意
副主编 李晓波 提学超 夏江华 宋 琴
主 审 蔡顶伦 李文兵
责任编辑 蔡 喆 周世婷
*
北京航空航天大学出版社出版发行

北京市海淀区学院路 37 号(邮编 100191) http://www.buaapress.com.cn
发行部电话:(010)82317024 传真:(010)82328026
读者信箱:goodtextbook@126.com 邮购电话:(010)82316936
北京时代华都印刷有限公司印装 各地书店经销
*
开本:787×1 092 1/16 印张:14.25 字数:365 千字
2020 年 2 月第 1 版 2020 年 2 月第 1 次印刷 印数:2 000 册
ISBN 978 - 7 - 5124 - 3028 - 0 定价:42.00 元

前　　言

　　本教材以教育部高职高专教育指导思想、教育教学改革、人才培养目标为指导,以校企合作制订的《焊接生产岗位职业标准》为依据,参照国家职业技能鉴定标准中应知应会的内容和要求,结合相关企业职工队伍素质和企业整体素质的建设需求而编写。本教材内容上与实际工作紧密结合,形式上充分体现"基于工作过程导向"的职业教育理念。全书内容包括 6 个学习项目,每个学习项目又分为若干任务,项目及任务内容均按照高职学生的认知规律设计,便于强化学生的实际操作能力。

　　本教材由四川航天职业技术学院罗意担任主编,四川航天职业技术学院李晓波、提学超、夏江华、宋琴担任副主编。四川航天职业技术学院罗意编写导入、项目 1、项目 5;李晓波和提学超编写项目 2、项目 3;夏江华和宋琴编写项目 4;中国航天 7304 厂全国技术能手肖怀国、俞方勇,7102 厂全国技术能手李兵,四川航天万欣科技有限公司李鹏编写项目 6。全书由罗意统稿和定稿,由中国航天科技集团公司 7304 厂焊接特级技师蔡顶伦、四川航天职业技术学院李文兵教授主审。

　　本教材在编写过程中得到了四川航天职业技术学院汽车工程系黄昌志教授及各参编单位同仁的大力支持和帮助,在此表示衷心感谢。

　　由于编者水平有限,本书难免会有疏漏和欠妥之处,恳请广大读者批评指正。

编　者

2019 年 12 月

目　　录

导　入

实训就是实践教学,是学生获取职业技能的根本途径。实训不仅可以激发学生的创新精神,还可以培养学生的创新能力。人们对于客观事物和科学原理的认识总是经过理论—实践—再理论的循环往复而获得的,实践的延伸使得感性认识水平不断提高,进而加深对理论的理解,这种体验促使个体将一些在理论意义上难以整合的东西与实践加以联系,从而形成一种理实一体的新形态。作为高职教育的主体教学,实训教学是引导学生自己应用技术,增强个人体验以获取技术应用能力和职业能力的教学过程。

焊接技术具有基础雄厚、知识面广、适用性强、应用面广等特征。从原理来看,焊接过程包括冶金、铸造、焊接、压力加工和热处理等方面的知识;从材料上看,焊接技术涉及各种材料的应用;从结构上看,焊接技术涉及应用过程中的力学行为、焊缝及结构的检测和安全评定;从所用能源看,焊接技术涉及各种新型能源;从应用设备看,焊接技术涉及电子电器设备或机电一体化设备,机器人和信息化产品的应用等。因此要求焊接专业的毕业生不仅要在焊接技术上在行,在热加工原理、结构、材料、工艺及设备等方面的知识也要能学以致用;要在数学、物理、化学和制图的基础上掌握一定的力学、机械、电子信息、材料和加工技术知识,掌握必要的焊接技术与基础知识。

当今社会所需的人才,不仅要具有较强的专业知识,更要具有全面的职业素质,不仅要具有扎实的理论知识,更需要具有实践能力,对高职高专学生要求的重点是具有从事本专业领域实际工作的基本能力和技能。据此,本教材结合高职教育人才培养目标的应用性特征要求,以校企合作制订的《焊接生产岗位职业标准》为依据,参照国家职业技能鉴定标准中应知应会的内容和相关企业对职工队伍素质能力要求而编写,注重对学生技术、技能的训练,体现了高职教育面向生产实际、突出职业性的教学特色。

一、学员实训守则

① 实训过程中,应严格遵守纪律,不得迟到、早退或无故不参加实训。学生在实训期间一般不得请假,如有特殊情况,需履行请假、销假手续;迟到或早退一次扣 2 分,累计迟到、早退三次按旷课一天处理,扣 8 分。

② 学生进入实训现场必须遵守相关规章制度,按规定正确穿戴劳动保护用品,不得大声喧哗和打闹,不准抽烟、随地吐痰、乱丢杂物;工件、工具应摆放整齐,保证实训场地规范、整洁。

③ 学生实训必须接受安全文明生产教育,听从指导教师和管理人员的指挥,严格遵守安全技术操作规范,否则,令其停止操作或退出。

④ 学生实训必须在指定工位上进行操作,非上课时间或未经指导教师批准不得开动设备,未经允许不得占用其他工位设备,更不得任意调整、开启其他机器设备。

⑤ 丢失、损坏物品,应及时填写报告单,按规定进行处理;将他人物品据为己有或人为破坏设施设备的,除加重经济处罚外,还要给予相应纪律处分。

⑥ 实训时必须注意安全,防止人身和设备事故的发生;若出现事故,应立即切断电源,并及时报告,立即保护现场,不得自行处理。

⑦ 实训完毕,应对现场进行打扫清理,经指导教师检查仪器设备、工具、材料和记录后方可离开。

⑧ 有下列情况之一者,按违纪处理,不计成绩。

➢ 动手能力差,成绩考核弄虚作假者。

➢ 因本人过失,造成安全事故者。

➢ 各种假累计超过该工种实习时间三分之一者。

➢ 旷课两天以上者。

⑨ 实习成绩不合格者没有补考机会,只能重修。

二、焊接从业人员职业道德

(一) 基本概念

道德:是一定社会、阶级向人们提出的处理人与人、个人与社会、个人与自然之间各种关系的一种特殊的行为规范,是不断发展变化的。

道德是做人的根本,人生在世"学做人,学做事"是最重要的两件事。

职业道德:是从事一定职业的人们在工作过程中所应该遵守的、与其职业活动紧密联系的道德规范和原则的总和,它是人们在工作过程中形成的一种内在的、非强制性的约束机制。

职业道德的特征:① 范围上的有限性;② 内容上的稳定性和连续性;③ 形式上的多样性;④ 具有强烈的纪律性。

(二) 职业道德的意义

职业道德是社会道德体系的重要组成部分,一方面具有社会道德的一般作用,另一方面又具有自身的特殊作用,具体表现如下:

① 调节职业交往中从业人员内部以及从业人员与服务对象间的关系。一方面可以调节从业人员内部的关系,即运用职业道德规范约束职业内部人员的行为,促进职业内部人员的团结与合作,如职业道德规范要求各行各业的从业人员都要团结、互助、爱岗、敬业、齐心协力地为发展本行业、本职业服务;另一方面又可以调节从业人员和服务对象之间的关系,如职业道德规定了制造产品的工人要怎样对用户负责等。

② 有利于推动社会主义物质文明和精神文明建设。从事职业活动的人们自觉遵守职业道德,将规范人们的职业活动和行为,可以极大程度地推动整个社会的物质创造活动。同时,良好的职业道德创造良好的社会秩序,提高人们的思想境界,为树立社会良好的道德风尚奠定了坚实的基础,促进社会主义精神文明建设。

③ 有利于行业、企业建设和发展。行业的从业人员遵守职业道德,对行业发展影响巨大。不断提高行业的道德标准,将是行业自身建设和发展的客观要求。促进企业经营管理、提高经济效益需要充分发挥企业中每个职工的劳动积极性、能动性。这要求广大职工自觉遵守职业道德,从思想和行动上全身心投入到工作当中,产生对企业的凝聚力和推动力。职业道德还可

以保障企业的发展按照正常的轨道前进,使企业获得良好的经济效益和社会效益。

④ 有利于个人的提高和发展。职业人员应该树立良好的职业道德,遵守职业守则,安心本职工作,勤奋钻研本职业务,才能提高自身的职业能力和素质。在市场经济条件下,社会发展的必然趋势是高素质的劳动者向高效益的企业流动。只有树立良好的职业道德,不断提高职业技能,劳动者才能够在优胜劣汰的竞争中立于不败之地。

（三）焊接从业人员职业守则

① 遵守国家法律、法规与政策和企业的有关规章制度。
② 爱岗敬业,忠于职守,认真、自觉地履行各项岗位职责。
③ 谦虚谨慎,团结合作,吃苦耐劳,严于律己,克己奉公。
④ 严格执行各项安全操作规程,创造安全卫生的工作环境。
⑤ 严格执行工艺规范及操作流程,不断提高工作和产品质量。
⑥ 刻苦钻研业务技术,勤于实践,不断提高操作技术水平。

三、焊接简要情况概述

（一）焊接方法的分类

按照焊接过程中金属所处的状态不同,可以把焊接方法分为熔焊、钎焊和压焊 3 类,如图 1 所示。

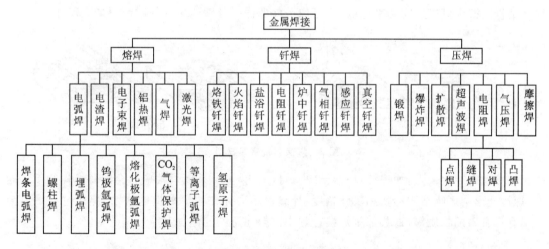

图 1　焊接方法的分类

熔焊是在焊接过程中,将焊件接头加热至熔化状态后不加压完成焊接的方法。在加热的条件下,增强了金属的原子动能,促进了原子间的相互扩散。当被焊金属加热至熔化状态形成液态熔池时,原子之间可以充分扩散和紧密接触,因此冷却凝固后,即可形成牢固的焊接接头。常见的气焊、电弧焊、电渣焊、气体保护电弧焊等都属于熔焊的方法。

压焊是在焊接的过程中,必须对焊件施加压力(加热或不加热),以完成焊接的方法。这类焊接有两种形式:一是将被焊金属的接触部分加热至塑性状态或局部熔化状态,然后施加一定的压力,以使金属原子间相互结合形成牢固的焊接接头,如锻焊、接触焊、摩擦焊和气压焊等就是此种类型的压焊方法;二是不进行加热,仅在被焊金属的接触面上施加足够大的压力,借助压力所引起的塑性变形,使原子间相互接近而获得牢固的挤压接头,这种压焊的方法有冷压焊、爆炸焊等。

钎焊是采用比母材熔点低的金属材料,将焊件和钎料加热到高于钎料熔点,低于母材熔点的温度,利用液态钎料湿润母体,填充接头间隙并与母材相互扩散实现连接焊件的方法,常见的钎焊方法有烙铁钎焊、火焰钎焊等。

(二)电弧焊的分类

利用电弧作为热源的熔焊方法,称为电弧焊。电弧焊是现代焊接方法中应用最为广泛,也是最为重要的一类焊接方法。它可分为焊条电弧焊、埋弧自动焊和气体保护焊等。焊条电弧焊的最大优点是设备简单,应用灵活、方便,适用面广,可焊接各种焊接位置和直缝、环缝及各种曲线焊缝,尤其适用于操作不变的场合和短小焊缝的焊接;埋弧自动焊具有生产率高、焊缝质量好、劳动条件好等特点;气体保护焊具有保护效果好、电弧稳定、热量集中等特点,其又可以按保护气体的种类、电极的形式和操作方法进行细分。

(三)焊接技术的特点

① 焊接与铆接相比(见图2),焊接可以节省大量金属材料,减小结构的重量。

② 焊接与铸造相比,首先,焊接不需要制作木模和砂型,也不需要专门熔炼、浇铸,工序简单,生产周期短,对于单件和小批生产特别明显。其次,焊接结构比铸件能节省材料,这是因为焊接结构的截面可以按需要来选取,不必像铸件那样因受工艺条件的限制而加大尺寸。

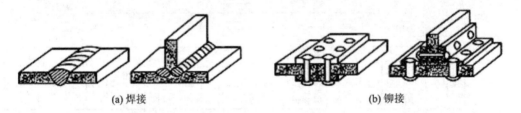

(a)焊接　　　　　　　　　　　　　　　(b)铆接

图2　焊接与铆接实物图

焊接也有一些缺点:如焊接过程会产生焊接应力与变形,而焊接应力会削弱结构的承载能力,焊接变形会影响结构形状和尺寸精度;焊缝中还会存在一定数量的缺陷,焊接过程中还会产生有毒有害的物质等,这些都是焊接过程中需要注意的问题。

(四)焊接接头、焊接坡口与焊缝形式

1. 焊接接头形式

用焊接方法连接的接头称为焊接接头(简称接头)。焊接接头包括焊缝、熔合区和热响区,其形式有:

① 对接接头。两焊件端面相对平行的接头称为对接接头,对接接头在焊接结构中是采用最多的一种接头形式。根据焊件的厚度、焊接方法和坡口准备的不同,对接接头可分为:不开坡口的对接接头和开坡口的对接接头,如图3所示。

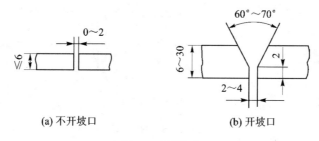

图 3　对接接头

② T 形接头。一焊件的端面与另一焊件的表面构成直角或近似直角的接头,称为 T 形接头。按照焊件厚度和坡口准备的不同,T 形接头可分为不开、单边 V 形、K 形以及双 U 形 4 种坡口形式,T 形接头的形式如图 4 所示。T 形接头作为一般联系焊缝,钢板厚度在 2~30 mm 时,可不开坡口,不需要较精确的坡口准备。若 T 形接头的焊缝为工作焊缝,要求承受载荷,为了保证接头强度,使接头焊透,可分别选用单边 V 形、K 形或双 U 形等坡口形式。

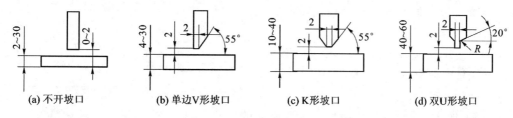

图 4　T 形接头形式

③ 角接接头。两焊件端面间构成大于 30°、小于 135°夹角的接头,称为角接接头。角接接头形式如图 5 所示。角接接头一般用于不重要的焊接结构中。根据焊件厚度和坡口准备的不同,角接接头可分为不开坡口、单边 V 形坡口、V 形坡口及 K 形坡口 4 种形式,但开坡口的角接接头在一般结构中较少采用。

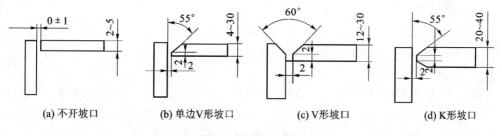

图 5　角接接头形式

④ 搭接接头。两焊件部分重叠构成的接头称为搭接接头,搭接接头根据其结构形式和对强度的要求不同,可分为不开坡口、圆孔内塞焊以及长孔内角焊 3 种形式,如图 6 所示。

2. 焊接接头坡口

① 坡口尺寸。坡口尺寸名称及代表字母主要有:坡口角度 α、坡口面角度 β、钝边高度 p、根部间隙 b、坡口深度 H、根部半径 R,坡口尺寸如图 7 所示。

② 坡口加工方法。

➢ 刨床加工。各种形式的直坡口都可采用边缘刨床或牛头刨床加工。

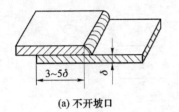
(a) 不开坡口

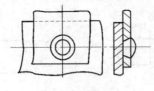
(b) 圆孔内塞焊

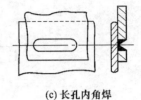
(c) 长孔内角焊

图 6　搭接接头形式

> 铣床加工。V 形坡口、Y 形坡口、双 Y 形坡口、I 形坡口的长度不大时，在高速铣床上加工是比较好的。

> 数控气割或半自动气割。可割出 I 形、V 形、Y 形、双 V 形坡口,通常培训时使用的单 V 形坡口试板都是用半自动气割机割出来的,没有钝边,割好的试板用角向磨光机打磨一下就能使用。

> 手工加工。如果没有加工设备,可用手工气割、角向磨光机、电磨头、风动工具或锉刀加工坡口。

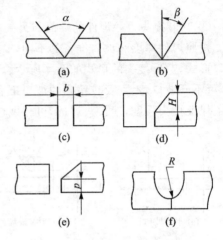
图 7　坡口的尺寸

> 车床加工。管子端面的坡口及管板上的孔,通常都在车床上加工。

> 钻床加工。只能加工管板上的孔,由于孔较大,必须用大钻床钻孔。

> 管子坡口加工专用机床加工。管子端面上的坡口可在专用设备上加工,十分方便。

③ 坡口的清理。

> 清理坡口的目的。清理坡口表面上的油、铁锈、油污、水分及其他有害杂质以保证焊接质量。

> 清理方法。可采用机械方法或化学方法将坡口表面及两侧 10 mm(焊条电弧焊)或 20 mm(埋弧焊、气体保护焊)范围内污物清理干净。

3. 焊缝形式

焊缝是焊件经焊接后所形成的结合部分,焊缝按不同分类方法可分为下列几种形式:

① 按焊缝在空间位置的不同,可分为平焊缝、立焊缝、横焊缝及仰焊缝 4 种形式。

② 按焊缝结合形式不同,可分为对接焊缝、角焊缝及塞焊缝 3 种形式。

③ 按焊缝断续情况可分为:

> 定位焊缝。焊前为装配和固定焊件接头的位置而焊接的短焊缝称为定位焊缝。

> 连续焊缝。沿接头全长连续焊接的焊缝。

> 断续焊缝。沿接头全长焊接具有一定间隔的焊缝称为断续焊缝,它又可分为并列断续焊缝和交错断续焊缝。断续焊缝只适用于对强度要求不高,以及不需要密闭的焊接结构。

（五）焊接用金属材料

金属材料是金属元素或以金属元素为主而构成的具有金属特性的材料的统称。

金属材料具有资源丰富、生产技术成熟、产品质量稳定、强度高、塑性和韧性好、耐热、耐寒、耐磨、可锻造、铸造、冲压和焊接、导电、导热性和铁磁性优异等特点,已成为现代工业和现代科学技术中最重要的材料之一,唯一的缺点是会生锈。

金属材料一般可分为黑色金属材料和有色金属材料两类,如图8所示。

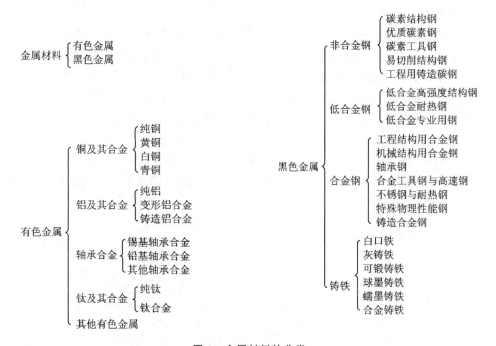

图8 金属材料的分类

1. 合金钢的分类

黑色金属是生铁和钢的总称。钢铁材料通常是指铁碳合金,按照含碳量的大小进行分类:含碳量(质量分数)高于2%的为生铁,低于2%的为钢,含碳量(质量分数)低于0.04%的为工业纯铁。人们在碳钢的基础上,有目的地加入锰、硅、镍、钒、钨、钼、铬、钛、硼、铝、铜、氮和稀土等合金元素,形成了合金钢。合金钢的种类繁多,根据选材、生产、研究和管理等不同的要求,可采用不同的分类方法。

（1）按合金钢的用途分类

① 合金结构钢。主要用于制造重要的机械零部件和工程结构件的钢,包括普通低合金钢、易切削钢、渗碳钢、调质钢、弹簧钢、滚动轴承钢等。

② 合金工具钢。主要用于制造重要工具的钢,包括刃具、模具钢、量具钢等。

③ 特殊性能用钢。主要用于制造有特殊物理、化学、力学性能的钢,包括不锈钢、耐热钢、耐磨钢等。

（2）按合金元素的含量分类

① 碳钢。

➢ 低碳钢：碳钢中含碳质量分数 $w_c \leqslant 0.25\%$。

➢ 中碳钢：碳钢中含碳质量分数 w_c 为 $0.25\% \sim 0.6\%$。

➢ 高碳钢：碳钢中含碳质量分数 $w_c \geqslant 0.6\%$。

② 合金钢。

➢ 低合金钢：钢中合金元素总的质量分数 $w_c \leqslant 5\%$。

➢ 中合金钢：钢中合金元素总的质量分数 w_c 为 $5\% \sim 10\%$。

➢ 高合金钢：钢中合金元素总的质量分数 $w_c \geqslant 10\%$。

2. 有色金属

有色金属又称非铁金属，这类金属材料因其外观大多具有各种不同的色泽而得名。有色金属的产品只占金属材料产量的 5% 左右，但其作用却是钢铁材料无法替代的。

① 铝及铝合金。通过长期的生产实践和科学实验研究，人们逐渐以加入合金元素及运用热处理等方法来强化铝，得到了一系列的铝合金。铝合金密度低，但强度比较高，塑性好，可加工成各种产品。合金铝具有优良的导电性、导热性和抗蚀性，工业上广泛使用，使用量仅次于钢。

② 铜及铜合金。纯铜具有优良的导电、导热、耐蚀性、高塑性及可焊性，但纯铜的强度较低，加工硬化较为显著，且塑性较差。合金化是改善这些缺点的有效途径，铜合金根据加入合金元素的不同，分为黄铜、青铜和白铜。

项目1　焊接安全与防护

知识和能力目标

① 熟悉焊接安全的重要性,掌握焊接有害因素的来源、危害及防护措施;

② 熟悉预防触电的安全知识;

③ 熟悉预防火灾和爆炸的安全技术;

④ 掌握焊工作业人员条件、劳动防护用品和焊接施工作业管理的要求;

⑤ 熟悉场地设备、工具及夹具的安全检查;

⑥ 掌握焊割作业人员十"不准焊"原则;

⑦ 掌握焊条电弧焊安全操作规程。

焊工在工作时要与电、可燃及易爆气体、易燃液体、压力容器等接触,在焊接过程中会产生一些有害气体、金属蒸气及烟尘、电弧光辐射、焊接热源(电弧、气体火焰)的高温等,如果焊工不遵守安全操作规程,就可能引起触电、灼伤、火灾、爆炸、中毒等事故,这不仅给国家财产造成经济损失,而且直接影响焊工及其他工作人员的人身安全。

党和政府对焊工的安全健康非常重视,焊工工作时要有必需的安全防护用品,以保证焊工的安全。为了进一步贯彻执行安全生产的方针,加强企业生产中安全工作的管理,保证职工的安全和健康,促进生产,国务院发布的《国务院关于加强企业生产中安全工作的几项规定》召开的《全国安全生产会议》都明确指出:对于从事电气、起重、锅炉、受压容器、焊接等特殊工种的工人,必须进行专门的安全操作技术训练,经过考试合格后,才能允许现场操作"。经常对焊工进行安全技术教育和训练,从思想上重视安全生产,明确安全生产的重要性,增强责任感,了解安全生产的规章制度,熟悉并掌握安全生产的有效措施,避免和杜绝事故的发生。

任务1.1　焊接有害因素的来源、危害及防护

在焊接生产工作中,凡是影响操作者身心健康的因素,都被称为焊接有害因素。有害因素有两类:一类是物理有害因素,如电弧辐射、热辐射、金属飞溅、高频电磁场、噪声和射线等;另一类是化学有害因素,如在焊接过程中产生的焊接烟尘和有害气体等。常用焊接方法的有害因素如表1-1所列。

表1-1　常见焊接方法的有害因素

焊接方法		有害因素						
		电弧辐射	烟尘	有害气体	金属飞溅	高频电场	放射线	噪声
焊条电弧焊	酸性焊条	轻微	中等	轻微	轻微	—	—	—
	低氢型焊条	轻微	强烈	轻微	中等	—	—	—
	高效率铁粉焊条	轻微	最强烈	轻微	轻微	—	—	—

焊接方法		有害因素						
		电弧辐射	烟尘	有害气体	金属飞溅	高频电场	放射线	噪声
钨极氩弧焊		中等	轻微	中等	轻微	中等	轻微	—
熔化极氩弧焊	焊铝及铝合金	强烈	中等	强烈	轻微	—	—	—
	焊不锈钢	中等	轻微	中等	轻微	—	—	—
	焊黄铜	中等	强烈	中等	轻微	—	—	—
CO_2 气体保护焊	细丝	轻微	轻微	轻微	轻微	—	—	—
	粗丝	中等	中等	轻微	中等	—	—	—
	管状焊丝	中等	强烈	轻微	轻微	—	—	—
埋弧焊		—	中等	轻微	—	—	—	—
电渣焊		—	轻微	—	—	—	—	—
等离子弧焊	微束	轻微	—	轻微	—	轻微	轻微	—
	大电流	中等	—	轻微	—	轻微	轻微	—
等离子弧切割	铝材	强烈	中等	强烈	中等	轻微	轻微	中等
	铜材	强烈	强烈	最强烈	中等	轻微	轻微	—
	不锈钢	强烈	中等	中等	轻微	轻微	轻微	中等
电子束焊		—	—	—	—	—	强烈	—
氧乙炔气焊(焊黄铜、铝)		—	轻微	轻微	—	—	—	—
钎焊	火焰钎焊	—	—	轻微	—	—	—	—
	盐浴钎焊	—	—	最强烈	—	—	—	—

注:钨极氩弧焊、等离子弧焊接与切割采用钍钨极时有轻微放射性;采用铈钨极时则无放射性;采用高频引弧频繁引弧时,则会产生高频电磁场。

1.1.1　弧光辐射

焊接过程中的弧光辐射由紫外线、可见光和红外线等组成。利用电能转变为热能的熔焊过程中,电弧的高温加热作用而产生的属于热线谱。弧光辐射到人体上,被体内组织吸收,引起组织的热作用、光化学作用或电离作用,致使人体组织发生急性或慢性的损伤,弧光辐射对人体的影响具体如下:

① 紫外线。适量的紫外线对人体健康是有益的,但焊接电弧产生的强烈紫外线对人体的照射,会对皮肤和眼睛造成伤害。

➤ 对皮肤的作用。不同波长的紫外线可被皮肤不同深度组织所吸收。皮肤受强烈紫外线作用时,会引起皮炎、弥漫性红斑,有时出现小水泡,浮肿并伴有渗出液,有热灼感,发痒。

➤ 电光性眼炎。紫外线过度照射引起眼睛的急性角膜炎称为电光性眼炎,这是明弧焊直接操作和辅助工人的一种特殊职业眼病。波长很短的紫外线,尤其是 320 nm 以内的,能损害结膜与角膜,有时甚至伤及虹膜和网膜。

➤ 对纤维的破坏。焊接电弧的紫外线辐射对纤维的破坏能力很强,其中对棉织品破坏最严重。光化学作用会使棉布工作服氧化变质而破碎,有色印染物显著褪色。这是明弧焊工棉布工作服不耐穿的原因之一,尤其是氩弧焊、等离子弧焊等操作时破坏更为明显。

② 红外线。红外线对人体的危害主要是引起组织的热作用。波长较长的红外线可被皮肤表面吸收,使人产生热的感觉。短波红外线可被组织吸收,使血液和深部组织灼伤。在焊接过程中,眼部受到强烈的红外线辐射时,会立即感到强烈的灼痛,会产生闪光幻觉。长期接触可能造成红外线白内障,使视力减退,严重时会导致失明,此外还可能造成视网膜灼伤。

③ 可见光。焊接电弧的可见光线的强度,比肉眼正常承受的强度大约高 10 000 倍,眼睛受到可见光照射时,有疼痛感,短时间内看不清东西,甚至丧失劳动力,但不久即可恢复。可见光的这种伤害通常叫"电弧晃眼",这是明弧焊工人和辅助人员常见的职业病。

焊割作业人员在明弧焊时,必须使用镶有特制护目镜片的手持式面罩或头戴式面罩(头盔)。面罩用暗色 1.5 mm 厚钢纸板制成,护目镜片有吸收式滤光镜片和反射式防护镜片两种,吸收式滤光镜片根据颜色深浅分不同的遮光号,应按照焊接电流强度选用,焊接滤光片推荐使用的遮光号如表 1-2 所列。近些年研制生产的高反射式防护镜片是在吸收式滤光镜片上

表 1-2 焊接滤光片推荐使用遮光号

遮光号	电弧焊接与切割	气焊与气割	备 注
1.2	—		
1.4 1.7 2	防侧光与杂散光	—	
2.5 3 4	辅助工种	—	
5 6	30 A 以下的电弧焊作业	—	
7 8	30～75 A 电弧焊作业	工件厚度为 3.2～12.7 mm	表中主要是根据焊接电流的大小推荐使用滤光片的深浅。如果考虑到视力的好坏、照明的强弱、室内与室外等因素,在选用遮光号时大小可上下差一个号。 如果在焊接与切割的过程中电流较大,就要选用遮光号较大的滤光片。
9 10	75～200 A 电弧焊作业	工件厚度为 12.7 mm 以上	
11 12 13	200～400 A 电弧焊作业	等离子喷涂	
14	500 A 电弧焊作业	等离子喷涂	
15 16	500 A 以上气体保护焊作业	—	

镀铬—铜—铬三层金属薄膜制成的,能将弧光反射回去,避免了滤光镜片将吸收的辐射光线转变为热能的缺点。使用反射式防护镜片,眼睛感觉较凉爽舒适,观察电弧和防止弧光伤害的效果较好,目前正在推广应用这种镜片。光电式镜片是利用光电转换原理制成的新型护目滤光

片,由于在起弧时快速自动变色,能消除电弧"打眼"和消除盲目引弧带来的焊接缺陷,防护效果好。为保护焊接工作地点其他生产人员免受弧光辐射伤害,可使用防护屏,防护屏宜采用在布料上涂灰色或黑色漆制成的。临近施焊处应采用耐火材料(如石棉板、玻璃纤维布、铁板)做屏面点焊防护屏如图 1-1 所示。为防止弧光灼伤皮肤,焊工必须正确穿戴劳动防护用品。

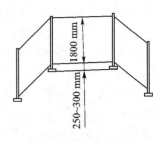

图 1-1 点焊防护屏

1.1.2 焊接烟尘及有毒气体

1. 焊接烟尘

焊接烟尘是由于焊接过程中液态金属的过热、蒸发、氧化和冷凝而产生的金属烟尘,其中液态金属蒸发是主要来源。焊接烟尘的主要成分是铁、硅、锰,其中主要有毒物是锰。铁、硅等的毒性虽然不大,但其尘粒极细(5 μm 以下),在空中停留的时间较长,容易吸入肺内。长期在烟尘浓度较高又没有相应的通风除尘措施的密闭容器、锅炉、船舱和管道内焊接,容易形成电焊尘肺、锰中毒和金属热等职业病。

① 电焊尘肺。指由于长期吸入超过规定浓度的能引起肺组织弥漫性纤维化的电焊烟尘和有毒气体所致的疾病。电焊尘肺的发病一般比较缓慢,多在接触焊接烟尘 10 年后发病,有的长达 15~20 年后才发病。发病主要表现为呼吸系统症状有:气短、咳嗽、咯痰、胸闷和胸痛等,部分电焊尘肺患者可呈无力、食欲减退、体重减轻以及神经衰弱等症状(如头痛、头晕、失眠、嗜睡、多梦、记忆力减退等)。

② 锰中毒。锰蒸气在空气中能很快地氧化成灰色的一氧化锰(MnO)及棕红色的四氧化三锰(Mn_3O_4),长期吸入超过允许浓度的锰及其化合物的微粒和蒸气会造成锰中毒。锰的化合物和锰尘主要是通过呼吸道侵入机体的。慢性锰中毒早期表现为疲劳乏力,时常头痛头晕、失眠、记忆力减退,以及植物神经功能紊乱,如舌、眼睑和手指的细微震颤等。中毒进一步发展为神经精神症状更明显,而且转弯、跨越、下蹲等都较困难,走路时表现为左右摇摆或前冲后倒,书写时呈"小书写症"等。

③ 金属热。焊接金属烟尘中直径在 0.05~0.5 μm 的氧化铁、氧化锰微粒和氟化物等容易通过上呼吸道进入末梢细支气管和肺泡,引起焊接工作者金属热反应。金属热症状主要是工作后发烧、寒战、口内金属味、恶心、食欲不振等,第二天早晨经发汗后症状减轻。在密闭罐、船舱内使用碱性焊条施焊者以及焊铜、铜合金等工作者容易得此职业病。

2. 有毒气体

在焊接电弧的高温和强紫外线作用下,弧区周围会产生多种有毒气体,主要有臭氧、氮氧化物、一氧化碳、二氧化碳和氟化氢等。

(1) 臭 氧

空气中的氧在短波紫外线的激发下,大量地被破坏,生成臭氧 O_3,其化学反应过程如下:

$$O_2 \xrightarrow{\text{短波紫外线}} 2O$$

$$2O_2 + 2O \longrightarrow 2O_3$$

臭氧是一种有毒气体,呈淡蓝色,具有刺激性气味。浓度较高时,发出腥臭味;浓度特别高时,发出腥臭味并略带酸味。臭氧对人体的危害主要是对呼吸道及肺有强烈刺激作用。臭氧浓度超过一定限度时,往往引起咳嗽、胸闷、食欲不振、疲劳无力、头晕、全身疼痛等。严重时,特别是在密闭容器内焊接而又通风不良时,会引起支气管炎。此外,臭氧容易同橡皮、棉织物发生化学反应,高浓度、长时间接触会使橡皮、棉织品老化变性。在 13 mg/m³ 浓度作用下,帆布在半个月内会出现变性,这是棉织工作服易破碎的原因之一。

我国卫生标准规定,臭氧最高允许浓度为 0.3 mg/m³。臭氧是氩弧焊的主要有害因素,在没有良好通风的情况下,焊接工作地点的臭氧浓度往往高于卫生标准几倍、几十倍甚至更高,但只要采取相应的通风措施,就可大大降低臭氧浓度,使之符合卫生标准。臭氧对人体的作用是可逆的,由臭氧引起的呼吸系统症状,一般在脱离接触后均可得到恢复,恢复期的长短取决于臭氧影响程度的大小以及个人的体质。

(2) 氮氧化物

氮氧化物是由焊接电弧的高温作用引起空气中氮、氧分子解离,重新结合而形成的。氮氧化物的种类很多,在明弧焊中常见的氮氧化物为二氧化氮和一氧化氮,一氧化氮不稳定,很容易氧化成二氧化氮。二氧化氮为红褐色气体,相对密度 1.539,遇水可变成硝酸或亚硝酸,产生强烈刺激性气味。氮氧化物对人体的危害主要表现为对肺的刺激作用。氮氧化物的水溶性较低,被吸入呼吸道后,由于黏膜表面并不十分潮湿,对上呼吸道黏膜刺激性不大,对眼睛的刺激也不大,一般不会立即引起明显的刺激性症状。但高浓度的二氧化氮吸入到肺泡后,由于湿度增加,反应也加快,在肺泡内约可滞留 80%,逐渐与水作用形成硝酸与亚硝酸($3NO_2 + H_2O \rightarrow 2HNO_3 + NO; N_2O_4 + H_2O \rightarrow HNO_3 + HNO_2$),对肺组织有强烈刺激作用及腐蚀作用,会增加毛细血管及肺泡壁的通透性,引起肺水肿,产生剧烈咳嗽、呼吸困难、全身无力等症状。

我国卫生标准规定,氮氧化物(以 NO_2 计)的最高允许浓度为 5 mg/m³。氮氧化物对人体的作用也是可逆的,随着脱离作业时间的增长,其不良影响会逐渐减少或消除。在焊接实际操作中,氮氧化物单一存在的可能性很小,一般都是臭氧和氮氧化物同时存在,因此它们的毒性增加。一般情况下,两种有害气体同时存在对人体的危害性是单一有害气体存在时的 15～20 倍。

(3) 一氧化碳

各种明弧焊在焊接过程中都会产生一氧化碳有害气体,其中以二氧化碳保护焊产生的一氧化碳(CO)浓度最高。一氧化碳的主要来源是由于 CO_2 气体在电弧高温作用下发生分解而形成的:

$$CO_2 \xrightarrow{\text{电弧高温}} CO + [O]$$

一氧化碳为无色、无臭、无味、无刺激性的气体,相对密度为 0.967,几乎不溶于水,但易溶于氨水,几乎不被活性炭所吸收。一氧化碳(CO)是一种窒息性气体,对人体的危害是使氧在体内的运输或组织利用氧的功能发生障碍。造成组织、细胞缺氧,表现出缺氧的一系列症状。一氧化碳(CO)经呼吸道进入人体内,由肺泡吸收进入血液后,与血红蛋白结合成碳氧血红蛋白。一氧化碳(CO)与血红蛋白的亲和力是氧与血红蛋白的亲和力的 200～300 倍。而解离速度又较氧合血红蛋白慢得多(相差 3 600 倍),大大减弱了血液的输氧能力,使人体组织缺氧,而中枢神经对缺氧特别敏感。轻度一氧化碳中毒症状为头痛、耳鸣、眼花、全身无力、有时呕吐、足部发软、脉搏加快、头昏等。中毒加重时表现为意识不清、面色苍白并转成昏睡状态。严重时发生呼吸及心脏活动障碍、大小便失禁、反射消失,甚至能因窒息致死。我国卫生标准规定,一氧化碳(CO)的最高允许浓度为 30 mg/m³。对于作业时间短暂的,可予以放宽。

(4) 氟化氢

氟化氢是由碱性焊条药皮中的萤石(CaF_2)在电弧的高温作用下分解而成的,氟化氢极易溶解于水而形成氢氟酸,氢氟酸具有较强的腐蚀性。如果人体吸入较高浓度的氟化氢,不仅会强烈刺激上呼吸道,还会引起眼结膜溃疡以及鼻黏膜、口腔、喉及支气管黏膜溃疡,严重时可发生支气管炎、肺炎等。长期接触氟化氢容易发生骨质病变,形成古硬化,尤以脊椎、骨盆等躯干骨最为显著。

(5) 二氧化碳

二氧化碳气体也是一种窒息性气体,人体若吸入过量的二氧化氮会刺激眼睛和呼吸系统,重者会出现呼吸困难、知觉障碍、肺水肿等症状。CO_2 气体保护焊和乙炔气焊等焊接方法,都会产生二氧化碳气体。

3. 焊接烟尘和有毒气体防护

① 通风技术措施。通风技术措施的作用是把新鲜空气送到作业场所并及时排除工作时所产生的有害物质和被污染的空气,使作业地带的空气条件符合卫生学的要求。创造良好的作业环境,是消除焊接尘毒危害的有效措施。按空气的流动方向和动力源的不同,通风技术一般分为自然通风与机械通风两大类。自然通风可分为全面自然通风和局部自然通风两类;机械通风是依靠通风机产生的压力来换气,可分为全面机械通风和局部机械通风两类。

② 个人防护措施。加强个人防护措施,对防止焊接时产生的有毒气体和粉尘的危害具有重要意义。个人防护措施是使用包括眼、耳、口鼻、身各个部位的防护用品以达到确保焊工身体健康的目的。其中工作服、手套、鞋、眼镜、口罩、头盔和防耳器等属于一般防护用品。实践证明,个人防护措施是行之有效的方法。

③ 改革工艺、改进焊接材料。劳动条件的好坏,基本上取决于生产工艺。改革生产工艺,使焊接操作实现机械化、自动化,这样不仅能降低劳动强度,提高劳动生产率,还可以大大减少焊工接触生产性毒物的机会。改善作业环境卫生条件,使之符合卫生要求,这是消除焊接职业危害的根本措施。例如,采用埋弧自动电弧焊(埋弧焊)代替焊条电弧焊可以有效降低强烈的弧光、有毒气体和烟尘的危害;采用无毒或毒性小的焊接材料代替毒性大的焊接材料,也是预防职业性危害的有效措施。

1.1.3　高频电磁辐射

随着氩弧焊接和等离子弧焊接的广泛应用,焊接过程中存在着一定强度的电磁辐射对局部生产环境的污染日益明显,因此,必须采取安全措施妥善解决。

1. 高频电磁辐射的来源

钨极氩弧焊和等离子弧焊为了迅速引燃电弧,需由高频振荡器来激发引弧,此时,振荡器要产生强烈的高频振荡来击穿钍钨极与喷嘴之间的空气隙,引燃等离子弧;另外,又有一部分能量以电磁波的形式向空间辐射,即形成高频电磁场,所以在引弧的瞬间(2～3 s)有高频电磁辐射产生。

在氩弧焊和等离子弧焊接时,高频电磁场场强的大小与高频振荡器的类型及测定时仪器探头放置的位置与测定部位之间的距离有关。焊接时高频电磁辐射场强分布的测定结果如

表 1 - 3 所列。

表 1 - 3　手工钨极氩弧焊时高频电场强度

单位　V/m

操作部位	头	胸	膝	踝	手
焊工前	58～66	62～76	58～86	58～96	106
焊工后	38	48	48	20	1
焊工前 1 m	7.6～20	9.5～20	5～24	0～23	1
焊工后 1 m	7.8	7.8	2	0	1
焊工前 2 m	0	0	0	0	0
焊工后 2 m	0	0	0	0	0

2. 高频电磁辐射的危害

人体在高频电磁场的作用下会吸收一定的辐射能量,产生生物学效应,这是高频电磁场对人体的"致热作用"。"致热作用"对人体健康有一定的影响,长期接触场强较大的高频电磁场的工人会产生头晕、头痛、疲乏无力、记忆减退、心悸、消瘦和神经衰弱及自主神经功能紊乱,血压早期可有波动,严重者血压下降或上升(以血压偏低为多见),白细胞总数减少或增多,并出现窦性心律不齐、轻度贫血等症状。

钨极氩弧焊每次启动高频振荡器的时间只有 2～3 s,每个工作日工作人员接触高频电磁辐射的累计时间在 10 min 左右,接触时间又是断续的,因此高频电磁场对人体的影响较小,一般不足以造成危害。但是,考虑到焊接操作中的有害因素不是单一的,所以仍有必要采取防护措施。对于高频振荡器在操作过程中连续工作的情况,必须采取有效、可靠的防护措施。高频电会使焊工产生一定的麻电现象,这在高空作业时是很危险的,所以,高空作业不准使用带高频振荡器的焊机进行焊接。

3. 高频电磁辐射的防护

为了防止高频电磁辐射对作业人员的不良影响与危害,应当采取以下安全防护措施:

① 工件良好接地。施焊工件良好接地,能降低高频电流,这样可以降低电磁辐射强度。接地点与工件越近,接地作用则越显著,它能将焊枪对地的脉冲高频电位大幅度地降低,从而减小高频感应的有害影响。

② 在不影响使用的情况下,降低振荡器频率。

③ 减少高频电的作用时间。若振荡器的作用只为引弧,可以在引弧后的瞬间立即切断振荡器电路,方法是用延时继电器,于引弧后 10 s 内使振荡器停止工作。

④ 屏蔽把线及软线。因脉冲高频电是通过空间和手把的电容耦合到人体上的,所以加装接地屏蔽能使高频电场局限在屏蔽内,可大大减小对人体的影响。操作方法为用细铜质金属编织软线,套在电缆胶管外面,一端接焊枪,另一端接地。焊接电缆线也需套上金属编织线。

⑤ 采用分离式握枪。把原有的普通焊枪,用有机玻璃或电木等绝缘材料另接出一个把柄,此把也有屏蔽高频电的作用,但不如屏蔽把线及导线效果理想。

⑥ 降低作业现场的温、湿度。作业现场的环境温度和湿度与射频辐射对肌体的不良影响具有直接的关系。温度越高,肌体所表现的症状越突出;湿度愈大,愈不利于人体的散热,也不利于作业人员的身体健康。所以,加强通风,及时降温,控制作业场所的温度和湿度,能有效减

小射频电磁场对肌体的影响。

1.1.4 热辐射

1. 热辐射的来源

焊接过程是利用高温热源加热金属进行连接的,所以在施焊过程中有大量的热能以辐射形式向焊接作业环境扩散,形成热辐射。电弧热量的20%～30%要散发到施焊环境中去,因而可以认为焊接弧区是热源的主体。焊接过程中产生的大量热辐射被空气媒质、人体或周围物体吸收后,这种辐射就转化为热能。某些材料的焊接,要求施焊前必须对焊件预热,预热温度可达150～700 ℃,并且要求保温,所以预热的焊件不断向周围环境进行热辐射,形成一个比较强大的热辐射源。

焊接作业场所由于焊接电弧、焊件预热以及焊条烘干等热源的存在,使空气温度升高,其升高的程度主要取决于热源所散发的热量及环境散热条件。在窄小空间或舱室内焊接时,由于空气不流通、散热不良,将形成热量的蓄积,蓄积的热量对机体有加热作用。另外,某一作业区内若有多台焊机同时施焊,环境对机体的加热作用将加剧,原因是热源增多,被加热的空气温度就越高。

2. 势辐射的危害

研究表明,当焊接作业环境温度低于15 ℃时,人体的代谢增强;当气温在15～25 ℃时,人体的代谢保持基本平衡;当气温高于25 ℃时,人体的代谢稍有下降;当气温超过35 ℃时,人体的代谢将又变得强烈。总的看来,在焊接作业区,影响人体代谢变化的主要因素有温度、气流速度、空气的湿度和周围物体的平均辐射温度。在我国南方地区,环境空间温度在夏季很高,且多雨、湿度大,尤其应注意因焊接加热局部环境空气温度过高。焊接环境温度过高,可导致作业人员代谢机能发生显著变化,引起作业人员身体大量地出汗,导致人体内的水盐比例失调,出现不适应症状。同时,还会增加人体触电的危险性。

3. 热辐射的防护

为了防止有毒气体、粉尘的污染,一般焊接作业现场均设置有全面自然通风与局部机械通风装置,这些装置都能起到良好的降温作用。在锅炉、压力容器及舱室内焊接时,应向这些容器及舱室内不断地输送新鲜空气,送风装置须与通风排污装置结合起来设计,达到统一排污降温的目的。减少或消除容器内部的焊接是一项防止焊接热污染的主要技术措施,采用单面焊双面成形的新工艺、新材料,可减少或避免在容器内部的施焊工作,使操作人员免除或减小受到热辐射的危害。

将手工焊接工艺改为自动焊接工艺,如埋弧焊的焊剂层在阻挡弧光辐射的同时也相应地阻挡了热辐射,因而也是一种很有效地防止热污染的措施。

预热焊件时,为避免热污染的危害,可将炽热的金属焊件用石棉板一类的隔热材料遮盖起来,仅仅露出施焊的部分,这在很大程度上减少了热污染。在对预热温度很高的铬钼钢焊接以及对某些大面积预热的堆焊时,这种方法是不可缺少的。

此外,在工作车间的墙壁上涂覆吸收材料,必要时设置气幕隔离热源等,都可以起到降温的作用。

1.1.5　射　线

1. 射线的来源

焊接过程中的放射性危害主要指氩弧焊与等离子弧焊的钍放射性污染等。某些元素不需要外界的任何作用,原子核就能自行放射出具有一定穿透力的射线,称为放射现象。将元素的这种性质称为放射性,具有放射性的元素称为放射性元素。

氩弧焊和等离子弧焊使用的钍钨棒电极中的钍,是天然放射性物质,能放射出 α、β、γ 这 3 种射线,其中 α 射线占 90%,β 射线占 9%,γ 射线占 1%。在氩弧焊与等离子弧焊焊接工作中,使用钍钨极会导致放射性污染,其原因是施焊过程中高温将钍钨极迅速熔化、部分蒸发,产生钍的放射性气溶胶、钍射气等。同时,钍及其衰变产物均可放射出 α、β、γ 射线。

2. 射线的危害

人体内水分占体重的 $70\%\sim75\%$,水分能吸收绝大部分射线辐射能,只有一小部分辐射能直接作用于机体蛋白质。当人体受到的辐射剂量不超过容许值时,射线不会对人体产生危害,但是人体长期受到超容许剂量的外照射,或者放射性物质经常少量进入并蓄积在体内,就可能引起病变,造成中枢神经系统、造血器官和消化系统的疾病,严重者可患放射病。氩弧焊焊接操作时,主要的危害形式是钍及其衰变产物呈气溶胶和气体的形式进入体内,钍的气溶胶具有很高的生物学活性,它们很难从体内排出,从而形成内照射。

3. 射线的防护

对氩弧焊和等离子弧焊的放射性测定结果,一般都低于最高允许浓度。但是在钍钨棒磨尖、修理,特别是贮存地点,放射性浓度大大高于焊接地点,可达到或接近最高允许浓度。由于放射性气溶胶、钍粉尘等进入体内所引起的内照射,将长期危害人体健康,所以对钍的有害影响应当引起重视,采取有效的防护措施,防止钍的放射性烟尘进入体内。防护措施主要有:

① 综合性防护。对施焊区实行密闭,用薄金属板制成密闭罩,将焊枪和焊件置于罩内,罩的一侧设有观察防护镜,使有毒气体、金属烟尘及放射性气溶胶等,被最大限度地控制在一定的空间内,通过排气系统和净化装置排到室外。

② 焊接地点应设有单室,钍钨棒贮存地点应固定在地下室封闭式箱内。大量存放时,应藏于铁箱,并安装通风装置。

③ 应备有专用砂轮来磨尖钍钨棒,砂轮机应安装除尘设备,砂轮机地面上的磨屑要经常做湿式扫除并集中深理处理。地面、墙壁最好铺设瓷砖或水磨石,以便清扫污物。

④ 选用合理的工艺,避免钍钨棒的过量烧损。

⑤ 接触钍钨棒后,应用流动水和肥皂洗手,工作服及手套等应经常清洗。

⑥ 真空电子束焊的防护重点是 X 射线。首先是焊接室的结构应合理,采取屏蔽防护。目前国产电子束焊机采用的是低碳钢、复合钢板或不锈钢等材料制成的圆形或矩形焊接室。为了便于观察焊接过程,焊接室应开设观察窗,观察窗应当用普通玻璃、铅玻璃和钢化玻璃等作三层保护,其中铅玻璃用来防护 X 射线,钢化玻璃用于承受真空室内外的压力差,而普通玻璃用于预防金属蒸气的污染。

为防止 X 射线对人体的伤害,真空焊接室应采取屏蔽防护。从安全、经济角度以及现场对 X 射线的测定情况来看,屏蔽防护应尽量靠近辐射源部位,即主要是真空室壁应予以足够的屏蔽防护,真空焊接室顶部电缆通过处和电子枪亦应加强屏蔽防护。

此外,还必须强调加强个人防护,操作者应佩戴铅玻璃眼镜,以保护晶状体不受 X 射线损伤。

1.1.6 噪 声

1. 噪声的来源与危害

等离子弧焊、喷涂和切割时,产生强烈噪声。在防护不好的情况下,会损伤焊工的听觉神经,引起听觉障碍。作业场所操作人员接触噪声的声级最高不得超过 115 dB(A),噪声卫生标准如表 1-4 所列。

表 1-4　噪声卫生标准

每个工作日接触噪声时间/h	新建、扩建、改建企业允许噪声/dB(A)	现有企业暂时允许噪声/dB(A)
8	85	90
4	88	93
2	91	96
1	94	99

长期工作或生活在高分贝噪声环境可造成职业性听力下降或职业性耳聋,也可能导致心血管和消化系统等疾病的发生,产生血压升高、心动过速、厌倦和烦恼等症状。

2. 防护措施

以等离子弧焊接与切割为例,在等离子弧焊接与切割时必须对噪声采取防护措施,主要措施如下:

① 选用小型消音器。

② 佩戴隔音耳罩或隔音耳塞。耳罩的隔音效果优于耳塞,但体积较大,戴用不太方便。耳塞的隔音效能:低频为 10~15 dB,中频为 20~30 dB。

③ 等离子弧焊接工艺产生的噪声强度与工作气体的种类、流量等有关,因此在满足质量要求的前提下,尽量选择小规范、小气量。

④ 尽量采用自动化,使操作者在隔音良好的控制室工作。

⑤ 等离子切割时,可以采取水中切割方法,利用水来吸收噪声。

任务 1.2　预防触电的安全知识

通过人体电流的大小,取决于线路中电压和人体的电阻。人体的电阻除人的自身电阻外,还包括人身所穿的衣服和鞋等的电阻。干燥的衣服、鞋以及干燥的工作场地,能使人体的电阻增大。通过人体的电流大小不同,对人体的伤害程度也不同。当通过人体的电流强度超过 0.05 A 时,生命就有危险;通过 0.1 A 时,足以使人致命。人体的电阻由 50 000 Ω 可以降至 800 Ω,根据欧姆定律,40 V 的电压就对人身有危险。而焊接工作场地所用的网路电压为 380 V 或 220 V,焊机的空载电压一般都在 60 V 以上。因此,焊工在工作时必须注意防止触电。

1.2.1　焊接操作时造成触电的原因

1. 直接触电

① 更换焊条、电极和焊接过程中,焊工的手或身体接触到焊条、焊钳或焊枪的带电部分,而脚或身体其他部位与地或焊件间无绝缘防护时,易发生触电事故。

② 当焊工在金属容器、管道、锅炉,船舱或金属结构内部施工,或当人体大量出汗或在阴雨天或潮湿地方进行焊接作业时,特别容易发生这种触电事故。

③ 在接线、调节焊接电流或移动焊接设备时,易发生触电事故。

④ 在登高焊接时,碰上低压线路或靠近高压电源线引起触电事故。

2. 间接触电

① 焊接设备的绝缘烧损、振动或机械损伤,使绝缘损坏部位碰到机壳,而人碰到机壳引起触电。

② 焊机的火线和零线接错,使外壳带电,而人体碰到机壳引起触电。

③ 焊接操作时人体碰上了绝缘破损的电缆、胶木电闸带电部分等引起触电。

1.2.2　预防触电的措施

① 加强安全教育,使操作者熟悉用电安全知识,操作中严格遵守安全操作规程。

② 加强设备维护,平时要认真保养自己使用的设备;遵守三级保养的有关规定,特别要认真检查设备的绝缘情况,防止设备漏电。

③ 用电设备必须接地线,同时地线必须符合安全要求。

④ 必须穿戴好工作服、绝缘鞋、绝缘手套和工作帽,才能上岗操作。

⑤ 通或切断电源开关时,必须站在电源开关的侧面,防止意外烧伤。

⑥ 不准带负荷接通或切断电源开关。

⑦ 用绝缘物如木板、绝缘板等将操作时容易碰到的裸露电源隔开,防止触电。

1.2.3　触电与急救

一旦发现周围有人触电,必须立即使触电人员脱离电源,然后再急救。

1. 脱离电源

如果发生触电事故,急救的首要措施是尽快切断电源,触电的时间越短危险越小。使触电人员脱离电源的措施很多,关键是要因地制宜,尽快采取现场可行的办法。常用的方法有以下几种:

① 切断电源,尽快切断引起触电事故的电源开关,必要时可以切断控制电源的总开关。

② 用绝缘良好的刀或斧头砍断电线。

③ 用绝缘良好的钢丝钳剪断电线。

④ 用绝缘棒挑开电源线。

⑤ 戴上绝缘良好的手套或用绝缘良好的干塑料布或干工作服包住手,将触电人员从电源上拉开。

⑥ 若有可能,使用绝缘物例如干木板、绝缘板将触电人员和电源隔开。

⑦ 如果触电人员附近有裸露的电源线,可以把一根裸露的金属丝或金属棒,扔到裸露的

电源线上,人为造成短路,使电源自动跳闸。

⑧ 如果触电人员在高空作业,使触电人员脱离电源以前,必须采取措施,防止触电人员从高空落下摔伤。

⑨ 如果触电事故发生在晚上,使触电人员脱离电源以前,必须先采取措施照明,防止切断电源后引起混乱,妨碍对触电人员的抢救工作。

2. 触电急救

当触电人员脱离电源以后,必须根据当时的情况,就地抢救。

(1) 就地静卧

如果触电人员脱离电源以后,呼吸和心跳都正常或比较好,但神志处于昏迷状态,可将触电人员抬到附近通风好、比较安静的地方,清除口中的异物,包括口内的痰、假牙及其他脏东西,头侧卧,保证呼吸道畅通,解开上衣的扣子,就地静卧。

(2) 人工呼吸

如果触电人员心跳正常,但呼吸微弱或停止,应立即进行人工呼吸,可用的方法有以下三种。

① 做扩胸运动。有节奏地将触电人员的双臂向上或向胸部水平方向反复拉动,做扩胸运动,使触电人恢复呼吸。

② 口对口进行人工呼吸。救治人用一只手拖住触电人的脖子,使其头微向下垂,鼻孔朝天,再猛吸一口气,捏住触电人的鼻孔,然后用口对口的办法,将吸入的空气吹到触电人的肺部里面去,吹气完毕,松开鼻孔,让气体排出。如此反复,吹气 $1 \sim 1.5$ s,停 $2 \sim 2.5$ s,每分钟 $14 \sim 16$ 次,直到触电人呼吸正常为止。

③ 口对鼻人工呼吸。如果触电人牙关紧闭,救治人用一只手托住触电人的脖子,使其头微上仰,鼻孔朝天,救治人先猛吸一口气,捂住触电人的嘴巴,然后对准鼻孔吹气,然后放开排气。其余要求和口对口人工呼吸相同。

(3) 心脏按压

如果触电人脱离电源后呼吸正常,但心脏跳动已停止或微弱,应立即进行体外心脏按压。将触电人平躺在地上,救治人跪在触电人的一侧,左手平握拳放在触电人心脏的正上方,右手压在左手上,两只手用力并有节奏地向下压,使胸骨下陷 $3 \sim 4$ cm,间接压迫心脏达到排血的目的,然后松开,胸骨复位,使大静脉中的血液回流到心脏。如此反复,每分钟 $60 \sim 80$ 次,一直到心跳恢复到正常状态为止。

(4) 同时进行人工呼吸和心脏按压

如果触电人脱离电源后呼吸和心跳全部停止,此时必须同时采用人工呼吸和心脏按压两种方法进行抢救。一般有两种抢救方式。

① 双人同时抢救。由一个人进行人工呼吸,另一个人进行体外心脏按压,根据各自的分工,分别按照人工呼吸和心脏按压的要点,同时实施抢救。

② 单人抢救。由一个人交替进行人工呼吸和心脏按压,先人工呼吸 2 次,后心脏按压 $10 \sim 15$ 次。如此反复、交替进行,不能中断。为了提高抢救效果,人工呼吸和心脏按压的速度要快一些,5 s 内做完两次人工呼吸,在胸廓未完全回复到原位时,立即进行第二次人工呼吸;10 s 内做完 15 次心脏按压,就地抢救时,严禁打强心针。

任务 1.3　预防火灾和爆炸的安全技术

焊接时,由于电弧及气体火焰的温度很高,而且在焊接过程中有大量的金属火花飞溅物,如稍有疏忽大意,就会引起火灾甚至发生爆炸。因此焊工在工作时,为了防止火灾及爆炸事故的发生,必须采取下列安全措施:

① 焊接前要认真检查工作场地周围是否有易燃、易爆物品(如棉纱、油漆、汽油、煤油、木屑等),如有易燃、易爆物品,应将这些物品移至距离焊接工作地 10 m 以外。

② 焊接作业时,应注意防止金属火花飞溅而引起火灾。

③ 严禁设备在带压时焊接或切割,带压设备一定要先解除压力(卸压),并且焊割前必须打开所有孔盖。未卸压的设备严禁操作,常压而密闭的设备也不允许进行焊接或切割。

④ 凡被化学物质或油脂污染的设备都应清洗后再进行焊接或切割。如果是易燃、易爆或者有毒的污染物,更应彻底清洗,经有关部门检查,并填写动火证后,才能进行焊接或切割。

⑤ 进入容器内工作时,焊接或切割工具应随焊工同时进出,严禁将焊接或切割工具放在容器内而焊工擅自离去,以防混合气体燃烧和爆炸。

⑥ 焊条头及焊后的焊件不能随便乱扔,要妥善管理,更不能扔在易燃、易爆物品的附近,以免发生火灾。

⑦ 每天下班时应检查工作场地附近是否有引起火灾的隐患,确认安全后,方可离开。

任务 1.4　焊接作业人员条件、劳动防护和施工作业安全管理要求

1.4.1　焊接工作人员条件

作业人员应符合焊工特种作业的安全要求,必须进行专门的安全培训,经考试合格以后,持有电焊特种作业证,具备电焊特种作业资格,才准许上岗操作。

1.4.2　焊接劳动防护

1. 焊接劳动防护要求

① 惰性气体保护焊焊接时会产生大量火花飞溅和强烈的弧光辐射,因此焊接作业人员必须穿白色帆布电焊服,工作服上不得含有合成纤维、尼龙和贝纶等成分,同时工作人员所穿的内衣和袜子也不得含有这些成分,必要时应穿着皮围裙进行防护。

② 应佩戴盖住鞋口的护脚套。

③ 作业时要戴好皮手套和防护面罩。防护面罩应使用防飞溅的玻璃,不允许使用塑料面罩。

④ 焊工劳保鞋用橡胶底,以防止触电和在容器或其他结构上工作时滑倒。

⑤ 对于船舶密闭舱室底部一米以下容积小于 $100 \ m^3$ 的狭小空间或锅炉等容器施焊作业视情况佩带正压式送风头盔作业,以保持作业人员能够呼吸新鲜空气,防止吸入有毒有害气体。

2．劳动防护用品及使用

（1）劳动防护用品种类及要求

① 工作服。焊接工作服的种类很多，最常用的是白帆布工作服。白色对弧光有反射作用，帆布有隔热、耐磨、不易燃烧、防止烧伤和烫伤等作用。焊接与切割作业的工作服，不能用一般合成纤维织物制作。全位置焊接工作的焊工应配有皮制工作服。

② 焊工防护手套。焊工防护手套一般为牛（猪）绒面革制手套或棉帆布和皮革合制材料制成，具有绝缘、耐辐射热、耐磨、不易燃和对高温金属飞溅物能起反弹等作用。在可能导电的焊接场所工作时，所用手套应经耐电压 3 000 V 试验，合格后方能使用。

③ 焊工防护鞋。焊工防护鞋应具有绝缘、抗热、不易燃、耐磨损和防滑的性能。焊工防护鞋的橡胶鞋底，经耐电压 5 000 V 耐压试验，合格（不击穿）后方能使用。如在易燃易爆场合焊接时，鞋底不应有鞋钉，以免摩擦产生火星。在有积水的地面焊接切割时，焊工应穿用经过 6 000 V 耐压试验合格的防水橡胶鞋。

④ 焊接防护面罩。电焊防护面罩上有合乎作业条件的滤光镜片，以防止焊接弧光刺伤眼睛，起保护眼睛的作用。壳体应选用阻燃或不燃的且对皮肤无刺激的绝缘材料制成，使用时应遮住面部和耳部，其结构牢固，不漏光，可起防止弧光辐射和熔融金属飞溅物烫伤面部和颈部的作用。在狭窄、密闭、通风不良的场合，还应使用输气式头盔或送风头盔。

⑤ 焊接护目镜。气焊、气割的防护眼镜片，主要起滤光、防止金属飞溅物烫伤眼睛的作用。应根据焊接、切割工件板的厚度、火焰能率大小选择。

⑥ 防尘口罩和防毒面具。在焊接、切割作业时，采用整体或局部通风不能使烟尘浓度降低到允许浓度标准以下时，必须选用合适的防尘口罩和防毒面具，以过滤或隔离烟尘和有毒气体。

⑦ 耳塞、耳罩和防噪声盔。国家标准规定工作企业噪声不应超过 85 dB，最高不能超过 90 dB。为了降低噪声，经常采用隔声、消声、减振等一系列噪声控制技术。当仍不能将噪声降低到允许标准以下时，则应采用耳塞、耳罩或防噪声盔等个人噪声防护用品。

（2）劳动防护用品的正确使用

① 正确穿戴工作服。穿戴工作服时要把衣领和袖子扣扣好，上衣不应系在工作裤里边，工作服不应有破损、孔洞和缝隙，不允许工作服粘有油脂，或穿着潮湿的工作服工作。

② 在仰焊、切割时，为了防止火星、熔渣从高处溅落到头部和肩上，焊工应在颈部围毛巾，同时穿着用防燃材料制成的护肩、长套袖、围裙和鞋盖。

③ 电焊手套和焊工防护鞋不应潮湿和破损。

④ 正确选择焊接防护面罩上护目镜的遮光号以及气焊、气割防护镜的眼镜片。

⑤ 采用输气式头盔或送风头盔时，应经常使口罩内保持适当的正压；若在寒冷季节使用，应将空气适当加温后再使用。

⑥ 佩带各种耳塞时，要将塞帽部分轻轻推入外耳道内，使其和耳道贴合，不能使劲太猛或塞得太紧。

⑦ 使用耳罩时，应先检查外壳有无裂纹和漏气，使用时务必使耳罩软垫圈与周围皮肤贴合。

1.4.3　焊接施工作业安全管理要求

（1）施工人员作业前的检查

① 焊机电源线有无破损，地线接地是否可靠，导电嘴是否良好，送丝机构是否正常，极性选择是否正确。

② 气路检查。保护气体气路系统包括：气瓶、预热器、干燥器、减压阀、电磁气阀、流量计。使用前检查各部件连接处是否漏气，气体是否畅通和均匀喷出。

③ 管路检查。应检查惰性气体的供气管有无泄漏，如果使用送风面罩，空气管应无破损。若发现气管泄漏或破损应立即停止作业，待修复后方可继续作业。惰性气体气管应按规定做好点检。

（2）狭小空间或密闭舱室气体保护焊的作业要求

① 船舶双层底不允许实施气体保护焊接作业。

② 密闭舱室气体保护焊实行作业审批制度。

③ 审批程序及要求。对于船舶密闭舱室，底部 1 m 以下容积大于 100 m³；对于分段制作过程中形成一定深度的三面围护空间，由施工队提出申请，并提前布置好通风和排风措施，工区/车间安全组负责审批；对于船舶密闭舱室底部 1 m 以下容积小于 100 m³ 的狭小空间或锅炉等容器作业，由施工队提出申请，并提前布置好通风和排风措施，准备好正压式送风头盔，安全主管负责审批。

④ 进行气体保护焊接作业时必须要进行连续通风，在舱室底部施焊还应采取抽风措施，抽风管应尽量安排在施焊者附近，并且在距舱室底部 100～500 mm 的位置，这样可以尽量降低作业空间有害气体及烟尘的浓度，油轮货油舱等密闭舱室换气次数至少为 2 次/h。

⑤ 气体保护焊接作业的舱室，其入口处要悬挂明显的安全警示标牌，注明"正在进行气体保护焊接作业""防止窒息和中毒"等危险提示和"无关人员禁止入内"等安全警示语。

⑥ 在进行二氧化碳气体保护焊接时，产生的二氧化碳和一氧化碳气体因相对密度大于空气，沉浮在低洼处。为防止二氧化碳往低处流动沉积，处于施焊平面以下、空间狭小的舱室或空间，如双层底，应禁止人员进入施工。

⑦ 密闭舱室内二氧化碳气体保护焊停工时，二氧化碳气体胶管要采取出舱或切断气源措施。视情况也可采取将焊机头出舱的措施。

⑧ 船舶密闭舱室底部 1 m 以下容积小于 100 m³ 的狭小空间或锅炉等容器焊接作业时，为防止通风不足而导致的窒息和中毒等事件发生，焊接人员应佩戴送风式头盔做呼吸防护，舱室外应设专人进行监护。

（3）舱室气体的检测

① 二氧化碳气体在空气中的检测浓度应小于 1%，由于对二氧化碳的浓度检测目前还没有更好的仪器，因而采取对氧含量进行检测。在距离施焊者 1 m 左右高度平面的氧含量应不小于 19%，考虑到惰性气体的释放量最大为 25 L/min，因而仅对需要安全主管审批的舱室进行定时监测，监测间隔为 3～6 h，具体要根据焊机的数量确定，监测实施者可以为安全主管指派的经过安监部专门培训的人员。

② 检测出的数据应实时记录，并在进舱告示牌上注明检测数据。

（4）惰性气体焊接设备的入舱控制

① 散货船舶大舱惰性气体焊接设备工作数量不在控制之内,但应根据天气、气压情况采取通风或限制焊接设备数量,如阴天气压低有毒有害气体更易积聚,应尽量减少焊机数量。

② 气体保护焊接的密闭舱室,应根据二氧化碳每小时的释放量所占空间体积,二氧化碳的每小时的气态释放量为 $45 \sim 50 \ m^3$,结合释放的二氧化碳与空气混合以及通风等措施吹散或吸走等综合因素,合理控制进舱作业的二氧化碳焊机数量。

（5）二氧化碳气体预热器要求

二氧化碳气体预热器的电源不得高于 36 V,外壳接地可靠,工作结束,应立即切断电源和气源。

（6）熔化极气体保护焊注意事项

使用熔化极气体保护焊时还应注意检查供水系统不得泄漏,大电流熔化极气体保护焊时,应在焊把前加防护挡板,防止焊枪水冷系统漏水破坏绝缘、发生触电。

（7）二氧化碳供气管路要求

二氧化碳供气管主管路、分气包、分支胶管、焊机胶管等管路颜色标示规定为黄颜色。

任务 1.5 焊接场地及工具、夹具的安全检查

1.5.1 场地的安全检查

（1）焊接场地检查的必要性

由于焊接场地不符合安全要求而造成的火灾、爆炸、触电等事故时有发生,因此必须对焊接场地进行检查,防患于未然。

（2）焊接场地的类型

焊接作业场地一般有两类:一类是正常结构产品的焊接场地,如车间等;另一类是现场检修、抢修工作场地。

（3）焊接场地的检查内容

① 检查焊接与切割作业点的设备、工具、材料是否排列整齐,不准乱堆乱放。

② 检查焊接场地是否保持必要的通道,且车辆通道宽度不小于 3 m,人行通道不小于 1.5 m。

③ 检查所有气焊胶管、焊接电缆线是否相互缠线,如有缠线,必须分开;气瓶用后是否移出工作场地,在工作场地各种气瓶不得随便横躺竖放。

④ 检查焊工作业面积是否足够,焊工作业面积不应小于 4 m^2;地面应干燥;工作场地要有良好的自然采光或局部照明,以保证工作照度达 $50 \sim 100 \ Lx$。

⑤ 检查焊割场地周围 10 m 范围内,各类可燃易爆物品是否清除干净。如不能清除干净,应采取可靠地安全措施,如用水喷湿或用防火盖板、湿麻袋、石棉布等覆盖。放在焊割场地附近的可燃材料需预先采取安全措施以隔绝火星。

⑥ 室内作业现场要检查通风是否良好,多点焊接作业或与其他工种混合作业时,各工位间应设防护屏。

⑦ 室外作业现场要检查如下内容:登高作业现场是否符合安全要求;在地沟、坑道、检查

井、管段和半封闭地段等处作业时,应该用仪器(如测爆仪、有毒气体分析仪)进行检验分析,应严格检查有无爆炸和中毒的危险,禁止用明火及其他不安全的方法进行检查。对附近敞开的孔洞和地沟,应用石棉板盖严,防止火花进入。对焊接切割场地检查要做到:仔细观察环境,对各类情况加强防护。

1.5.2　工具、夹具的安全检查

(1) 工具、夹具的种类

为了保证焊条电弧焊顺利进行,获得较高质量的焊缝,焊接时焊工应备有必需的工夹具和辅助工具。

1) 工　具

① 电焊钳。电焊钳的作用是夹持焊条和传导电流,电焊钳由上、下钳、弯臂、弹簧、直柄、胶布手柄及固定销等组成,使用时应检查电焊钳的导电性能、隔热性能,夹持焊条要牢固,装换焊条要牢固。电焊钳的规格有 300 A 和 500 A 两种。

② 面罩和护目镜片。面罩是为防止焊接时的飞溅、弧光及其他辐射对焊工面部及颈部损伤的一种遮蔽工具,有手持式和头盔式两种。面罩上装有用以遮蔽焊接有害光线的黑玻璃(即护目玻璃),黑玻璃可以有各种添加剂和色泽,目前以墨绿色的为最多,为改善保护效果,受光面可镀铬。为防止黑玻璃被金属飞溅损坏,应在其外面再罩上两块无色透明的防护白玻璃。

③ 角向磨光机。角向磨光机即平常所说的手砂轮,是用来修磨坡口、清除缺陷等常用的工具。

④ 辅助用具。焊条电弧焊时常用的辅助工具还有手锤、钢丝刷、扁铲、錾子、保温筒等。

2) 夹　具

为保证焊件尺寸、提高装配效率、防止焊接变形所采用的夹具叫焊接夹具。焊条电弧焊常用的装配夹具有:

① 夹紧工具。用来紧固装配零件。常用的有楔口夹板、螺旋弓形夹。

② 压紧工具。用于在装配时压紧焊件。使用时,夹具的一部分往往要点固焊在被装配的焊件上,焊接后再除去。常用的有带铁棒的压紧夹板、带压板的紧固螺栓、带楔条的压紧夹板等。

③ 拉紧工具。是将所装配零件的边缘拉到规定的尺寸。有杠杆、螺钉、导链等几种。

④ 撑具。是扩大或撑紧装配件用的一种工具。一般是利用螺钉或正反螺钉来达到。

(2) 工夹具的安全检查

为了保证焊工的安全,在焊接前应对所使用的工具、夹具进行检查。

1) 电焊钳

焊接前应检查电焊钳与焊接电缆接头处是否接触牢固。两者接触不牢固,焊接时将影响电流的传导,甚至会打火花。另外,接触不良,将使接头处产生较大的接触电阻,造成电焊钳发热、变烫,影响焊工的操作。同时要检查钳口是否完好,有无损坏,以免影响焊条的夹持。

2) 面罩和护目镜片

主要检查面罩和护目镜片是否遮挡严密,有无漏光的现象。

3) 角向磨光机

要检查砂轮转动是否正常,有没有漏电的现象;检查砂轮片是否已经紧固牢固,是否有裂纹、破损,要杜绝使用过程中砂轮碎片飞出伤人。

4）锤　子

要检查锤头是否松动,避免在打击中锤头甩出伤人。

5）扁铲、錾子

应检查其边缘有无飞刺、裂痕,若有应及时清除,防止使用中碎块飞出伤人。

6）夹　具

各类夹具,特别是带有螺钉的夹具,要检查其上的螺钉是否转动灵活,若已锈蚀则应除锈,并加以润滑,否则使用中会失去作用。

任务 1.6　焊、割作业人员"十不准"

焊、割作业人员必须严格执行"十不准":

① 不准无证上岗,实习人员没有正式焊割工在场指导,不准从事焊、割作业。

② 凡属一、二、三级动火审批范围的焊、割作业,未办理动火审批手续和落实防火、防爆措施之前,不准进行焊、割作业。

③ 不了解焊割现场和周围的安全情况下,不准进行焊、割作业。

④ 不了解焊、割件内部情况,不准进行焊、割作业。

⑤ 盛装过可燃、易燃气体或液体的各种容器、管道、罐柜等,未经清洗和测爆,没有安全保障时,不准进行焊、割作业。

⑥ 用可燃材料作保温、冷却、隔热、隔音、装饰等的物件,未采取切实可靠的防火安全措施时,不准进行焊、割作业。

⑦ 有压力或密封的容器、管道,不准进行焊、割作业。

⑧ 焊割物件附近堆有易燃、易爆物质时,在未作彻底清理或采取切实有效的措施之前,不准进行焊、割作业。

⑨ 因火星飞溅、导体传热和感应能引起焊、割部位毗连的物体、建筑物起火或爆炸的情况下,未采取安全措施时,不准进行焊、割作业。

⑩ 有与明火作业相抵触的情况下,不准进行焊、割作业。

项目 2 焊条电弧焊

知识和能力目标

① 熟悉焊条电弧焊电弧的特性和电弧稳定性的影响因素；

② 了解焊接电源的极性和应用；

③ 掌握焊接材料的分类和碳钢焊条的选择和使用原则；

④ 掌握合理选择焊条电弧焊焊接工艺参数的方法；

⑤ 掌握焊条电弧焊实训安全操作规程；

⑥ 具备平、立、横、仰、管-管、管-板不同位置的焊接操作技能。

任务 2.1 焊条电弧焊简介

焊条电弧焊是用手工操纵焊条进行焊接的电弧焊方法。焊条电弧焊焊接时，在焊条末端和工件之间燃烧的电弧所产生的高温使焊条药皮与焊芯及工件熔化，熔化的焊芯端部迅速地形成细小的金属熔滴，通过弧柱过渡到局部熔化的工件表面，融合一起形成熔池。药皮熔化过程中产生的气体和熔渣，不仅将熔池和电弧周围的空气隔绝，而且和熔化了的焊芯、母材发生一系列冶金反应，保证所形成焊缝的性能。随着电弧以适当的弧长和速度在工件上不断地前移，熔池液态金属逐步冷却结晶，形成符合要求的焊缝。焊条电弧焊通常用英文简称 SMAW(shielded metal arc welding)表示，焊条电弧焊的焊接过程如图 2-1 所示。

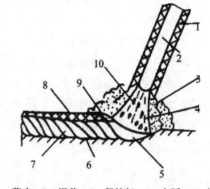

1—药皮；2—焊芯；3—保护气；4—电弧；5—熔池；
6—母材；7—焊缝；8—渣壳；9—熔渣；10—熔滴

图 2-1 焊条电弧焊

焊条电弧焊之所以成为应用广泛的焊接方法，是因为具有以下特点：

① 工艺灵活、适应性强，适用于碳钢、低合金钢、不锈钢等各种材料不同的焊接位置、接头形式、焊件厚度及焊缝。只要焊条所能达到的位置，均能进行焊接。如果使用带弯的焊条，对复杂结构的难焊部位的接头也可以进行焊接。对一些不规则的焊缝、短焊缝或仰焊位置、狭窄位置的焊缝，更显得机动灵活，操作方便。

② 接头的质量易于控制。焊条电弧焊的焊条能够与大多数焊件金属性能相匹配，因而，接头的性能可以达到被焊金属的性能。焊条电弧焊不但能焊接碳钢、低合金钢、不锈钢及耐热钢，对于铸铁、高强度的钢、铜合金、镍合金等也可以用焊条电弧焊焊接。

③ 易于分散焊接应力和控制焊接变形。由于焊接是局部的不均匀加热，所以焊件在焊接过程中会产生焊接应力和变形。结构复杂而焊缝又比较集中的焊件、长焊缝和大厚度焊件焊

接应力和变形问题更为突出,可以通过改变焊接工艺,如采用跳焊、分段退焊、对称焊等方法来减小形变和改善焊接应力的分布。

④ 设备简单、成本较低。焊条电弧焊使用的交流焊机和直流焊机结构都比较简单,维护保养也较方便,设备轻便而且易于移动。焊条电弧焊利用电焊软线可以延伸至较远的距离,对现场施工焊接和设备的维修均较方便,并且费用比其他电弧焊低。

⑤ 与气焊、埋伏焊相比,焊条电弧焊金相组织细,热影响区小,接头性能好。

⑥ 应用范围广。焊条电弧焊在造船、铁路、锅炉、压力容器、机械制造、建筑结构、化工设备以及航空航天等制造维修业中都广泛使用。

但是,焊条电弧焊存在以下缺点:

➤ 对焊工操作技术要求高,焊工培训费用大。焊条电弧焊的焊接质量,除靠选用合适的焊条、焊接工艺参数和焊接设备外,主要靠焊工的操作技术和经验保证,即焊条电弧焊的焊接质量在一定程度上取决于焊工操作技术。因此必须经常进行焊工培训,所需要的培训费用很大。

➤ 劳动条件差。焊条电弧焊主要靠焊工的手工操作和眼睛观察完成全过程,焊工的劳动强度大,并且长时间处于高温烘烤和有毒烟尘、光辐射和金属蒸气的危害环境中,劳动条件比较差,因此要加强劳动保护。

➤ 生产效率低。焊条电弧焊主要靠手工操作,并且焊接工艺参数选择范围较小,另外,焊接时要经常更换焊条,并要经常进行焊道熔渣的清理。与自动焊相比,焊条电弧焊焊接生产率低。

➤ 不适于特殊金属以及薄板的焊接。对于活泼金属(如 Ti、Nb、Zr 等)和难熔金属(如 Ta、Mo 等),由于这些金属对氧非常敏感,焊条的保护作用不足以防止这些金属氧化,保护效果不够好,焊接质量达不到要求,所以不能采用焊条电弧焊;对于低熔点金属如 Ti、Nb、Zr 及其合金等来讲,电弧的温度太高,所以也不能采用焊条电弧焊焊接。另外,焊条电弧焊的焊接工件厚度一般在 1.5 mm 以上,1 mm 以下的薄板不宜用焊条电弧焊。

2.1.1 焊接电弧

正负两个电极间的放电现象称为电弧,是一种空气导电的现象。但是一般的电弧由于存在时间短,而无法用来焊接。焊接电弧是指由焊接电源供给的,具有一定电压的两电极间或电极与母材间,在气体介质中产生的强烈而持久的放电现象称为焊接电弧。焊接电弧具有两个特性,即能放出强烈的光和大量的热。焊接就是利用产生的热量作为热源来熔化母材和填充金属。

2.1.2 焊接电弧的产生

通常情况下,气体是不导电的,为了使其导电,必须使气体电离,即必须在气体中形成足够数量的自由电子和正离子。焊接电弧的引燃过程是当焊条与工件接触的瞬间,焊条与工件表面局部突出部位首先接触,在接触区有电流通过,使得接触处的电流密度增大,产生很大的电阻热,将接触点熔化,同时受热的阴极发射出大量电子。由阴极发射出的电子,在电场的作用下快速地向阳极运动,在运动中与中性气体粒子相撞,并使其电离,分离成电子和正离子。电子被阳极吸收,而正离子向阴极运动,形成电弧的放电现象。

焊接电弧引燃的顺利与否,与焊接电流强度、电弧中的电离物质、电源的空载电压及其特性有关。如果焊接电流大,电弧中又存在容易电离的元素,电源的空载电压又较高时,则电弧的引燃就容易。

2.1.3 焊接电弧的组成及温度分布

1. 焊接电弧的组成

焊接电弧由阴极区、弧柱区和阳极区 3 部分组成,其结构如图 2-2 所示。

① 阴极区。电弧紧靠负电极的区域称为阴极区,阴极区很窄,电场强度很大。在阴极区的阴极表面有一个明亮的斑点,称为阴极斑点。在阴极斑点中,电子在电场和热能的作用下,得到足够的能量而逸出。因此,阴极斑点是一次电子发射的发源地,电流密度很大,也是阴极区温度最高的地方。

② 阳极区。电弧紧靠正电极的区域称为阳极区,阳极区比阴极区宽,但也只有 $10^{-4} \sim 10^{-3}$ cm。在阳极的表面也有一个明亮的斑点,称为阳极斑点。它是由电子对阳极表面撞击而形成的,是集中接收电子的微小区域。阳极区电场强度比阴极区小得多。

③ 弧柱区。阴极区和阳极区之间的区域称为弧柱区。由于阴极区和阳极区的长度极小,故弧柱的长度就可以认为是电弧的长度。弧柱区充满了电子、正离子、负离子和中性的气体分子和原子,并伴随着激烈的电离反应。

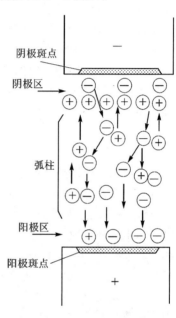

图 2-2 焊接电弧的构造

2. 焊接电弧的温度分布

焊接电弧的 3 个区域的温度是不均匀的,阴极区和阳极区的温度主要取决于电极材料,而且一般阴极温度都低于阳极温度,且低于材料的沸点,阴极区和阳极区的温度如表 2-1 所列。但生产实践中,不同的焊接工艺方法使阳极和阴极温度高低有变化,如表 2-2 所列。

表 2-1 阴极区和阳极区温度

电极材料	材料沸点/℃	阴极温度/℃	阳极温度/℃
碳	4 640	3 500	4 100
铁	3 271	2 400	2 600
钨	6 200	3 000	4 250

表 2-2 不同焊接方法的阴极与阳极温度比较

工艺方法	焊条电弧焊	钨极氩弧焊	熔化极氩弧焊	CO_2 气体保护焊	埋弧自动焊
温度比较	阳极温度＞阴极温度		阴极温度＞阳极温度		

① 焊条电弧焊。阳极温度比阴极温度高一些,这是由于阴极发射电子要消耗一部分能量所致。

② 钨极氩弧焊。阳极温度也比阴极温度高,由于钨极发射电子能力较强,在较低的温度下就能满足发射电子的要求。

③ 气体保护焊。气体对阴极有较强的冷却作用,这样就要求阴极具有更高的温度及更大的电子发射能力。由于采用的电流密度较大,因此阴极温度比阳极温度高。例如 CO_2 气体保护焊或 $Ar+CO_2$ 气体保护焊时,采用直流电源,熔化电极接负极,焊接时电子产生率就较高。

④ 埋弧自动焊。使用含 CaF_2 焊剂的埋弧自动焊时,氟等蒸气容易形成负离子,因此要求阴极能具备更强的电子发射能力。负离子在阴极区与正离子中和时能放出大量的热,同时使用的电流密度也较大,所以阴极温度较阳极温度高。

弧柱的温度不受材料沸点的限制,因此通常都高于阳极区和阴极区的温度,一般可达 $6\,000\sim8\,000\ ℃$。弧柱的径向温度分布是不均匀的,其中心温度最高,离开弧柱中心线,温度逐渐降低。弧柱温度虽然很高,但大部分被辐射,因此要求焊接时应尽量压低电弧,使热量得到充分利用。

2.1.4 焊接电弧的静特性

在电极材料、气体介质和弧长一定的情况下,电弧稳定燃烧时,焊接电流和电弧电压变化的关系称为电弧静特性,也称为伏—安特性。

① 静特性曲线。电弧静特性曲线如图 2-3 所示。电弧静特性曲线呈 U 形,有三个不同的区域。当电流较小时(ab 区),电弧静特性是属于下降特性区,随着电流的增加电压减小;当电流稍大时(bc 区),电弧静特性属于水平特性,也就是当电流变化而电压几乎不变,焊条电弧焊静特性就处于这个区段,因而焊接电流在一定范围内变化时,电弧电压不发生变化,从而保证了电弧的稳定燃烧;当电流较大时(cd 区),电弧静特性属于上升特性区,即电压随电流的增加而升高。

② 静特性曲线应用。电弧静特性虽然有三个不同的区域,但对于不同的焊接方法,在一定条件下,其静特性只是曲线的某一区域。静特性的下降段,由于电弧燃烧不易稳定,因而很少采用。而静特性的水平段,则在焊条电弧焊、埋弧焊、钨极氩弧焊中得到广泛应用。而静特性的上升段,则只有在细丝熔化极气保焊及大电流密度埋弧焊时才会出现。

电弧静特性是弧长一定、电弧稳定燃烧情况下电流与电压的关系,当弧长发生变化时,电弧的静特性曲线也将发生变化,如图 2-4 所示。电弧电压由阴极电压降、阳极电压降和弧柱

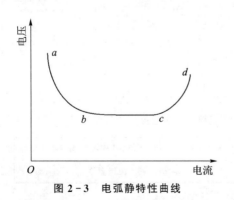

图 2-3 电弧静特性曲线

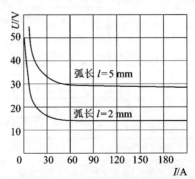

图 2-4 不同电弧长度的电弧静特性曲线

电压降三部分组成,其中阴极电压降和阳极电压降在一定电极材料和气体介质的场合下,基本上是固定的数值,而弧柱电压降在一定的气体介质条件下和弧柱长度(实际上也就是电弧长度)成正比。当电弧长度增加时,电弧电压将升高,其静特性曲线的位置也随之上升;而当电弧长度缩短时,电弧电压降低,静特性曲线的位置也随之下移。

2.1.5 焊接电弧的偏吹

正常焊接情况下,电弧的轴线总是沿着电极中心线的方向,即使焊条倾斜于工件时,仍有保持轴线方向的倾向,如图 2-5 所示,电弧的这种性质叫电弧的挺度。电弧的挺度对焊接操作十分有利,可以利用它来控制焊缝的成形,吹去覆盖在熔池表面过多的熔渣。电弧是由气体电离构成的柔性导体,因此,受外力作用时很容易发生偏摆,使电弧中心偏离电极轴线,此现象称为电弧的偏吹。电弧的偏吹使电弧燃烧不稳定,影响焊缝成形和焊接质量。造成电弧偏吹的原因很多,主要有以下几种:

① 焊条偏心度过大。焊条的偏心度是指焊条药皮沿焊芯直径方向偏离的程度,焊条因制造工艺不当会产生偏心。焊接时,电弧燃烧后药皮熔化不均,电弧将偏向药皮薄的一侧形成偏吹。为防止电弧偏吹,焊条的偏心度应符合国家标准的规定。

偏心是指焊条药皮沿焊芯直径方向的偏离程度,如图 2-6 所示。焊条若偏心,则表明焊条沿焊芯直径方向的药皮厚度有差异,这会导致焊接时焊条药皮熔化速度不同,无法形成正常的套筒,在焊接时产生电弧的偏吹,使电弧不稳定,造成母材熔化不均匀,严重影响焊缝质量。因此应尽量不使用偏心的焊条。

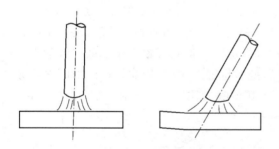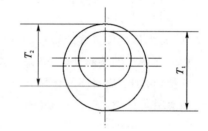

图 2-5　电弧的方向与焊条同一轴线　　　　图 2-6　焊条偏心示意图

焊条的偏心度可用以下方式计算:

$$焊条偏心度 = \frac{2(T_1 - T_2)}{T_1 + T_2} \times 100\% \tag{2-1}$$

式中:T_1——焊条断面药皮最大厚度+焊芯直径,mm;

　　　T_2——同一断面药皮层最小厚度+焊芯直径,mm。

根据国家标准的规定:

➤ 直径不大于 2.5 mm 的焊条,偏心度不应大于 7%;

➤ 直径为 3.2 mm 和 4 mm 的焊条,偏心度不应大于 5%;

➤ 直径不小于 5 mm 的焊条,偏心度不应大于 4%。

② 电弧周围气流的干扰。在室外进行焊接作业时,电弧周围气体的流动会把电弧吹向一侧造成偏吹。特别是在大风中或管道内进行焊接时,由于空气的流速快,会造成电弧偏吹,严

重时甚至无法进行焊接。因此,在大风中进行焊接时,电弧周围应有挡风装置;在管道内焊接时,应将管子两端堵住。

③ 磁场的影响——磁偏吹。进行直流电弧焊时,电弧因受到焊接回路所产生的电磁力的作用而产生的电弧偏吹称为磁偏吹。造成电弧磁偏吹的主要原因有:

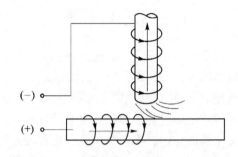

图 2-7 接地线位置不正确引起的电弧偏吹

> 接地线位置不正确。焊接时,由于接地线位置不正确,使电弧焊周围的磁场强度分布不均,从而造成电弧的偏吹,如图 2-7 所示。因为在进行直流电焊接时,除了在电弧周围产生自身磁场外,通过焊件的电流也会在空间产生磁场。若导线接在焊件的左侧(图 2-7),则在焊件左侧为两个磁场相叠加,而在电弧右侧为单一磁场,电弧两侧的磁场分布失去平衡。因此,磁力线密度大的左侧对电弧产生推力,使电弧偏离轴线向右倾斜,即向右偏吹,反之,将导线接在右侧,则向左偏吹。

> 铁磁物质。由于铁磁物质(钢板、铁块等)的导磁能力远远大于空气,因此,当焊接电弧周围有铁磁物质存在时(如焊接 T 形接头角焊缝),靠近铁磁体一侧的磁力线大部分都通过铁磁体形成封闭曲线,使电弧同铁磁体之间的磁力线变得稀疏,而电弧另一侧则显得密集,因此电弧就向铁磁体一侧偏吹,就像铁磁体吸引电弧一样,如图 2-8 所示。如果钢板受热后温度升得较高,导磁能力就降低,对电弧偏吹的影响也就减小。

> 焊条与焊件的位置不对称。焊工在靠近焊件边缘处进行焊接时,经常会发生电弧的偏吹,而当焊接位置逐渐靠近焊件的中心时,电弧的偏吹现象就逐渐减弱或消失。这是因为在焊缝的端起处时,焊条与焊件所处的位置不对称,造成电弧周围的磁场分布不均衡,再加上热对流的作用,就产生了电弧偏吹,如图 2-9 所示。在焊缝的收尾处,也会有类似的情况。

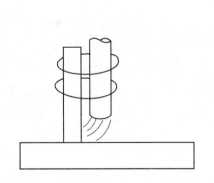

图 2-8 铁磁物质对电弧磁偏吹的影响

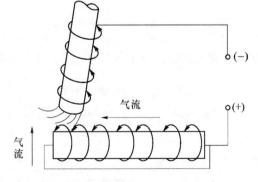

图 2-9 焊缝起头时的电弧偏吹

生产中常见的克服磁偏吹的方法:
> 适当地改变焊件接地线部位,尽可能使弧柱周围的磁力线均匀分布。
> 在操作中适当调节焊条角度,使焊条向偏吹一侧倾斜。

➤ 在焊缝两端各加一小块附加钢板(引弧板、收弧板)。

➤ 磁偏吹的大小与焊接电流有直接关系,为了减小磁偏吹,可以适当降低焊接电流。

➤ 采用短弧焊以及尽可能使用交流电,都有利于减小磁偏吹。

任务 2.2　焊接电源的极性、选择及电弧的稳定性

2.2.1　焊接电源的极性

焊接过程中,直流弧焊发电机的两个极(正极和负极)分别接到焊件和焊钳上。从电弧的构造可知,当焊件或焊钳所接的正、负极不同时,温度也相应不同。因此,在使用直流弧焊发电机时,应考虑选择电源的极性问题,以保证电弧稳定燃烧和焊接质量。所谓电源极性就是在直流电弧焊或电弧切割时,焊件与电源输出端正、负极的接法,有正接和反接两种。所谓正接就是焊件接电源正极、电极接电源负极的接线法,正接也称正极性;反接就是焊件接电源负极,电极接电源正极的接线法,反接也称反极性。焊接电弧的极性如图 2-10 所示。

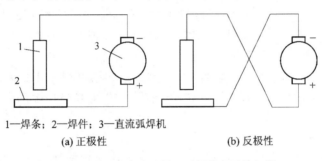

1—焊条;　2—焊件;　3—直流弧焊机

(a) 正极性　　　　　　　　　　(b) 反极性

图 2-10　采用直流弧焊机时焊接电弧的极性

① 碱性焊条常采用反接,因为碱性焊条采用正接时,电弧燃烧不稳定,飞溅严重,噪声也大。而采用反接时,电弧燃烧稳定,飞溅很小,声音也较平静均匀。

② 酸性焊条如果直接使用直流电源,通常采用正接。因为阳极部分的温度高于阴极部分,所以用正接可以得到较大的熔深。因此,焊接厚钢板时可采用正接;而焊接薄板、铸铁、有色金属时,应采用反接。对于交流电焊机来说,由于电源的极性是交变的,所以不存在正接和反接。

2.2.2　焊接电源极性的选择

选用焊接电源的极性时,主要应根据焊条的性质和焊件所需的热量来决定。如用酸性焊条焊接厚钢板时,采用直流正接性,以获得较大的熔深;而在焊接薄钢板时,则采用直流反极性,以防止烧穿。若采用交流电焊机,则其熔深则介于直流正极性和反极性之间。如用碱性低氢钠型焊条焊接重要结构时,无论焊接厚板或薄板,均采用直流反极性,原因有以下两点:

① 由于碱性焊条药皮中含有较多的萤石(CaF_2),在电弧气氛中会分解出电离电位比较高的氟,这会使电弧的稳定性大大降低,如再采用交流焊接电源,那么将不可能建立稳定的电弧,因而必须采用直流焊接电源。

② 如果采用直流正极性焊接,熔滴向熔池过渡时,将受到由熔池方向射来的正离子流的

撞击,由于正离子质量较电子大,因此阻碍熔滴向熔池过渡的力就大,造成飞溅和电弧不稳的现象。

因此采用直流反极性焊接,不仅可减轻上述飞溅等现象,而且由于熔池处于阴极,则由焊条方向射来的氢离子与熔池表面的电子中和形成氢原子,还可以减少氢气孔的倾向。为此,碱性焊条必须采用直流反极性焊接。若在碱性焊条药皮中再另加一些低电离电位物质,以提高电弧的稳定性后才能使用交流焊接电源。

2.2.3 焊接电弧的稳定性

焊接电弧的稳定性是指电弧保持稳定燃烧(不产生断弧、飘移和磁偏吹等)的程度。电弧的稳定燃烧是保证焊接质量的一个重要因素,因此维持电弧稳定性是非常重要的。电弧不稳定的原因除焊工操作技术不熟练外,还有以下几个方面。

1. 焊接电源的影响

① 焊接电源的特性。焊接电源的特性是焊接电源以哪种形式向电弧供电,如焊接电源的特性符合电弧燃烧的要求,则电弧燃烧稳定。反之,则电弧燃烧不稳定。

② 焊接电流的种类。采用直流电源焊接时,电弧燃烧比交流电源稳定。这是因为采用交流电源焊接时,电弧的极性是周期性变化的(50 Hz),每秒钟电弧的燃烧和熄灭要重复100次,因此交流电源焊接电弧没有直流电源稳定。

③ 焊接电源的空载电压。具有较高空载电压的焊接电源不仅引弧容易,而且电弧燃烧也稳定。这是因为焊接电源的空载电压较高,电场作用强,电场作用下的电离及电场发射就强烈,所以电弧燃烧稳定。

2. 焊接电流的影响

焊接电流大,电弧的温度就增高,则电弧气氛中的电离程度和热发射作用就增强,电弧燃烧也就越稳定。通过实验测定电弧稳定性的结果表明:随着焊接电流的增大,电弧的引燃电压就降低;同时,随着焊接电流的增大,自然断弧的最大弧长也增大。所以焊接电流越大,电弧燃烧越稳定。

3. 焊条药皮的影响

焊条药皮或焊剂中加入电离电位比较低的物质(如 K、Na、Ca 的氧化物),能增加电弧气氛中的带电粒子,这样就可以提高空气的导电性,从而提高电弧燃烧的稳定性。如果焊条药皮或焊剂中含有电离电位比较高的氟化物(CaF_2)及氯化物(KCL、NaCl),由于它们较难电离,因此会降低电弧气氛的电离程度,使电弧燃烧不稳定。

4. 电弧长度的影响

电弧长度对电弧的稳定性也有较大影响,如果电弧太长,电弧就会发生剧烈摆动,从而破坏了焊接电弧的稳定性,而且飞溅也增大。

5. 其他影响因素

焊接处如有油漆、油脂、水分和锈层等存在时,也会影响电弧燃烧的稳定性,因此焊前做好焊件表面的清理工作十分重要。焊条受潮或焊条药皮脱落也会造成电弧燃烧不稳定,此外风大、气流、电弧偏吹等均会造成电弧燃烧不稳定。

任务 2.3　焊接材料

2.3.1　焊条的组成及作用

焊条电弧焊中使用的涂有药皮的熔化电极称为焊条,由焊芯和药皮两部分组成,如图 2-11 所示。

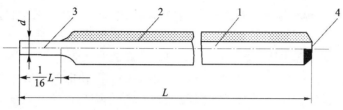

1—焊芯;2—药皮;3—夹持端;4—引弧端

图 2-11　焊条组成示意图

1. 焊芯

焊条中被药皮包覆的金属芯叫焊芯。焊芯的作用有:① 传导焊接电流,产生电弧把电能转换成热能;② 焊芯本身熔化作为填充金属与液体母材金属熔合形成焊缝。焊芯金属的各合金元素的含量有一定的限制,以保证在焊后焊缝各方面的性能不低于基本金属。焊芯的质量应符合国家标准 GB/T 14957—94《熔化焊用钢丝》的要求。焊芯的规格如表 2-3 所列。焊芯直径、材料的不同,决定了焊条允许通过的电流密度不同。焊芯长度也有一定的限制。

表 2-3　焊条尺寸规格

单位:mm

焊条直径		焊条长度	
基本尺寸	极限偏差	基本尺寸	极限偏差
1.6	±0.05	200～250	±2.0
2.0 2.5		250～350	
3.2 4.0 5.0		350～450	

2. 药皮

压涂在焊芯表面上的涂料层叫药皮。其主要作用如下:

① 提高焊接电弧的稳定性。电弧焊的根本问题是稳定电弧,以维持电弧的连续燃烧。焊条药皮中加入了电离点位低的物质(如 K、Na、Ca 等),因此能提高电弧的稳定性。

② 保护熔化金属不受外界空气的影响。焊接时,药皮对熔化金属的保护作用有两种形式:一是气体保护;二是熔渣保护。

➤ 气体保护。是指药皮里的有机物及某些碳酸盐无机物在电弧高温作用下产生大量的中性或还原性气体笼罩着电弧区和熔池,在电弧区和熔池周围形成一个很好的保护层,防止空气侵入,以达到保护熔敷金属的目的。

> 熔渣保护。是指焊接过程中,药皮中的某些物质被电弧高温熔化,形成一层熔点低、黏度适中、密度轻的熔渣,覆盖在焊道表面,可避免熔敷金属和空气的直接接触,防止焊道氧化。也使焊缝金属缓慢冷却,有益于焊缝金属中气体的逸出,减少了产生气孔的可能性。

③ 脱氧精炼。焊接过程中,虽然对焊缝金属采取了保护,但仍会混入一些氧、氮、硫、磷等有害杂质,因此需要进一步去除杂质。药皮中的某些合金元素具有强烈的脱氧、脱氮、脱硫、脱磷等精炼作用,可使焊缝中的有害元素降到最低程度。

④ 添加合金提高焊缝性能。在焊接过程中,用药皮添加合金有两个目的:一是为了补偿焊芯中合金元素的烧损,在药皮中加入适当的合金过渡到焊缝中去;另一个是完全依靠药皮中的合金元素过渡达到焊缝中所须成分的目的,以提高焊缝的性能。

⑤ 改善焊接工艺性能。药皮在焊接时形成喇叭状套管,使电弧热量集中,并可减少飞溅,有利于熔滴向熔池过渡,提高熔敷系数。适当调整药皮的黏度、熔点和密度能用于各种空间位置的施焊,同时溶化后的熔渣还起美化焊缝的作用。合理地配置药皮成分,还能改善熔渣的脱渣性和减小发尘量等。

2.3.2 焊条的分类及型号

1. 焊条的分类

(1) 按焊条的用途分类

根据有关国家标准,焊条可分为:碳钢焊条(GB/T 5117—1995)、低合金钢焊条(GB/T 5118—1995)、不锈钢焊条(GB/T 983—1995)、堆焊焊条(GB/T 984—85)、铸铁焊条(GB/T 1004—88)、铜及合金焊条(GB/T 3670—1995)、铝及铝合金焊条(GB/T 3669—83)、镍及镍合金焊条(GB/T 13814—1992)。

(2) 按焊条药皮溶化后的熔渣特性分类

焊条可分为酸性焊条和碱性焊条两大类

① 酸性焊条。其熔渣的主要成分是酸性氧化物。这类焊条的优点是工艺性好,容易引弧,并且电弧稳定,飞溅小,脱渣性好,焊缝成形美观,容易掌握施焊技术等。因熔渣含有大量酸性氧化物,焊接时易放出氧,因而对工件上的铁锈、油等污物不敏感,焊接时产生的有害气体少。酸性焊条可用交流、直流焊接电源,适用于各种位置的焊接,同时焊前焊条的烘干温度也较低。

酸性焊条的缺点是:焊缝金属的力学性能差,尤其是焊缝金属的塑性和韧性均低于碱性焊条形成的焊缝;酸性焊条的另一主要缺点是抗裂纹性能不好,是因为酸性焊条药皮氧化性强,使合金元素烧损较多,以及焊缝金属含硫量和扩散氢含量较高。由于上述缺点,酸性焊条仅适用于一般低碳钢和强度等级较低的普通低合金钢结构钢的焊接,而不用于焊接低合金钢。

② 碱性焊条。其熔渣的成分主要是碱性氧化物和铁合金。这类焊条的优点是焊缝中含氧较少,合金元素很少氧化,焊缝金属合金化效果好。碱性焊条药皮中碱性氧化物较多,故脱氧、脱硫、脱磷的能力比酸性焊条强。此外,药皮中的萤石有较好的去氢能力,故焊缝中含氢量低。使用碱性焊条,焊缝金属的塑性、韧性和抗裂性都比酸性焊条高,所以这类焊条适用于合金钢和重要的碳钢结构焊接。

碱性焊条的主要缺点是工艺性差,对油、锈及水分等敏感性强。焊接时工艺不当,容易产生气孔。因此,除了焊前要严格烘干焊条并仔细清理焊件坡口外,在施焊时应始终保持短弧操作。碱性焊条电弧稳定性差,不加稳弧剂时只能采用直流电源焊接。在深坡口焊接中,脱渣性不好。焊接时产生的灰尘量较多,工作时应注意保持焊接场所通风和做好防尘措施,以免影响人体健康。

2. 焊条的型号

碳钢焊条型号是以国家标准《碳钢焊条》(GB/T 5117—1995)为依据,规定焊条的表示方法。碳钢焊条型号根据熔敷金属的力学性能、药皮类型、焊接位置和焊接电流种类来划分的。具体方法如下:

① 字母"E"表示焊条。

② 前两位数字表示熔敷金属抗拉强度的最小值,单位为 MPa。

③ 第三位数字表示焊条的焊接位置。"0"及"1"表示焊条适用于全位置焊接(平、立、仰、横),"2"表示焊条适用于平焊及平角焊,"4"表示焊条适用于向下立焊。

④ 第三位和第四位数字组合时表示焊接电流种类和药皮类型。

⑤ 第四位数字后附加"R"表示耐吸潮焊条,附加"M"表示耐吸潮和力学性能有特殊规定的焊条,附加"−1"表示冲击性能有特殊规定的焊条。

例如:

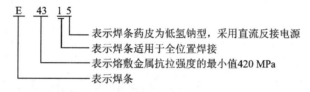

表示焊条药皮为低氢钠型,采用直流反接电源
表示焊条适用于全位置焊接
表示熔敷金属抗拉强度的最小值420 MPa
表示焊条

3. 焊条型号与牌号的关系

(1) 焊条牌号的表示方法

碳钢焊条的牌号是根据原国家机械工业委员会编制《焊接材料产品样本》中的规定来表示的。碳钢焊条是根据熔敷金属的抗拉强度、药皮类型和电流种类来划分的,具体方法如下:

① 字母"J"或汉字"结"表示结构钢焊条。

② 前两位数字乘 10 表示熔敷金属的抗拉强度的最小值,单位为 MPa。

③ 第三位数字表示焊接电流种类和药皮类型。

例如:

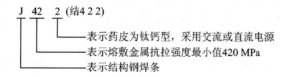

表示药皮为钛钙型,采用交流或直流电源
表示熔敷金属抗拉强度最小值420 MPa
表示结构钢焊条

(2) 型号与牌号的对照

常用碳钢焊条的型号与牌号的对照以及用途如表 2−4 所列,以便选用。

表 2−4　碳钢焊条选用表

型　号	牌　号	药皮类型	电源种类	主要用途	焊接位置
E4300	J420G	特殊型	交流或直流	焊接一般低碳结构钢,特别适合火力发电站碳钢管道的全位置焊接	平、立、仰、横

型　号	牌　号	药皮类型	电源种类	主要用途	焊接位置
E4303	J422	钛钙型	交流或直流	焊接较重要的低碳钢结构和同等强度的普低钢	平、立、仰、横
E4314	J422Fe	铁粉钛钙型	交流或直流	焊接较重要的低碳钢结构的高效率焊条	平、立、仰、横
E4301	J423	钛铁矿型	交流或直流	焊接较重要低碳钢结构	平、立、仰、横
E4320	J424	氧化铁型	交流或直流正接	焊接较重要低碳钢结构	平、平角焊
E4316	J426	低氢钾型	交流或直流反接	焊接重要低碳钢及某些低合金钢结构	平、立、仰、横
E4315	J427	低氢钠型	直流反接	焊接重要低碳钢及某些低合金钢结构	平、立、仰、横
E5024	J501Fe15	铁粉钛型	交流或直流	焊接某些低合金钢结构的高效率焊条	平、平角焊
E5003	J502	钛钙型	交流或直流	焊接相同强度等级合金钢一般结构	平、立、仰、横
E5011	J505	高纤维素钾型	交流或直流	用于碳钢及低合金钢立向下焊低层焊接	平、立、仰、横
E5016	J506	低氢钾型	交流或直流反接	焊接中碳钢及重要低合金钢结构如 Q345 等	平、立、仰、横
E5015	J507	低氢钠型	直流反接	焊接中碳钢及重要低合金钢结构如 Q345 等	平、立、仰、横
E5048	—	铁粉低氢型	交流或直流	具有良好的立向下焊性能	平、立、仰、横

任务 2.4　碳钢焊条的选择和使用

2.4.1　碳钢焊条的选择

对于碳钢和某些低合金钢来说，在选用焊条时应注意以下几方面内容。

1. 等强度原则

碳钢和某些低合金钢焊条的选择，一般是按焊缝与母材等强度的原则选用，但是要注意以下问题：

① 一般钢材按屈服点来确定等级（如 Q235），而碳钢焊条是按熔敷金属抗拉强度的最低值来定强度等级的，因此不能混淆，应按照母材的抗拉强度等级来选择抗拉强度等级相同的焊条。

② 对于强度级别较低的钢材，基本上是按等强度原则选用，但对于焊接结构刚性大、手里情况复杂的工件，选用焊条时，应考虑焊缝塑性，此时可选用比母材低一级抗拉强度的焊条。

2. 酸、碱性焊条的选择

在焊条的抗拉强度等级确定后，再决定选用酸性焊条或碱性焊条，选用焊条时一般要考虑以下几个方面的因素：

① 当接头坡口表面难以清理干净时，应采用氧化性强、对铁锈、油污等不敏感的酸性焊条。

② 在容器内部或通风条件较差的条件下，应选用焊接时析出有害气体少的酸性焊条。

③ 在母材中碳、硫、磷等元素含量较高时,且焊件形状复杂、结构刚性大和厚度大时,应选用抗裂性好的碱性低氢型焊条。

④ 当焊件承受振动载荷或冲击载荷时,除保证抗性强度外,应选用塑性和韧性较好的碱性焊条。

⑤ 在酸性焊条和碱性焊条均能满足性能要求的前提下,应尽量选用工艺性能较好的酸性焊条。

2.4.2 碳钢焊条的使用

1. 焊条的焊接位置

焊接部位为空间任意位置时,必须选用能进行全位置焊接的焊条,焊接部位始终是向下立焊时,可以选用专门向下立焊的焊条或其他专门焊条。为了保证焊缝的质量,碳钢焊条在使用前须对焊条的外观进行检查及烘干处理。

(1) 焊条的外观检查

对焊条进行外观检查是为了避免由于使用不合格的焊条而造成焊缝质量的不合格。外观检查包括:

1) 偏 心

是指焊条药皮沿焊芯直径方向偏离的程度。焊条若偏心,则表明焊条沿焊芯直径方向的药皮厚度有差异。这样,焊接时焊条药皮熔化速度不同,无法形成正常的套筒,因而在焊接时会产生电弧的偏吹,使电弧不稳定,造成母材熔化不均匀,影响焊缝质量。因此应尽量不使用偏心的焊条。

2) 锈 蚀

是指焊芯是否有锈蚀的现象。一般来说,若焊芯仅有轻微的锈蚀,基本上不影响性能。但是如果焊接质量要求高时,就不宜使用。若焊条锈迹严重,则不宜使用,至少也应降级使用或只能用于一般结构件的焊接。

3) 药皮裂纹及脱落

药皮在焊接过程中起着很重要的作用,如果药皮出现裂纹甚至脱落,则直接影响焊缝质量。因此,对于药皮脱落的焊条,则不应使用。

(2) 焊条的烘干

1) 烘干的目的

焊条出厂时,所有的焊条都有一定的含水量,其根据焊条的型号不同而不同。焊条出厂时具有含水量是正常的,对焊缝质量没有影响,但是焊条在存放时会从空气中吸收水分,在相对湿度较高时,焊条涂料吸收水分很快。普通碱性焊条裸露在外面一天,受潮就很严重,受潮的焊条在使用中对焊接是很不利的,不仅会使焊接工艺性能变坏,而且也影响焊接质量,容易产生氢致裂纹、气孔等缺陷,造成电弧不稳定、飞溅增多、烟尘增大等不利影响。因此,焊条(特别是低氢型碱性焊条)在使用前必须烘干。

2) 烘干温度

不同焊条品种要求不同的烘干温度和保温时间。在各种焊条的说明书中对此均作了规定,这里介绍通常情况下,碳钢焊条的烘干温度和时间。

① 酸性焊条。酸性焊条药皮中,一般均有含结晶水的物质和有机物,在烘干时,应除去药

皮中的吸附水，而不使有机物分解变质为原则。因此，烘干温度不能太高，一般规定 75～150 ℃，保温 1～2 h。

② 碱性焊条。由于碱性焊条在空气中极易吸潮，而且在药皮中没有有机物，在烘干时更需去掉药皮中矿物质中的结晶水。因此烘干温度要求较高，一般需 350～400 ℃，保温 1～2 h。

3）烘干方法及要求

① 焊条烘干应放在正规的红外线烘干箱内进行烘干，不能在炉子上烘烤，也不能用气焊火焰直接烘烤。

② 烘干焊条时，禁止将焊条直接放进高温炉内，或从高温炉中突然取出冷却，防止焊条因为骤冷、骤热而产生药皮开裂脱落，应缓慢加热、保温、缓慢冷却。经烘干的碱性焊条最好放入另一个温度控制在 80～100℃ 的低温烘箱内存放，随用随取。

③ 烘干焊条时，焊条不应成垛或成捆地堆放，应铺成层状，直径 4 mm 的焊条不超过三层，直径 3.2 mm 的焊条不超过五层。否则，焊条叠起太厚造成温度不均匀，造成局部过热而使药皮脱落，而且也不利于潮气排除。

④ 焊接重要产品时，每个焊工应配备一个焊条保温筒，施焊时，将烘干的焊条放入保温筒内。筒内温度保持在 50～60 ℃，还可放入一些硅胶，以免焊条再次受潮。

⑤ 焊条烘干一般可重复两次。据有关资料介绍，对于酸性焊条的碳钢焊条重复烘干次数可以达到五次，但对于酸性焊条中的纤维素型焊条以及低氢型的碱性焊条，则重复烘干次数不宜超过三次。

2. 碳钢焊条的保管

焊条管理的好坏对焊接质量有直接的影响，因此，焊条的储存、保管也是很重要的。

① 各类焊条必须分类、分型号存放，避免混淆。

② 焊条必须存放在通风良好、干燥的库房内。重要焊接工程使用的焊条，特别是低氢型焊条，最好储存在专用的库房内。库房要保持一定的湿度和温度，建议温度在 10～25 ℃，相对湿度在 60% 以下。

③ 储存焊条必须垫高，与地面和墙壁的距离大于 0.3 m 以上，使得上下左右空气流通，以防受潮变质。

④ 为了防止破坏包装及药皮脱落，搬运和堆放时不得乱摔、乱砸，应小心轻放。

⑤ 为了防止焊条受潮，尽量做到现用现拆包装。并且做到先入库的焊条先使用，以免存放时间过长而受潮变质。

任务 2.5　焊条电弧焊焊接工艺参数

焊接工艺参数（焊接规范）是指焊接时，为保证焊接质量而选定的物理量（例如：焊接电流、电弧电压、焊接速度、线能量等）的总称。

由于焊接结构件的材质，工作条件，尺寸形状及装配质量不同，所选择的工艺参数也有所不同。即使同样的焊件，也会因焊接设备条件与焊工操作习惯的不同而选用不同的工艺参数。因此，焊条电弧焊的焊接工艺参数通常包括：焊条选择、焊接电流、电弧电压、焊接速度、焊接层数等。焊接工艺参数选择得正确与否，直接影响焊缝的形状、尺寸、焊接质量和生产率，因此选择合适的焊接工艺参数是焊接生产上不可忽视的一个重要问题。要掌握其选择原则，焊接时要根据具体情况灵活掌握。

2.5.1　焊条的选择

1. 焊条牌号的选择

焊缝金属的性能主要由焊条和焊件金属共同来决定。焊缝金属中焊条约占 $50\% \sim 70\%$，因此，焊接时应选择合适的焊条牌号才能保证焊缝金属具备所要求的性能。否则,将影响焊缝金属的化学成分、机械性能和使用性能。

2. 焊条直径的选择

为了提高生产率,尽可能选用较大直径的焊条,但是用直径过大的焊条焊接,会造成未焊透或焊缝成形不良,因此必须正确选择焊条的直径。焊条直径大小的选择与下列因素有关:

① 焊件的厚度。厚度较大的焊件应选用直径较大的焊条;反之,薄焊件的焊接,则应选用小直径的焊条。在一般情况下,焊条直径与焊件厚度之间关系的参考数据,如表 2-5 所列。

② 焊接位置。在焊件厚度相同的情况下,平焊位置焊接用的焊条直径应比其他位置要大一些,立焊所用焊条,直径最大不超过 5 mm;仰焊及横焊时,焊条直径不应超过 4 mm,以获得较小的熔池,减少熔化金属的下滴。

表 2-5　焊条直径选择的参考数据

焊件厚度/mm	≤1.5	2	3	4~5	6~12	≥12
焊条直径/mm	1.6	1.6~2	2.5~3.2	3.2~4	4~5	4~6

③ 焊接层数。在焊接厚度较大的焊件时,需进行多层焊,且要求每层焊缝厚度不宜过大,否则,会降低焊缝金属的塑性。在进行多层焊时,如果第一层焊道所采用的焊条直径过大,焊条不能深入坡口根部会造成电弧过长而产生未焊透等缺陷。因此,多层焊的第一层焊道应采用直径 2.5~3.2 mm 的焊条。以后各层可根据焊件厚度,选用较大直径的焊条。

④ 接头形式。搭接接头、T 形接头因不存在全焊透问题,所以应选用较大的焊条直径以提高生产率。

2.5.2　焊接电流的选择

焊接时,流经焊接回路的电流称为焊接电流。焊接电流的大小是影响焊接生产率和焊接质量的重要因素之一。增大焊接电流能提高生产率,但电流过大时,焊条本身的电阻热会使焊条发红,易造成焊缝咬边、烧穿等缺陷,同时增加了焊接金属飞溅,也会使接头的组成物质产生过热而发生变化;而电流过小不但引弧困难,电弧不稳定,也易造成夹渣、未焊透等缺陷,降低焊接接头的机械性能,所以应适当地选择电流。焊接时决定电流强度的因素很多,如焊条类型、焊条直径、焊件厚度、接头形式、焊缝位置和层数等,但是主要的是焊条直径、焊缝位置和焊条类型。

1. 根据焊条直径选择

焊条直径的选择取决于焊件的厚度和焊缝的位置,当焊件厚度较小时,焊条直径要选小些,焊接电流也应小些。反之,则应选择较大直径的焊条。焊条直径越大,熔化焊条所需要的电弧热量也越大,电流强度也相应要大。焊接电流大小与焊条直径的关系,一般可根据式(2-2)来选择:

$$I_n = (35 \sim 55)d \tag{2-2}$$

式中：I_n——焊接电流，A；

d——焊条直径，mm。

表 2-6　各种焊条直径使用电流参考值

焊条直径/mm	1.6	2.0	2.5	3.2	4.0	5.0	6.0
焊接电流/A	25～40	40～65	50～80	100～130	160～210	200～270	260～300

根据式(2-2)所求的焊接电流只是一个大概数值，在实际生产中，焊工一般都凭自己的经验来选择适当的焊接电流。一般先根据焊条直径算出一个大概的焊接电流，然后在钢板上进行试焊。在试焊过程中，可根据以下几点来判断选择的电流是否合适。

① 看飞溅。电流过大时，电弧吹力大，可看到较大颗粒的铁水向熔池外飞溅，同时爆裂声大；电流过小时，电弧吹力小，熔渣和铁水不易分清。

② 看焊缝成形。电流过大时，熔深大、焊缝余高低、两侧易产生咬边；电流过小时，焊缝窄而高、熔深浅，且两侧与母材金属熔合不好；电流适中时，焊缝两侧与母材金属熔合得很好，呈圆滑过渡。

③ 看焊条熔化状况。电流过大时，当焊条熔化了大半根时，其余部分均已发红；电流过小时，电弧燃烧不稳定，焊条容易粘在焊件上。

2. 根据焊接位置选择

相同焊条直径的条件下，在焊接平焊缝时，由于运条和控制熔池中的熔化金属都比较容易，因此可以选择较大的电流进行焊接。但在其他位置焊接时，为了避免熔化金属从熔池中流出，要使熔池尽可能小些，所以电流相应要比平焊小一些。

3. 根据焊条类型选择

当其他条件相同时，碱性焊条使用的焊接电流应比酸性焊条小 10% 左右，否则焊缝中易形成气孔。

2.5.3　电弧电压的选择

焊条电弧焊时，电弧电压是由焊工根据具体情况灵活掌握的，掌握的原则一是保证焊缝具有合乎要求的尺寸和外形，二是保证焊透。

电弧电压主要由电弧长度来决定。电弧长，电弧电压高；电弧短，电弧电压低。

在焊接过程中，电弧不宜过长，电弧过长会出现以下几种不良现象：

① 电弧燃烧不稳定、易摆动，电弧热能分散，熔滴金属飞溅增多。

② 熔深小，容易产生咬边、未焊透、焊缝表面高低不平整、焊波不均匀等缺陷。

③ 对熔化金属的保护差，空气中氢、氧、氮等有害气体容易侵入，使焊缝产生气孔的可能性增加，焊缝金属的力学性能降低。

因此在焊接时应力求使用短弧焊接，在立、仰焊时弧长应比平焊时更短一些，以利于熔滴过渡。碱性焊条焊接时应比酸性焊条弧长短些，以利于电弧的稳定和防止气孔。所谓短弧一般认为应是焊条直径的 0.5～1.0 倍，用计算式(2-3)表示。

$$L = (0.5 \sim 1.0)d \tag{2-3}$$

式中：L——电弧长度，mm；

d——焊条直径，mm。

2.5.4　焊接速度

单位时间内完成的焊缝长度称为焊接速度，也就是焊条向前移动的速度。焊接过程中，焊接速度应该均匀适当，既要保证焊透，又要保证不烧穿，同时还要使焊缝宽度和高度符合图样设计要求。

如果焊接速度过快，熔池温度不够，易造成未焊透、未熔合、焊缝造成不良等缺陷。如果焊接速度过慢，高温停留时间将增长，易造成热影响区宽度增加、焊接接头的晶粒变粗，使焊件力学性能降低，同时变形量也将增大；当焊接较薄焊件时，则易烧穿。

焊接速度直接影响焊接生产率，所以应该在保证焊缝质量的前提下，根据具体情况适当加快焊接速度，以保证焊缝的高低和宽窄一致。手工电弧焊时，焊接速度主要由焊工手工操作控制，与焊工的操作技能水平密切相关。

2.5.5　焊接层数

在焊件厚度较大时，往往需要多层焊。对于低碳钢和强度等级低的普低钢的多层焊时，每层焊缝厚度过大时，对焊缝金属的塑性（主要表现在冷弯角上）稍有不利的影响。因此对质量要求较高的焊缝，每层厚度最好不大于4～5 mm。

根据实际经验：每层厚度约等于焊条直径的0.8～1.2倍时，生产率较高，并且比较容易操作。因此焊接层数可近似地按经验式(2-4)计算。

$$n = \frac{\delta}{md} \tag{2-4}$$

式中：n——焊接层数；

δ——焊件厚度，mm；

m——经验系数，一般取 $m=0.8～1.2$；

d——焊条直径，mm。

任务 2.6　焊条电弧焊实训安全操作规程

1. 相关理论学习

实训操作人员必须经过手工电弧焊的相关理论学习，了解和熟悉手工电弧焊的技术操作规程，并经过实训前的现场操作培训。

2. 实训操作前的检查准备

① 检查设备、工具是否正常。

② 检查焊接电缆是否完好，如有无破损、裸露；特别是应检查焊机外壳接地、接零是否安全可靠。

③ 清理工作场所的多余物，保持作业点整洁。

④ 施焊时，操作者必须正确穿戴好各种劳动防护用品，以防烫伤、伤目、触电等事故发生。

3. 操作中的关键步骤及注意事项

① 实训人员必须在老师的指导下进行实训操作。

② 开启焊机后,待设备运转并判断其无异常后方可进行焊接操作。

③ 充分利用防光屏,防止弧光伤眼;调节烟尘吸收设备,尽可能排出有害烟尘,保护受训人员身体健康。

④ 电焊设备接通电源后,身体不要靠在铁板或其他导电的物体上。

⑤ 移动电线时,要防止割坏碰坏,电线穿过通道时应在线上加保护物;电焊机移动时应先切断电源。

⑥ 非直接操作人员(含辅助人员)应保持一定的安全距离。

⑦ 焊接时,应注意不要超负荷使用焊机,以免焊机过热,发生火灾。

⑧ 焊钳有可靠的绝缘防护,中断实训时,焊钳要放在安全的地方,防止焊钳与焊体、工作台之间产生短路而烧坏焊机。

⑨ 更换焊条时,不仅应戴好手套,而且应避免身体与焊件接触。

⑩ 推拉电源闸刀时,应戴好干燥的手套,面部不要面对闸刀,以免推拉时,可能发生电弧花而灼伤脸部。

4. 操作中禁止的行为

① 严禁实训人员在未经指导老师同意的情况下私自开机操作。

② 禁止超负载焊接,严禁在焊接时调节电流。

5. 操作中异常的处理

操作过程中发现异常必须立即停止操作,切断电源并报告指导老师,查明原因,排出故障后,方可继续操作。

6. 实训结束

实训结束后,应将电源切断,将电缆、焊钳等工具归类收好放回原位置,并做好现场卫生。

任务 2.7　实训项目

2.7.1　引弧、平敷焊操作练习

1. 基础知识讲解

(1) 平敷焊的特点

平敷焊是焊件处于水平位置时,在焊件上堆敷焊道的一种操作方法。在选定焊接工艺参数和操作方法的基础上,利用电弧电压、焊接速度实现控制熔池温度、熔池形状来完成焊接焊缝。平敷焊是初学者进行焊接技能训练时必须掌握的一项基本技能,焊接技术比较容易掌握,一般保证焊缝无烧穿、焊瘤等缺陷,便可获得良好焊缝成形和焊缝质量。

(2) 基本操作姿势

焊接基本操作姿势有蹲姿、坐姿、站姿,如图 2-12 所示。

焊钳与焊条的夹角如图 2-13 所示。

辅助姿势:

焊钳的握法如图 2-14 所示。面罩的握法为左手握面罩,自然上提至内护目镜框与眼平行,然后向脸部靠近,使面罩与鼻尖距离为 10~20 mm 即可。

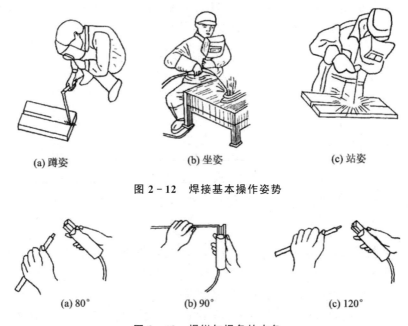

图 2 - 12　焊接基本操作姿势

图 2 - 13　焊钳与焊条的夹角

2. 实习操作练习

（1）基本操作方法

1）引　弧

焊条电弧焊施焊时,使焊条引燃焊接电弧的过程,称为引弧。常用的引弧方法有划擦法、直击法两种。

① 划擦法。优点是易掌握,不受焊条端部清洁情况(有无熔渣)限制;缺点是操作不熟练时,易损伤焊件。

操作要领:类似划火柴。先将焊条端部对准焊缝,然后将手腕扭转,使焊条在焊件表面上轻轻划擦,划的长度以 20～30 mm 为佳,以减少对工件表面的损伤,然后将手腕扭平后迅速将焊条提起,使弧长约为所用焊条外径的 1.5 倍,作"预热"动作(即停留片刻),其弧长不变,预热后将电弧压短至与所用焊条直径相符。在始焊点作适量横向摆动,且在起焊处稳弧(即稍停片刻)以形成熔池后进行正常焊接,如图 2 - 15 所示。

图 2 - 14　焊钳的握法

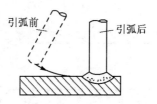

图 2 - 15　划擦法引弧

② 直击法。直击法是一种理想的引弧方法,采用此法操作不易碰伤工件,适用于各种位置引弧。缺点是受焊条端部清洁情况限制,用力过猛时药皮易大块脱落,造成暂时性偏吹,操作不熟练时,易粘于工件表面。

操作要领:焊条垂直于焊件,使焊条末端对准焊缝,然后将手腕下弯,使焊条轻碰焊件,引燃后,手腕放平,迅速将焊条提起,使弧长约为焊条外径的 1.5 倍,稍作"预热"后,压低电弧,使弧长与焊条内径相等,且焊条横向摆动,待形成熔池后向前移动,如图 2 - 16 所示。

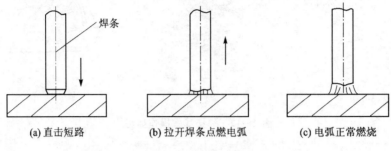

(a) 直击短路   (b) 拉开焊条点燃电弧   (c) 电弧正常燃烧

图 2 - 16　直击法引弧

影响电弧顺利引燃的因素有:工件清洁度、焊接电流、焊条质量、焊条酸碱性、操作方法等。

2) 引弧注意事项

① 注意清理工件表面,以免影响引弧及焊缝质量。

② 引弧前应尽量使焊条端部焊芯裸露,若不裸露可用锉刀轻锉,或轻击地面。

③ 焊条与焊件接触后提起时间应适当。

④ 引弧时,若焊条与工件出现粘连,应迅速使焊钳脱离焊条,以免烧损弧焊电源,待焊条冷却后,用手将焊条拿下。

⑤ 引弧前应夹持好焊条,然后使用正确操作方法进行焊接。

⑥ 初学引弧,要注意防止电弧光灼伤眼睛。对刚焊完的焊件和焊条头不要用手触摸,也不要乱丢,以免引起火灾或烫伤工作人员。

3) 焊条角度

焊接时工件表面与焊条所形成的夹角称为焊条角度。

焊条角度的选择应根据焊接位置、工件厚度、工作环境、熔池温度等来选择,焊条角度如图 2 - 17 所示。

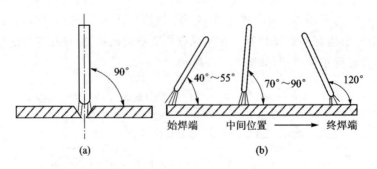

图 2 - 17　焊条角度

4) 运条方法

焊接过程中,焊条相对焊缝所做的各种动作的总称叫运条。正常焊接时,焊条一般有 3 个基本运动相互配合,即沿焊条中心线向熔池送进、沿焊接方向移动、焊条横向摆动(平敷焊练习时焊条可不摆动),如图 2 - 18 所示。

① 焊条的送进。沿焊条的中心线向熔池送进,主要用来维持所要求的电弧长度和向熔池添加填充金属。焊条送进的速度应与焊条熔化速度相适应,如果焊条送进速度比焊条熔化速度慢,电弧长度会增加;反之如果焊条送进速度太快,则电弧长度迅速缩短,使焊条与焊件接触,造成短路,从而影响焊接过程的顺利进行。

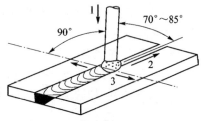

图 2-18 焊条角度与应用

长弧焊接时所得焊缝质量较差,因为电弧易左右飘移使电弧不稳定,电弧的热量散失,焊缝熔深变浅,又由于空气侵入易产生气孔,所以在焊接时应选用短弧。

② 焊条纵向移动。焊条沿焊接方向移动,目的是控制焊道成形,若焊条移动速度太慢,则焊道会过高、过宽,外形不整齐,如图 2-19(a)所示。焊接薄板时甚至会发生烧穿等缺陷。若焊条移动太快则焊条和焊件熔化不均造成焊道较窄,甚至发生未焊透等缺陷,如图 2-19(b)所示。只有速度适中时才能焊成表面平整,焊波细致而均匀的焊缝,如图 2-19(c)所示。焊条沿焊接方向移动的速度由焊接电流、焊条直径、焊件厚度、装配间隙、焊缝位置以及接头型式来决定

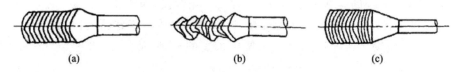

(a)   (b)   (c)

图 2-19 焊条沿焊接方向移动

③ 焊条横向摆动。焊条横向摆动,主要是为了获得一定宽度的焊缝和焊道,也是对焊件输入足够的热量,排渣、排气等。其摆动范围与焊件厚度、坡口形式、焊道层次和焊条直径有关,摆动的范围越宽,则得到的焊缝宽度也越大。为了控制好熔池温度,使焊缝具有一定宽度和高度及良好的熔合边缘,对焊条的摆动可采用多种方法。

5) 运条时几个关键动作及作用

① 焊条角度。掌握好焊条角度是为控制铁水与熔渣很好地分离,防止熔渣超前现象和控制一定的熔深。立焊、横焊、仰焊时,还有防止铁水下坠的作用。

② 横摆动作。作用是保证两侧坡口根部与每个焊波之间很好地熔合及获得适量的焊缝熔深与熔宽。

③ 稳弧动作。(电弧在某处稍加停留)作用是保证坡口根部能较好地熔合,增加熔合面积。

④ 直线动作。保证焊缝直线敷焊,并通过变化直线速度控制每道焊缝的横截面积。

⑤ 焊条送进动作。主要是控制弧长,添加焊缝填充金属。

6) 运条时注意事项

① 焊条运至焊缝两侧时应稍作停顿,并压低电弧。

② 三个动作运行时要有规律,应根据焊接位置、接头形式、焊条直径与性能、焊接电流大小以及技术熟练程度等因素来掌握。

③ 对于碱性焊条应选用较短电弧进行操作。

④ 焊条在向前移动时,应达到匀速运动,不能时快时慢。

⑤ 运条方法的选择应在实习指导教师的指导下,根据实际情况确定。

（2）焊缝的接头

后焊焊缝与先焊焊缝的连接处称为焊缝的接头。由于受焊条长度限制,焊缝前后两段的接头是不可避免的,但焊缝的接头应力求均匀,防止产生过高、脱节、宽窄不一等缺陷。焊缝的接头情况有以下四种,如图 2-20(a)、(b)、(c)、(d)所示。

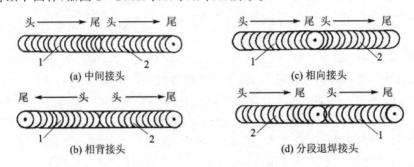

1—先焊焊缝;2—后焊焊缝

图 2-20 焊缝接头的四种情况

① 中间接头。后焊的焊缝从先焊的焊缝尾部开始焊接,如图 2-20(a)所示。要求在弧坑前约 10 mm 附近引弧,电弧长度比正常焊接时略长些,然后回移到弧坑,采用低压电弧,稍作摆动,再向前正常焊接。这种接头方法是使用最多的一种,适用于单层焊及多层焊的表层接头。

② 相背接头。两焊缝的起头相接,如图 2-20(b)所示。要求先焊缝的起头处略低些,后焊的焊缝必须在前条焊缝始端稍前处起弧,然后稍微拉长电弧将电弧逐渐引向前条焊缝的始端,并覆盖前焊缝的端头,待熔透焊平后,再向焊接方向移动。

③ 相向接头。是两条焊缝的收尾相接,如图 2-20(c)所示。当后焊的焊缝焊到先焊的焊缝收弧处时,焊缝速度稍慢些,待接头处熔合后,填满先焊焊缝的弧坑,以比较快的速度再略向前焊一段,然后熄弧。

④ 分段退焊接头。先焊焊缝的始端和后焊的收尾相接,如图 2-20(d)所示。要求后焊的焊缝焊至靠近前焊焊缝始端时,改变焊条角度,使焊条指向前焊缝的始端,然后拉长电弧,待形成熔池后,再压低电弧,往回移动,最后返回原来熔池处收弧。

接头连接得平整与否,与焊工操作技术有关,同时还和接头处温度高低有关。温度越高,接得越平整。因此,中间接头时要求电弧中断时间要短,换焊条动作要快。多层焊时,层间接头要错开,以提高焊缝的致密性。除中间接头法接头时可不清理熔渣外,其余两种接头法,必须先将须接头处的焊渣打掉,否则会影响接头质量,必要时可将须接头处先打磨成斜面后再接头。前者叫热接头法,后者叫冷接头法。

（3）焊缝的收尾

焊接时电弧中断和焊接结束,都会产生弧坑,常会出现疏松、裂纹、气孔、夹渣等现象。为了克服弧坑缺陷,必须采用正确的收尾方法,一般常用的收尾方法有以下三种。

① 划圈收尾法。焊条移至焊缝终点时,作圆圈运动,直到填满弧坑后再拉断电弧。此法适用于厚板收尾,如图 2-21(a)所示。

② 反复断弧收尾法。焊条移至焊缝终点时,在弧坑处反复熄弧,引弧数次,直到填满弧坑

为止。此法一般适用于薄板和大电流焊接,不适用于碱性焊条,反复断弧收尾法如图 2-21(b)所示。

③ 回焊收尾法。焊条移至焊缝收尾处即停住,并改变焊条角度回焊一小段。此法适用于碱性焊条,回焊收尾法如图 2-21(c)所示。

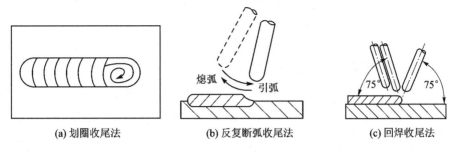

| (a) 划圈收尾法 | (b) 反复断弧收尾法 | (c) 回焊收尾法 |

图 2-21　焊缝的收尾方法

收尾方法的选用还应根据实际情况来确定,可单项使用,也可多项结合使用。无论选用何种方法都必须将弧坑填满,达到无缺陷为止。

(4) 手工电弧焊操作要领

手持面罩,看准引弧位置,用面罩挡住面部,将焊条端部对准引弧处,用划擦法或直击法引弧,迅速而适当地提起焊条,形成电弧,并及时调节电流的大小,电流大小可通过下面几种方法判断:

① 看飞溅。电流过大时,电弧吹力大,可看到较大颗粒的铁水向熔池外飞溅,焊接时爆裂声大;电流过小时,电弧吹力小,熔渣和铁水不易分清。

② 看焊缝成形状况。电流过大时,熔深大,焊缝余高低,两侧易产生咬边;电流过小时,焊缝窄而高,熔深浅,且两侧与母材金属熔合不好;电流适中时焊缝两侧与母材金属熔合得很好,呈圆滑过渡状态。

③ 看焊条熔化状况。电流过大时,当焊条熔化了大半截时,其余部分均已发红;电流过小时,电弧燃烧不稳定,焊条易粘在焊件上。

(5) 注意事项

① 焊接时要注意观察熔池,熔池的亮度反映熔池的温度,熔池的大小反映焊缝的宽窄;注意分辨熔渣和熔化金属。

② 焊道的起头、运条、连接和收尾的方法要正确。

③ 正确使用焊接设备,调节焊接电流。

④ 焊接的起头和连接处要基本平滑,无局部过高、过宽现象,收尾处无缺陷。

⑤ 焊波均匀,无任何焊缝缺陷。

⑥ 焊后焊件无引弧痕迹。

⑦ 训练时注意安全,焊后工件及焊条头应妥善保管或放好,以免烫伤。

⑧ 为了延长弧焊电源的使用寿命,调节电流应在空载状态下进行,调节极性应在焊接电源未闭合状态下进行。

⑨ 在实习场所周围应放置灭火器材。

⑩ 操作时必须按要求正确穿戴劳动防护用品。

⑪ 弧焊电源外壳必须有良好地接地或接零线,焊钳绝缘手柄必须完整无缺。

3. 作业练习

(1) 焊前准备

① 试件材料　Q235。

② 试件尺寸　300 mm×200 mm×6 mm。

③ 焊接材料。

a. 焊条牌号 E4303(结 422)、E4315(结 427)或 E5015(结 507),焊条应符合 GB/T5117—1995《碳钢焊条》标准规定,而 E5015 型焊条只适用于直流弧焊电源。

b. E4303(结 422)酸性焊条烘焙 75°～150°,恒温 1～2 h;E4315(结 427)和 E5015(结 507)碱性焊条烘焙 350°～400°,恒温 2 h,随用随取。焊条直径为 3.2 mm、4.0 mm。

④ 焊接设备　ZX7－400。

⑤ 焊接工具。

a. 电焊钳:用于夹持电焊条并把焊接电流传输至焊条进行电弧焊的工具。

b. 焊接电缆线:用于传输电焊机和电焊钳及焊条之间的焊接电流的导线。

c. 其他辅助工具:如敲渣锤、锉刀、钢丝刷、焊条烘干箱、焊条保温筒等。

⑥ 焊缝检测尺。用以测量焊前焊件的坡口角度、装配间隙、错边及焊后焊缝的余高、焊缝宽度和角焊缝焊脚的高度和厚度等。

(2) 操作要求

① 焊机的接线盒安装应由电工负责,焊工不应自己动手操作。

② 焊工推拉闸刀时,要侧身向着电闸,防止电弧火花烧伤脸部。

③ 经常保持焊接电缆于焊接机接线柱的良好接触,螺母松动时要及时拧紧。

④ 当焊机发生故障时,应立即切断焊接电源,并及时进行检查和修理。

⑤ 焊钳与焊件接触短路时,不得启动焊机,以免启动电流过大而烧毁焊机。暂停工作时不准将焊钳直接搁在焊件上。

⑥ 工作结束或临时离开工作现场时,必须关闭焊机的电源。

(3) 焊接质量要求

① 焊缝的起头和连接处平滑过渡,无局部过高现象,收尾处弧坑填满。

② 焊缝表面焊波均匀、无明显未熔合和咬边,其咬边深度小于等于 0.5 mm 为合格。

③ 焊缝边缘直线度在任意 300 mm 连续焊缝长度内小于等于 3 mm。

④ 试件表面非焊道上不应有引弧痕迹。

2.7.2　平焊操作练习

1. 基础知识讲解

平焊是在水平面上任何方向进行焊接的一种操作方法。平焊是最常应用、最基本的焊接方法。平焊根据接头形式不同,分为平对接焊、平角焊。

(1) 平焊特点

① 焊接时熔滴金属主要靠自重自然过渡,操作技术比较容易掌握,允许用较大直径的焊条和较大的焊接电流,生产效率高,但易产生焊接变形。

② 熔池形状和熔池金属容易保持。

③ 若焊接工艺参数选择不对或操作不当,易在根部形成未焊透或焊瘤;运条及焊条角度不正确时,熔渣和铁水易出现混在一起分不清现象或熔渣超前形成夹渣,对于平角焊尤为突出。

(2) 平焊操作要点

① 焊缝处于水平位置,故允许使用较大电流、较粗直径的焊条施焊,以提高劳动生产率。

② 尽可能采用短弧焊接,可有效提高焊缝质量。

③ 控制好运条速度,利用电弧的吹力和长度使熔渣与液态金属分离,有效防止熔渣向前流动。

④ T形、角接、塔接平焊接头,若两钢板厚度不同,则应调整焊条角度,将电弧偏向厚板一侧,使两板受热均匀。

⑤ 多层多道焊应注意选择层次及焊道顺序。

⑥ 根据焊接材料和实际情况选用合适的运条方法。

对于不开坡口(I形)平对接焊(如图 2-22),正面焊缝采用直线运条法或小锯齿形运条法,使溶深为工件厚度的 2/3,焊缝宽 5~8 mm,余高应小于 1.5 mm。背面焊缝可用直线也可用小锯齿形运条,但电流可大些,运条速度可快些。

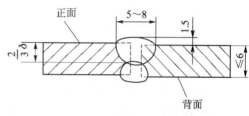

图 2-22　I 形坡口对接焊缝

对于开坡口平对接焊,可采用多层焊或多层多道焊,打底焊易选用小直径焊条施焊,运条方法采用直线形、锯齿形、月牙形均可;其余各层可选用大直径焊条,电流也可大些,运条方法可用锯齿形、月牙形等。

对于 T 形接头、角接接头、搭接接头可根据板厚确定焊角高度,当焊角尺寸大时宜选用多层焊或多层多道焊。对于多层单道焊,第一层选用直线运条,其余各层选用斜环形、斜锯齿形运条。对于多层多道焊易选用直线形运条方法。

⑦ 焊条角度如图 2-23 所示。

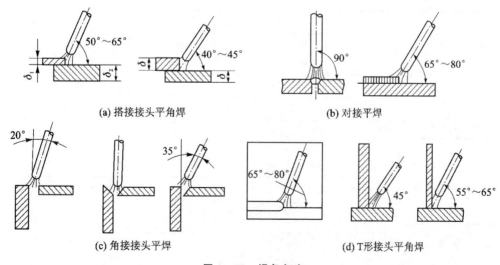

(a) 搭接接头平角焊　　(b) 对接平焊

(c) 角接接头平焊　　(d) T形接头平角焊

图 2-23　焊条角度

（3）注意事项

① 掌握正确选择焊接工艺参数的方法。

② 操作时注意操作要领的应用,特别是焊接电流、焊条角度、电弧长度的调整及协调。

③ 焊接时注意对熔池观察,发现异常应及时处理,否则会出现焊缝缺陷。

④ 焊前焊后要注意对焊缝清理,注意对缺陷进行处理。

⑤ 训练时若出现问题应及时向指导教师报告,请求帮助。

⑥ 定位焊点应放在工件两端 20 mm 以内,焊点长不超过 10 mm。

2. 作业练习 1(Ⅰ形坡口对接平焊)

（1）

焊前准备

① 试件材料　Q235。

② 试件尺寸　300 mm×275 mm×6 mm。

③ 坡口尺寸　Ⅰ形坡口。

④ 焊接要求　双面焊。

⑤ 焊接材料　E4303(结 422)或 E5015(结 507),选用 E5015 型焊条烘焙 350～400 ℃,恒温 1～2 h,随用随取。

⑥ 焊机　BX3-300 型或 ZX7-400 型。

（2）试件装配

① 清除坡口面及坡口正反面两侧各 20 mm 范围内的油污、锈蚀、水分及其他污物,直至露出金属光泽。

② 装配　装配间隙 1～2 mm,错边量小于等于 0.6 mm。

③ 定位焊　采用与焊接试件相同牌号焊条,焊缝长度为 10 mm。

（3）焊接工艺参数

推荐对接平焊的焊接参数如表 2-7 所列。

表 2-7　推荐对接平焊的焊接参数

焊缝横断面形式	焊件厚度/mm	第一层焊缝		其他各层焊缝		封底焊缝	
		焊条直径/mm	焊接电流/A	焊条直径/mm	焊接电流/A	焊条直径/mm	焊接电流/A
	2	2	50～60	—	—	2	55～60
	2.5～3.5	3.2	80～110	—	—	3.2	85～120
	4～5	3.2	90～130	—	—	3.2	100～130
		4	160～200	—	—	4	160～210
		5	200～260	—	—	5	220～260
	5～6	4	160～200	—	—	3.2	100～130
				—	—	4	180～210
	>6	4	160～200	4	160～210	4	180～210
				5	220～280	5	220～260

焊缝横断面形式	焊件厚度/mm	第一层焊缝		其他各层焊缝		封底焊缝	
		焊条直径/mm	焊接电流/A	焊条直径/mm	焊接电流/A	焊条直径/mm	焊接电流/A
	≥12	4	160～210	4	160～210	—	—
				5	220～280	—	—

（4）操作要点及注意事项

1）定位焊要求

① 定位焊缝的起头和收尾应圆滑过渡，以免正式焊接时焊不透。

② 定位焊有缺陷时应将其清除后重新焊接，以保证焊接质量。

③ 定位焊所用的焊接材料应与试件焊接牌号相同。

④ 定位焊所用的电流比正式焊接大些，通常大 10%～15%，以保证焊透。

⑤ 在焊缝交叉部位和焊缝方向急剧变化处不应进行定位焊，应离开其 50 mm 以上。

⑥ 若干件正式焊接时需要预热，定位焊也应按相同规范预热。

2）I 形坡口对接平焊

焊接时，首先进行正面焊，采用直线形运条法或直线往返形运条法，选用直径为 3.2 mm 的焊条，应保证正面第一层焊缝的熔深达到板厚 2/3，正面盖面焊缝采用直径为 4.0 mm 的焊条。正面焊缝焊完后，将背面熔渣清理干净，背面焊接时采用直径为 4.0 mm 焊条，适当加大焊接电流，保证与正面焊缝内部熔合，以免产生未焊透的现象。为了获得较大的熔深和熔宽，运条速度可以慢一些或者焊条做微微摆动；当电弧与熔池不能顺利分离开时，可把电弧适当拉长，同时将焊条向前倾斜，利用电弧的吹力吹动熔渣，并做向熔池后方推送熔渣的动作，以避免熔渣超前而造成夹渣等缺陷。焊缝的起头、接头和收尾与项目 1 中的要求相同。

若焊件厚度小于等于 3 mm 时，往往会出现烧穿现象，因此装配时可不留间隙，定位焊缝呈点状密集形式。操作中采用短弧快速直线往返式运条法，为避免焊件局部温度过高，可以分段焊接。必要时也可以将焊件一端垫起，使其倾斜 15°～20°进行下坡焊以提高焊接速度、减少熔深、防止烧穿和减小变形。

（5）操作过程

操作过程如下：

① 清理试件，按装配要求进行试件分块装配，并且进行定位焊。

② 采用直径为 3.2 mm 的焊条，直线形运条法焊接正面第一层焊道，并填满弧坑，第一层熔深超过 2/3 板厚。清理熔渣后，用直径为 4.0 mm 的焊条，并按焊接工艺参数调节焊接电流，采用直线运条，并稍做摆动，进行盖面焊接。

③ 把试件翻转过来，清除背面熔渣，采用直径为 4.0 mm 的焊条和直线形运条法焊接背面焊缝。焊缝的接头、收尾同项目 1 的要求。

④ 焊后清除熔渣，表面飞溅，认真检查焊缝表面质量，分析问题，总结经验，拟定改善提高焊接质量措施。

（6）配分及评分标准

配分及评分标准如表 2－8 所列。

表 2-8 低碳钢板平对接 I 形坡口焊条电弧焊配分及评分标准

序　号	考核要求	配　分	评分标准	得　分	备　注
1	焊前准备	10	① 考件清理不干净,定位焊不正确扣 5～10 分; ② 焊接参数调整不正确扣 5～10 分		
2	焊缝外观质量	40	① 焊缝余高满分 4 分,<0 或>4 mm,扣 4 分;1～2 mm 得 4 分; ② 焊缝余高差满分 4 分,>2 mm,扣 4 分; ③ 焊缝宽度差满分 4 分,>3 mm,扣 4 分; ④ 背面焊缝余高满分 4 分,>3 mm,扣 4 分; ⑤ 焊缝直线度满分 4 分,>2 mm,扣 4 分; ⑥ 角变形满分 4 分,>3°,扣 4 分; ⑦ 无错边满分 4 分,>1.2 mm,扣 4 分; ⑧ 背面凹坑深度满分 4 分,>1.2 mm 或长度>26 mm,扣 4 分; ⑨ 无咬边得 4 分,咬边≤0.5 mm 或累计长度每 5 mm,扣 1 分;咬边深度>0.5 mm 或累计长度>26 mm,扣 8 分; 注: ① 焊缝表面不是原始状态,有加工、补焊、返修等现象或有裂纹、气孔、夹渣、未焊透、未熔合等任何缺陷存在,则此项考试不合格; ② 焊缝外观质量得分低于 24 分,则此项考试不合格		
3	焊缝内部质量 (JB/T4730)	40	① 射线探伤后按 JB/T 4730—2005 评定焊缝质量达到 I 级,此项得满分; ② 焊缝质量达到 II 级,扣 10 分; ③ 焊缝质量达到 III 级,此项考试记不合格		
4	安全文明生产	10	① 劳保用品穿戴不全,扣 2 分; ② 焊接过程中有违反安全操作规程的现象,根据情况扣 2～5 分; ③ 焊完后,场地清理不干净,工具码放不整齐,扣 3 分		

2. 作业练习 2(V 形坡口对接平焊)

(1) 焊前准备

① 试件材料　20 钢或 10Mn。

② 试件尺寸　300 mm×200 mm×12 mm;坡口尺寸;60°V 形坡口,如图 2-24 所示。

③ 焊接要求　单面焊双面成形。

④ 焊接材料　E4315(结 427)或 E5015(结 507),焊条烘焙 350～400 ℃,恒温 2 h,随用随取。

⑤ 焊机　BX-300 型或 ZX5-400 型。

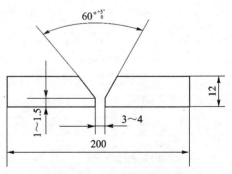

图 2-24 试件及坡口尺寸

（2）试件装配

① 修磨钝边 1～1.5 mm，无毛刺。试件按要求严格焊前清理。

② 装配间隙：始焊端为 3.2 mm，终焊端为 4.0 mm。放大终端的间隙是考虑到焊接过程中的横向收缩量，以保证熔透坡口根部所需的间隙，错边量≤1.2 mm。

③ 定位焊：采用与焊接试件相同牌号的焊条，将装配好的试件在距端部 20 mm 之内进行定位焊，并在试件反面两端点焊，焊缝长度为 10～15 mm。始端可少焊些，终端应多焊焊一些，以防止在焊接过程中收缩造成未焊段坡口间隙变窄而影响焊接。

④ 预置反变形量为 3°～4°。

反变形量获得的方法是：两手拿住其中一块钢板的两边，轻轻磕打另一块钢板。

⑤ 焊接参数

V 形坡口对接平焊的焊接参数如表 2-9 所列。

表 2-9 板厚 12 mm V 形坡口对接平焊的焊接参数

焊接层次	焊条直径/mm	焊接电流/A
打底焊	3.2	80～90
填充层	4.0	160～175
盖面层		150～165

（3）操作要点级注意事项

单面焊双面成形指在试件坡口一侧进行焊接而在焊缝正、反面都能得到均匀整齐而无缺陷的焊道。其关键在于打底层的焊接。它主要有三个重要环节，即引弧、收弧、接头。

1）打底焊

打底焊的焊接方式有灭弧法和连弧法两种。

① 灭弧法。灭弧法又分为两点击穿法和一点击穿法两种手法，其主要是依靠电弧时燃时灭的时间长短来控制熔池的温度、形状及填充金属的薄厚，以获得良好的背面成形和内壁质量。下面介绍灭弧法中的一点击穿法。

a. 引弧：在始焊端的定位焊处引弧，并略抬高电弧稍作预热，焊至定位焊缝尾部时，将焊条向下压一下，听到"噗噗"的一声后，立即灭弧。此时熔池前端应有熔孔，深入两侧母材0.5～1 mm，如图 2-25 所示。

当熔池边缘变成暗红，熔池中间仍处于熔融状态时，立即在熔池的中间引燃电弧，焊条略向下轻微地压一下，形成熔池，打开熔孔后立即灭弧，这样反复击穿直到焊完。运条间距要均匀准确且前进速度不宜过快，使电弧的2/3压住熔池，1/3作用在熔池前方，用来熔化和击穿坡口根部形成熔孔。施焊过程

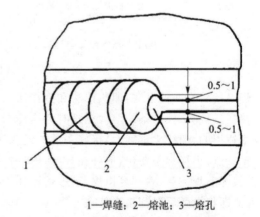

1—焊缝；2—熔池；3—熔孔

图 2-25 平板对接平焊时的熔孔

中严格控制熔池形状，尽量保持大小一致。并观察熔池的变化及坡口根部的熔化情况、焊接

时,如果熔孔直径明显的变大,则背面可能要烧穿或产生焊瘤。

熔孔的大小决定背面焊缝的宽度和余高。若熔孔太小,焊根熔合不好,背弯时易裂开;若熔孔太大,则背面焊道既高又宽很不好看,而且容易烧穿,通常熔孔直径比间隙大 1~2 mm 较好。

焊接过程中若发现熔孔太大,可稍加快焊接速度和摆动频率,减小焊条与焊件间的夹角;若熔孔太小,则可减慢焊接速度和摆动频率,加大焊条与焊件间夹角。当然还可以用改变焊接电流的办法来调节熔孔的大小,但这种方法是不可取的,因为实际生产中由于坡口角度,装配间隙和结构形式的变化,不允许随时调整焊接电流,而且调整焊接电流也比较麻烦,因此必须掌握用改变焊接速度,摆动频率和焊条角度的办法来改善熔池状况,这正是焊条电弧焊的优点。

b. 收弧:收弧前,应在熔池前方做一个熔孔,然后回焊 10 mm 左右,再灭弧;或向末尾熔池的根部送进 2~3 滴熔液,然后灭弧,以使熔池缓慢冷却,避免接头出现冷缩孔。

c. 焊缝接头:打底层焊道无法避免焊接接头,因此必须掌握好接头技术。当焊条即将焊完,需要更换焊条时,将焊条向焊接的反方向拉回约 10~15mm,如图 2-26(a)所示,并迅速抬起焊条,使电弧逐渐拉长很快熄灭。这样可把收弧缩孔消除或带到焊道表面,以便在下一根焊条焊接时将其熔化掉。注意回烧时间不能太长,尽量使接头处成为斜面。如图 2-26(b)所示。

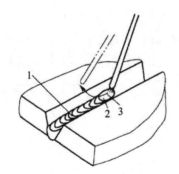

1—已焊好的焊缝;2—熔池;
3—焊条快用完时,将电弧迅速向后挑起断弧

(a) 换焊条前的收弧位置　　　　　　(b) 接头处的焊缝形状

图 2-26　焊缝接头前的焊道

焊缝接头有两种方法:即热接法和冷接法。

热接法:前一根焊条的熔池还没有完全冷却就立即接头。这种方法是生产中常用的方法,也是最适用的,但接头难度大,接好头的关键有三点。

第一点,更换焊条要快,最好在开始焊接时,持面罩的左手中就抓了几根要准备更换的焊条,前根焊条焊完后,立即更换焊条;趁熔池还未完全凝固,在熔池前方 10~20 mm 处引燃电弧,并立即将电弧后退到接头处。

第二点,位置要准,电弧后退到原先的弧坑处,估计新熔池后沿的位置,因此操作难度大。如果新熔池的后沿与弧坑后沿不重合,则接头不是太高就是缺肉,因此操作员必须反复练习。

第三点,掌握好电弧下压时间,当电弧已向前运动,焊至原弧坑的前沿时,必须再下压电弧,重新击穿间隙再生成一个熔孔,待新熔孔形成后,再按前述要领继续焊接。注意要尽可能保证新熔孔的直径和老熔孔的直径一致。接头时间和位置是否合适,决定焊缝背面焊道的接头质量,也是较难掌握的。

冷接法:前一根焊条的熔池冷却后再接头。施焊前,先将收弧处打磨成缓坡形,在离熔池后约 10 mm 处引弧。焊条做横向摆动向前施焊,焊至收弧处前沿时,焊条下压并稍作停顿。当听到电弧击穿声,形成新的熔孔后,逐渐将焊条抬起,进行正常施焊。

② 连弧法:连弧法即焊接过程中电弧始终燃烧,并做有规则的摆动,使熔滴均匀地过渡到熔池中,达到良好的背面焊缝成形的方法。

a. 引弧:从定位焊缝上引弧,焊条在坡口内侧 U 形运条。电弧从坡口两侧运条时均稍停顿,焊接频率约为每分钟 50 个熔池,并保证池间重叠 2/3,熔孔明显可见,每侧坡口根部熔化缺口为 0.5～1 mm 左右,同时听到击穿坡口的"噗噗"声。一般直径 3.2 mm 的焊条可焊接约 100 mm 长的焊缝。

b. 接头:更换焊条应迅速,在接头处的熔池后面约 10 mm 处引弧。焊至熔池处,应压在电弧击穿熔池前沿,形成熔孔,然后向前运条,以 2/3 的弧柱在熔池上,1/3 的弧柱在焊件背面燃烧为宜。收尾时,将焊条运动到坡口面上缓慢向后提起收弧,以防止在弧坑表面产生缩孔。

2)填充层

填充层焊道施焊前,先将前一道焊道的焊渣、飞溅清除干净,将打底层焊道接头的焊瘤打磨平整,然后进行填充焊。焊填充层焊道时的焊条角度与电弧对中位置如图 2-27 所示。

焊填充层焊道时需注意以下几点:

➤ 控制好焊道两侧的熔合情况,焊填充层焊道时,焊条摆幅加大,在坡口两侧停留时间可比打底焊时稍长些,必须保证坡口两侧有一定的熔深,并使填充焊道表面稍向下凹。

➤ 控制好最后一道填充焊缝的高度和位置。

填充层焊缝的高度应低于母材约 0.5～1.5 mm,最好略呈凹形,要注意不能熔化坡口两侧的楞边,便于盖面层面焊接时能够看清坡口,为盖面层的焊接打好基础。

焊填充层焊道时,焊条的摆幅逐层加大,但要注意不能太大,千万不能让熔池边缘超出坡口面上方的棱边。

➤ 接头方法如图 2-28 所示。不需向下压电弧。其他要求与打底层焊时相同。

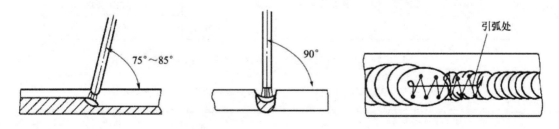

图 2-27　焊填充层的焊条角度于电弧对中位置　　　图 2-28　填充层焊接接头

3)盖面层焊

采用直径 4.0 mm 焊条时,焊接电流应稍小一点;要使熔池形状和大小保持均匀一致,焊条与焊接方向夹角应保持 75°左右;采用月牙形运条法和 8 字形运条法;焊条摆动到坡口边缘时应稍作停顿,以免产生咬边。

更换焊条收弧时应对熔池稍填熔滴,迅速更换焊条,并在弧坑前 10 mm 左右处引弧,然后将电弧退至弧坑的 2/3 处,填满弧坑后正常进行焊接。接头时应注意,若接头位置偏后,则接头部位焊缝过高;若偏前,则焊道脱节。焊接时应注意保证熔池边沿不得超过表面坡口棱边 2 mm;否则,焊缝会很宽。盖面层的收弧采用划圈法或回焊法,最后填满弧坑使焊缝平滑。

（4）考　核

V 形坡口对接平焊(焊条电弧焊)单面焊双面成形,见图 2-29,评分标准见表 2-10。

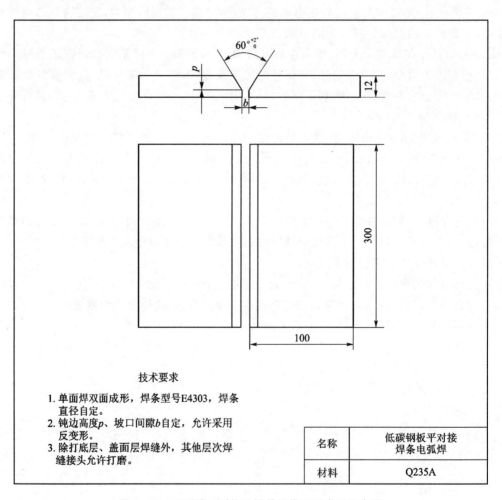

技术要求

1. 单面焊双面成形,焊条型号E4303,焊条直径自定。
2. 钝边高度p、坡口间隙b自定,允许采用反变形。
3. 除打底层、盖面层焊缝外,其他层次焊缝接头允许打磨。

名称	低碳钢板平对接焊条电弧焊
材料	Q235A

图 2-29　V 形坡口对接平焊单面焊双面成形示意图

表 2-10　低碳钢板平对接 V 形坡口焊条电弧焊配分及评分标准

序　号	考核要求	配　分	评分标准	得　分	备　注
1	焊前准备	10	① 考件清理不干净,定位焊不正确扣5～10分; ② 焊接参数调整不正确扣5～10分		

序　号	考核要求	配　分	评分标准	得　分	备　注
2	焊缝外观质量	40	① 焊缝余高满分 4 分,<0 或>4 mm,扣 4 分;1~2 mm 得 4 分; ② 焊缝余高差满分 4 分,>2 mm,扣 4 分; ③ 焊缝宽度差满分 4 分,>3 mm,扣 4 分; ④ 背面焊缝余高满分 4 分,>3 mm,扣 4 分; ⑤ 焊缝直线度满分 4 分,>2 mm,扣 4 分; ⑥ 角变形满分 4 分,>3°,扣 4 分; ⑦ 无错边得 4 分,>1.2mm,扣 4 分; ⑧ 背面凹坑深度满分 4 分,>1.2 mm 或长度>26 mm,扣 4 分; ⑨ 无咬边得 4 分,咬边≤0.5 mm 或累计长度每 5 mm 扣 1 分,咬边深度>0.5 mm 或累计长度>26 mm,扣 8 分; 注: ① 焊缝表面不是原始状态,有加工、补焊、返修等现象或有裂纹、气孔、夹渣、未焊透、未熔合等任何缺陷存在,则此项考试不合格; ② 焊缝外观质量得分低于 24 分,则此项考试不合格论		
3	焊缝内部质量 (JB/T4730)	40	射线探伤后按 JB/T 4730—2005 评定: ① 焊缝质量达到Ⅰ级,此项得满分; ② 焊缝质量达到Ⅱ级,扣 10 分; ③ 焊缝质量达到Ⅲ级,此项考试不合格		
4	安全文明生产	10	① 劳保用品穿戴不全,扣 2 分; ② 焊接过程中有违反安全操作规程的现象,根据情况扣 2~5 分; ③ 焊完后,场地清理不干净,工具码放不整齐,扣 3 分		

2.7.3　立焊操作练习

1. 基础知识

(1) 立焊的特点

立焊是指与水平面相垂直的立位焊缝的焊接称为立焊。根据焊条的移动方向,立焊焊接方法可分为两类,一类是:自上向下焊,需特殊焊条才能进行施焊,故应用较少。另一类是自下向上焊,采用一般焊条即可施焊,故应用比较广泛。

立焊较平焊操作困难,具有下列特点:

① 铁水与熔渣因自重下坠,故易分离,但熔池温度过高时,铁水易下流形成焊瘤、咬边,温度过低时,易产生夹渣缺陷;

② 易掌握熔透情况,但焊缝成形不良;

③ T 型接头焊缝根部易产生未焊透现象,焊缝两侧易出现咬边缺陷;

④ 焊接生产效率较平焊低；

⑤ 焊接时宜选用短弧焊；

⑥ 操作技术难掌握。

（2）立焊操作的基本姿势

1）基本姿势

立焊操作的基本姿势有：站姿、坐姿、蹲姿，如图 2 - 30 所示。

(a) 站姿   (b) 坐姿   (c) 蹲姿

图 2 - 30 立焊操作姿势

2）握钳方法

立焊握钳姿势如图 2 - 31 所示。

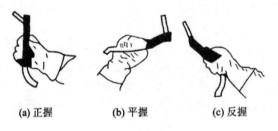

(a) 正握   (b) 平握   (c) 反握

图 2 - 31 立焊握钳姿势

（3）立焊操作的一般要求

1）保证正确焊条角度

一般情况焊条角度向下倾斜 70°～80°，电弧指向熔池中心，如图 2 - 32 所示。

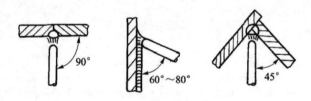

图 2 - 32 立焊焊条角度图

2）选用合适工艺参数

选用较小焊条直径（小于 4.0 mm），较小焊接电流（比平焊小 20% 左右），采用短弧焊。焊接时要特别注意对熔池温度控制，不要过高，可选用灭弧焊法来控制温度。

3）选用正确运条方法

一般情况可选用锯齿形、月牙形、三角形运条方法。当焊条运至坡口两侧时应稍作停顿，以增加焊缝熔合性和减少咬边现象发生,如图2-33所示。

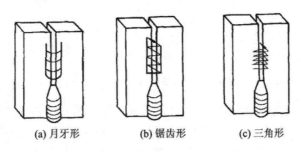

(a) 月牙形 (b) 锯齿形 (c) 三角形

图2-33 立对接焊运条方法

(4) 焊接时操作要点

立焊焊道分布为单面焊四层四道,如图2-34所示。立焊时液态金属在重力作用下下坠,容易产生焊瘤,焊缝成形困难。焊打底层焊道时,由于熔渣的熔点低,流动性强、熔池金属和熔渣易分离,会造成熔池部分脱离熔渣的保护,操作或运条角度不当,容易产生气孔。因此,立焊时,要控制焊条角度和进行短弧焊接,试板固定在垂直面内,间隙垂直于地面,间隙小的一端在下面,焊打底层焊道时焊条与试板间的角度与电弧对中位置如图2-35所示。

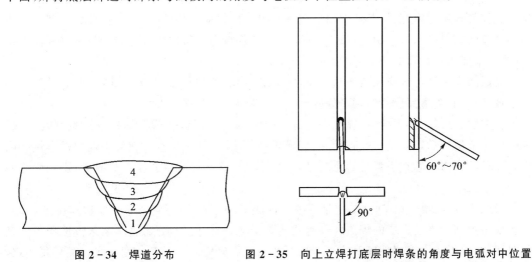

图2-34 焊道分布   **图2-35 向上立焊打底层时焊条的角度与电弧对中位置**

1) 立焊操作要点

① 焊接时注意对熔池形状观察与控制。若发现熔池呈扁平椭圆形,如图2-36(a)所示,说明熔池温度合适。熔池的下方出现鼓肚变圆时,如图2-36(b)所示,则表明熔池温度已稍高,应立即调整运条方法。若不能将熔池恢复到偏平状态,反而鼓肚有扩大的趋势,如图2-36(c)所示,则表明熔池温度已过高,不能通过运条方法来调整温度,应立即灭弧,待降温后再继续焊接。

② 握钳方法可根据实际情况和个人习惯来确定,一般常用正握法。

③ 采用跳弧焊时,为了有效地保护好熔池,跳弧长度不应超过6 mm。采用灭弧焊时,在焊接初始阶段,因为焊件较冷,灭弧时间短些,焊接时间可长些。随着焊接时间延长,焊件温度增加,灭弧时间要逐渐增加,焊接时间要逐渐减短,这样才能有效地避免出现烧穿和焊瘤。

(a) 正常   (b) 温度稍高   (c) 温度过高

图 2 - 36   熔池形状与温度的关系

④ 立焊是一种比较难焊位置,因此在起头或更换焊条时,当电弧引燃后,应将电弧稍微拉长,对焊缝端头起到预热作用后再压低电弧进行正式焊接。当接头采用热接法时,因为立焊选用的焊接电流较小、更换焊条时间过长、接头时预热不够及焊条角度不正确,造成熔池中熔渣、铁水混在一起,接头中产生夹渣和造成焊缝过高现象。若用冷接法,则应认真清理接头处焊渣,在待焊处前方 15 mm 处起弧,然后拉长电弧,到弧坑上 2/3 处压低电弧作划半圆形接头。立焊收尾方法较简单,采用反复点焊法收尾即可。

⑤ 填充层。焊填充层焊道的关键是保证熔合好,焊道表面要平整。填充层施焊前,应将打底层焊道的焊渣和飞溅清理干净。焊缝接头处的焊瘤等,须打磨平整。施焊时的焊条与焊缝角度比打底层焊道应下倾 10°～15°,以防止由于熔化金属重力作用下淌,造成焊缝成形困难和形成焊瘤。运条方法与打底层焊相同,采用锯齿形横向摆动,但由于焊缝的增宽,焊条摆动的幅度应较打底层焊道宽,焊条从坡口一侧摆至另一侧时应稍快些,防止焊缝形成凸型。焊条摆动到坡口两侧时要稍作停顿,电弧控制短些,保证焊缝与母材熔合良好和避免夹渣。但焊接时,须注意不能损坏坡口的棱边。

填充层焊完后的焊缝应比坡口边缘低 1～1.5 mm,使焊缝平整或呈凹形,便于焊盖面层时看清坡口边缘,为盖面层的施焊打好基础。

接头方法、迅速更换焊条,在弧坑的上方约 10 mm 处引弧,然后把焊条拉至弧坑处、沿弧坑的形状将弧坑填满,即可正常施焊。在焊道中间接头时,切不可直接在接头处引弧焊接。以免焊条端部的裸露焊芯在引弧处熔化时,因保护不良而产生密集气孔留在焊缝中,影响焊缝的质量。

⑥ 盖面层。盖面层施焊时,关键是焊道表面成形尺寸和熔合情况,防止咬边和接不好头。

盖面施焊前应将前一层的焊渣和飞溅物清除干净,施焊时的焊条角度,运条方法均与填充层焊时相同,但焊条水平摆动幅度比填充层更宽。施焊时应注意运条速度要均匀宽窄要一致,焊条摆动到坡口两侧时应将电弧进一步压低,并稍作停顿、避免咬边,从一侧摆至另一侧时应稍微快些,防止产生焊瘤。处理好盖面层焊道的中间接头时焊好盖面焊缝的重要一环。如果接头位置偏下,则其接头部位焊肉过高,若偏上,则造成焊道脱节。其接头方法与填充焊相同。

2) 向上立焊时应注意以下事项

① 控制引弧位置。开始焊接时,在试板下端定位焊缝上面 10～20 mm 处引燃电弧,并迅速向下拉到定位焊缝上,预热 1～2 s 后,电弧开始摆动并向上运动,到定位焊缝上端时,稍加大焊条角度,并向前送焊条压低电弧,当听到击穿声形成熔孔后,作锯齿形横向摆动,连续向上焊接。焊接时,电弧要在两侧的坡口面上稍停留,以保证焊缝与母材熔合好。打底层焊接时为得到良好的背面成形和优质焊缝,焊接电弧应控制短些,运条速度要均匀,向上运条时的间距不宜过大,过大时背面焊缝易产生咬边,应使焊接电弧的 1/3 对着坡口间隙、电弧的 2/3 要覆盖在熔池上,形成熔孔。

② 控制熔孔大小和形状。合适的熔孔大小如图 2-37 所示。向上立焊熔孔可以比平焊时稍大些,熔池表面呈水平的椭圆形较好,如图 2-38 所示。此时焊条末端离试板底平面 1.5～2 mm,大约有一半电弧在试板间隙后面燃烧。

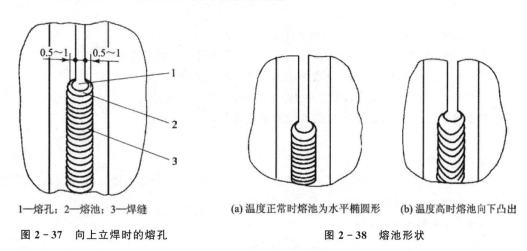

1—熔孔;2—熔池;3—焊缝

图 2-37　向上立焊时的熔孔

(a) 温度正常时熔池为水平椭圆形　(b) 温度高时熔池向下凸出

图 2-38　熔池形状

焊接过程中电弧尽可能地短些,使焊条药皮熔化时产生的气体和熔渣能可靠地保护熔渣,防止产生气孔。每当焊完一根焊条收弧时,应将电弧向左或向右下方回拉约 10～15 mm,并将电弧迅速拉长直至熄灭,这样可避免弧坑处出现缩孔,并使冷却后的熔池,形成一个缓坡,有利于接头。

③ 控制好接头质量。打底层焊道上的接头好坏,对背面焊道的影响最大,接不好头可能会出现凹坑,局部凸起太高,甚至产生焊瘤,要特别注意。

接头方法:在更换焊条进行中间接头时,可采用热接法或冷接法。采用热接法时,更换焊条要迅速,在前一根焊条的熔池还没有完全冷却仍是红热状态时立即接头,焊条角度比正常焊接时约大 10°,在熔池上方约 10 mm 的一侧坡口面上引弧。电弧引燃后立即拉回到原来的弧坑上进行预热,然后稍作横向摆动向上施焊并逐渐压低电弧,待填满弧坑电弧移至熔孔处时,将焊条向试件背面压送,并稍停留。当听到击穿声并有新熔孔形成时,再横向摆动向上正常施焊,同时将焊条恢复到正常焊接时的角度,采用热接法的接头,焊缝较平整,可避免接头脱节和未接上等缺陷,但技术难度大。采用冷接法施焊前,先将收弧处焊缝打磨成缓坡状(斜面),然后按热接法的引弧位置、操作方法进行焊接。

焊打底层焊道时除应避免产生各种缺陷外,正面焊缝表面还应平整,避免凸型,如图 2-39 所示。否则在焊接填充层焊道时,易产生夹渣,出现焊瘤等缺陷。

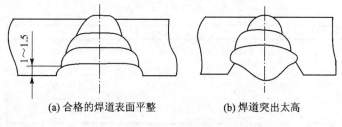

(a) 合格的焊道表面平整　　　(b) 焊道突出太高

图 2-39　打底层焊道的外观

（5）安全措施防护注意事项

① 由于立焊位置的特殊性,故在焊接时要特别注意防止飞溅烧伤,应穿戴好工作服,戴好焊接皮手套及工作帽。

② 清渣时要戴好护目平光眼镜。

③ 在搬运及翻转焊件时,应注意防止手脚压伤或烫伤。

④ 工件摆放高度应与操作者眼睛相平行。将工件夹牢固,防止倒塌伤人。

⑤ 焊好的工件应妥善保管好,不能脚踩或手拿,以免烫伤。

⑥ 严格按照操作规程操作,出现问题应及时报告指导教师解决。

1. 作业练习1(V形坡口立对接单面焊双面成形)

（1）焊前准备

1）试件尺寸及要求

试件材料:Q235;试件及坡口尺寸:300 mm×200 mm×12 mm,如图2-40所示;焊接位置:立焊;焊接要求:单面焊双面成形;焊接材料:E5015。

2）焊机、焊条和辅助设备

① 选用ZX7-400型弧焊变压器。使用前应检查焊机各处的接线是否正确、牢固、可靠,按要求调试好焊接工艺参数。同时应检查焊条质量,不合格的焊条不能使用。焊接前焊条应严格按照规定的温度和时间烘干,然后放在保温筒内随用随取。

② 清理坡口及其正、反两面两侧20 mm范围内的油、污、锈,直至露出金属光泽。

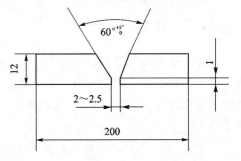

图2-40 平板对接立焊试件及坡口尺寸

③ 准备好工作服、焊工手套、面罩、钢丝刷、锉刀和角向磨光机等。

3）试件装配

① 装配间隙:始端为3.2 mm,终端为4.0 mm。

② 定位焊:采用与焊接试件相应型号焊条进行定位焊,并在试件坡口内两端点焊,焊点长度10～15 mm,将焊点接头端打磨成斜坡。

③ 预置反变形量3°～4°。

④ 错边量:小于等于1.2 mm。

4）焊接参数

平板对接立焊工艺参数如表2-11所列。

表2-11 平板对接立焊工艺参数

焊接层次	焊条直径/mm	焊接电流/A
打底焊(第一层)	3.2	100～110
填充焊(第二、三层)	3.2	110～120
盖面焊(第四层)	3.2	100～110

（2）焊接操作

1）打底焊

可采用连弧法也可采用断弧法。本实例采用断弧半击穿焊法。

① 引弧：在定位焊缝上端部引弧，焊条与试板的下倾角定为 75°～80°，与焊缝左右两边夹角为 90°。当焊至定位焊缝尾部时，应稍作停顿进行预热，将焊条向坡口根部压一下，在熔池前方打开一个小孔（熔孔）。此时听见电弧穿过间隙发出清脆的"哗哗"声，表示根部已熔透。这时，应立即灭弧，以防止熔池温度过高使熔化的铁水下坠，使焊缝正面、背面形成焊瘤。

② 焊接：运条方法采用月牙形或锯齿形横向短弧操作方法。弧长应小于焊条直径，电弧过长易产生气孔。在灭弧后稍等一会儿，此时熔池温度迅速下降，通过护目镜玻璃可看见原有白亮的金属熔池迅速凝固，液体金属越来越小直到消失。在这个过程中可明显地看到液体金属与固体金属之间有一道细白发亮的交接线，这道交接线轮廓迅速变小直到一点而消失。重新引弧时间应选择在交接线长度大约缩小到焊条直径的 1～1.5 倍时，重新引弧的位置应为交接线前部边缘的下方 1～2 mm 处（见图 2-41）。这样，电弧的一半将前方坡口完全融化，另一半将已凝固的熔池的一部分重新熔化，形成新的熔池。这新熔池一部分压在原先的熔敷金属上，与母材及原先的熔池形成良好的焊缝，指导再次发现熔池温度过高，再一次灭弧等待熔池冷却。如此反复焊接便可以得到整条焊缝。这就是打底层的断弧半击穿焊法。

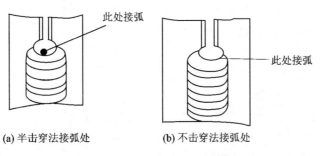

(a) 半击穿法接弧处　　　　　(b) 不击穿法接弧处

图 2-41　重新引弧的位置

③ 收弧：打底层焊接在更换焊条前收弧时，先在熔池上方作一个熔孔，然后回焊约 10 mm 再灭弧，并使其形成斜坡状。

④ 接头：分热接头和冷接头两种。

a. 热接头：当熔池还处在红热状态时，在熔池下方约 15 mm 坡口引弧，并做横向摆动焊至收弧处，使熔池温度逐步升高，然后将焊条沿着预先做好的熔孔向坡口部压一下，同时使焊条与试板的下倾角度加到约 90°，此时听到"哗哗"的声音。然后，稍作停顿，再回复正常焊接。停顿时间要合适。若时间过长，根部背面容易形成焊瘤；若时间过短，则不易接上接头或背面容易形成内凹。要特别注意：这种接头方法要求换焊条动作越快越好。

b. 冷接头：当熔池已经冷却，最好是用角向磨光机或錾子将焊道收弧处打磨成长约 10 mm 的斜坡。在斜坡处引弧并预热。当焊至斜坡最低处时，将焊条沿预作的熔孔向坡口根部压一下，听到"哗哗"的声音后，稍作停顿后恢复焊条正常角度继续焊接。

⑤ 打底层焊缝厚度。坡口背面 1～1.5 mm，正面厚度约为 3 mm。

2）填充焊

在距焊缝始焊端上方约 10 mm 处引弧后，将电弧迅速移至始焊端施焊，每层始焊及每次接头都应该按照这样的方法操作,避免产生缺陷。运条采用横向锯齿形或月牙形,焊条与板件的下倾角为 70°~80°。焊条摆动到两侧坡口边缘时,要稍作停顿,以利于熔合和排渣,防止焊缝两边未熔合或夹渣。填充焊高度应距离母材表面低 1~1.5 mm,并应成凹形,不得熔化坡口凌边线,以利盖面层保持平直。

3)盖面焊

引弧操作方法与填充层相同。焊条与板件下倾角 70°~80°,采用锯齿形或月牙形运条。焊条左右摆动时,在坡口边缘稍作停顿,熔化坡口棱边线 1~2 mm。当焊条从一侧到另一侧时,中间电弧稍抬高一点,观察熔池形状。焊条摆动的速度较平焊稍快一些,前进速度要均匀,每个新熔池覆盖前一个熔池 2/3~3/4 为佳。换焊条后再焊接时,引弧位置应在坑上方约 15 mm 填充层焊缝金属处引弧,然后迅速将电弧拉回至原熔池处,填满弧坑后继续施焊。

(3)注意事项

① 焊接过程中,要分清铁水和熔渣,避免产生夹渣。

② 严格控制熔池尺寸。打底焊在正常焊接时,熔孔直径大约为所用焊条直径 1.5 倍,将坡口钝边熔化 0.8~1.0 mm,可保证焊缝背面焊透,同时不出现焊瘤。当熔孔直径过小或没有熔孔时,就有可能产生未焊透。

③ 与定位焊缝接头时,应特别注意焊接效果。

④ 对每层焊道的熔渣要彻底清理干净,特别是边缘死角的熔渣。

⑤ 盖面时要保证焊缝边缘和下层熔合良好。如发现咬边,焊条稍微动一下或多停留一会,焊缝边缘要和母材表面圆滑过渡。

(4)考 核

V 形坡口对接立焊(焊条电弧焊)单面焊双面成形,尺寸如图 2-42 所示,配分及评分标准如表 2-12 所列。

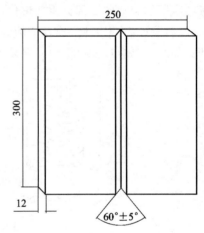

图 2-42 V 形坡口对接立焊试件尺寸

2. 作业练习 2(立角焊焊接技术)

(1)焊前准备

① 实习工件:Q235,300 mm×150 mm×10 mm,2 块一组。

② 弧焊电源:ZX7-400。

③ 焊条:E4303,Φ3.2 mm,烘干。

④ 辅助工具:清理工具、个人劳保等。

(2)操作步骤

清理工件→组装工件→定位焊→清渣→选择焊接工艺参数→焊接→清渣、检验。

(3)操作要领

① 用清理工具将工件表面上的杂物清理干净,将待焊处矫平直。

② 组装成 T 形接头,并用 90°角尺将工件测量准确后,再进行点固焊。

表 2 - 12 配分及评分标准

评分内容	检查项目	评判标准及得分	评判等级				测评数据	实得分数	标注
			Ⅰ	Ⅱ	Ⅲ	Ⅳ			
焊缝外观质量	正面焊缝余高	尺寸标准	0～1(含)	1～2(含)	2～3(含)	<0 或>3			
		得分标准	4 分	3 分	2 分	0 分			
	正面焊缝高度差	尺寸标准	≤1	1～2(含)	2～3(含)	>3			
		得分标准	6 分	4 分	2 分	0 分			
	正面焊缝宽度	尺寸标准	17～19(含)	19～21(含)	21～23(含)	<17 或 >23			
		得分标准	4 分	2 分	1 分	0 分			
	正面焊缝宽度差	尺寸标准	≤1.5	1.5～2(含)	2～3(含)	>3			
		得分标准	6 分	4 分	2 分	0 分			
	咬边	尺寸标准	无咬边	深度≤0.5		深度 >0.5			
		得分标准	10 分	每 2 mm 扣 1 分		0 分			
	正面成形	标准	优	良	中	差			
		得分标准	6 分	4 分	2 分	1 分			
	背面成形	标准	优	良	中	差			
		得分标准	4 分	2 分	1 分	0 分			
	背面焊缝余高	尺寸标准	0～2	-1～0	-2～-11	<-2 或 >2			
		得分标准	3 分	2 分	1 分	0 分			
	错边量	尺寸标准	无错边	0.5	0.5～1.2(含)	>1.2			
		得分标准	3 分	2 分	1 分	0 分			
	角变形	尺寸标准	0～1	1～2(含)	2～3(含)	>3			
		得分标准	4 分	3 分	1 分	0 分			
	外观缺陷记录								
	注:焊缝表面不是原始状态,有加工、补焊等现象或有裂纹、夹渣、气孔、未熔合、未焊透等缺陷,未完成,该项作 0 分处理								
焊缝内部质量 (JB4730)	配分	40 分							
	评分标准	① 射线探伤后按 JB4730 评定焊缝质量达到Ⅰ级,扣 0 分; ② 焊缝质量达到Ⅱ级,扣 10 分; ③ 焊缝质量达到Ⅲ级,此项考试不合格							
安全文明生产	配分	10 分							
	评分标准	① 劳保用品穿戴不全,扣 2 分; ② 焊接过程中有违反安全操作规程的现象,根据情况扣 2～5 分; ③ 焊接完毕,场地清理不干净,工具码放不整齐,扣 3 分							

③ T形接头立角焊的运条方法,如图 2－43 所示。焊接,从工件下端定位焊缝处引弧,引燃电弧后拉长电弧作预热动作,当达到半熔化状态时,把焊条开始熔化的熔滴向外甩掉,勿使这些熔滴进入焊缝,立即压低电弧至 2～3 mm,使焊缝根部形成一个椭圆形熔池,随即迅速将电弧提高 3～5 mm,等熔池冷却为一个暗点,直径约 3 mm 时,将电弧下降到引弧处,重新引弧焊接,新熔池与前一个熔池重叠 2/3,然后再提高电弧,即采用跳弧操作手法进行施焊。第二层焊接时可选用连弧焊,但焊接时要控制好熔池温度,若出现温度过高时应随时灭弧,降低熔池温度后再起弧焊接,从而避免焊缝过高或焊瘤的出现。

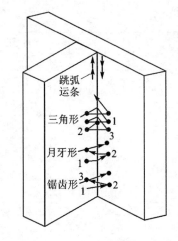

图 2－43 T形接头立焊的运条方法

焊缝接头应采用热接法,做到快、准、稳。若采用冷接法应彻底清理接头处焊渣,操作方法类似起头。焊后应对焊缝进行质量检查,发现问题应及时处理。

(4) 注意事项

① 焊接电流可稍大些,以保证焊透。

② 焊条角度应始终保持与焊件两侧板获得温度一致为标准。若达不到即会出现夹渣、咬边现象。

③ 焊接时要特别注意对熔池形状、温度、大小的控制,一旦出现异样,立即采取措施。后一个熔池与前一个熔池相重叠 2/3 为佳,接头时要注意接头位置,避免脱节现象发生。

④ 焊条摆动应有规律、均匀,当焊条摆到工件两侧时,应稍作停顿,且压低电弧。一可防止夹渣产生;二可防止咬边产生;三可得到均匀的焊缝。

2.7.4　横焊、仰焊对接操作练习

1. 横焊基础知识

横对接焊是指焊接方向与地面呈平行位置的操作。

(1) 横焊的特点

熔池铁水因自重下坠,使焊道上低下高,若焊接电流较大运条不当时,上部易咬边,下部易高或产生焊瘤,因此,开破口的厚件多采用多层多道焊,较薄板焊时也常常采用多道焊。

(2) 运条方法

运条方法的焊条角度及运动轨迹如图 2－44(a)、(b)、(c)所示。

2. 作业练习 1(Ⅴ形坡口对接横焊练习,板厚 12 mm)

(1) 焊前准备

1) 试件尺寸及要求

① 试件材料:Q235。

② 试件及坡口尺寸:300 mm×200 mm×12 mm,如图 2－45 所示。

③ 焊接要求:单面焊双面成形。

④ 焊接材料:E5015。

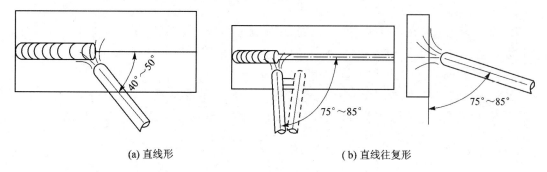

(a) 直线形   (b) 直线往复形

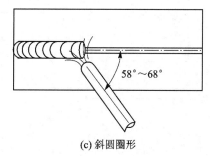

(c) 斜圆圈形

图 2-44 横焊运条方法的焊条角度及运动轨迹

2) 设备准备

选用 ZX7-400 型弧焊变压器。

3) 工具准备

台虎钳 1 台、钢丝刷、锉刀、活扳手、焊条保温桶、角向磨机、焊缝测量尺等。

4) 劳保用品

安全帽、安全鞋、绝缘手套等。

(2) 试板装配尺寸和焊接参数

试板装配尺寸和焊接参数分别如表 2-13、表 2-14 所列。

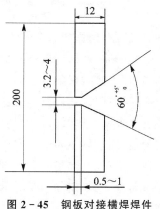

图 2-45 钢板对接横焊焊件

表 2-13 试板装配尺寸

坡口角度/(°)	装配间隙/mm	钝边/mm	反变形/(°)	错边量/mm
60	始焊端 3.2 终焊端 4.0	1~1.5	3~5	≤1

表 2-14 板焊 12 mm V 形坡口对接横焊的焊接参数

焊接层次	焊条直径/mm	焊接电流/A
打底层	2.5	60~75
填充层	3.2	150~160
盖面层		130~140

（3）焊接操作

横焊时，熔化金属在自重作用下易下淌，在焊缝上侧易产生咬边，下侧易产生下坠或焊瘤等缺陷。因此，要选用较小直径的焊条、小的焊接电流、多层多焊道、短弧操作。

① 焊道分布：单面焊，四层七道，如图 2-46 所示。

② 焊接位置：试板固定在垂直面上，焊缝在水平位置，间隙小的一端放在左侧。

③ 打底层：右焊法打底层横焊时的焊条角度与电弧对中位置，如图 2-47 所示。

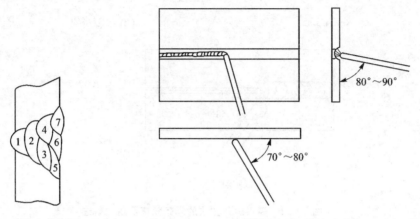

图 2-46 平板对接横焊焊道分布　　图 2-47 平板对接横焊时的焊条角度与电弧对中位置

焊接时在始焊端的定位焊缝处引弧，稍作停顿预热，然后上下摆动向右施焊，待电弧到达定位焊缝的前沿时，将焊条向试件背面压、同时稍作停顿。当看到试板坡口根部熔化并击穿，形成了熔孔，此时焊条可上下锯齿形摆动，如图 2-48 所示。

为保证打底层焊道获得良好的背面焊缝成形，电弧要控制短些，焊条摆动，向前移动的距离不宜过大，焊条在坡口两侧停留时要注意，上坡口停留的时间要稍长，焊接电弧的 1/3 保持在熔池前，用来熔化和击穿坡口的根部。电弧 2/3 覆盖在熔池上并保持熔池的形状和大小基本一致，还要控制熔孔的大小，使上坡口面熔化 1～1.5 mm，下坡口面熔化约 0.5 mm，保证坡口根部熔合好，如图 2-49 所示。施焊时若下坡口面熔化太多，试板背部焊道易出现下坠或产生焊瘤。

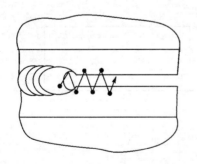
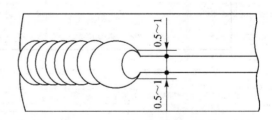

图 2-48 平板对接横焊时的运条方法　　图 2-49 平板横焊时的熔孔

收弧方法，当焊条即将焊完，需要更换焊条收弧时，将焊条向焊接的反方向拉回 10～15 mm，并迅速抬起焊条，使电弧拉长，直至熄灭。这样可以把收弧缩孔消除或带到焊道表面，以便在下一根焊条焊接时将其融化掉。

打底层焊道的接头方法分热接法和冷接法两种。

热接法时,更换焊条的速度要快,在钱一根焊条的熔池还没完全冷却,成红热状态时,立即在离熔池前方约 10 mm 的坡口面上将电弧引燃,焊条迅速退至原熔池处,待新熔池的后沿和老熔池后沿重合时,开始摆动焊条并向右移动,当电弧移至原弧坑前沿时,将焊条向试板背面压,稍停顿,待听到电弧击穿声,形成新熔孔后,将焊条抬起到正常焊接位置,继续向前施焊。

冷接法施焊前,先将收弧处焊道打磨成缓坡状,然后按热接法的引弧位置,操作方法进行焊接。

④ 填充层:焊填充层焊道时,必须将打底层焊道的焊渣及飞溅清除干净、焊道接头过高的部分打磨平整,然后进行填充层焊接。

第一层填充焊道为单层单道、焊条的角度与填充层相同,但摆幅稍大。焊第一层填充焊时,必须保证打底焊道表面及上下坡口面处熔合良好,焊道表面平整。

第二层填充层有两条焊道。焊条角度与电弧对中位置如图 2-50 所示。焊第二层下面的填充层焊道(见图 2-50)③时,电弧对准第一层填充焊道的下沿,并稍摆动,使熔池能压住第一层焊道的 1/2～2/3。焊第二层上面的填充焊道(见图 2-50)④时,电弧对准第一层填充焊道的上沿并稍微摆动,使熔池正好填满空余位置,使表面平整。填充层焊道焊完后,其表面应距下坡口表面约 2 mm,距上坡口约 0.5 mm,不要破坏坡口两侧棱边,为盖面层施焊打好基础。

⑤ 盖面层:盖面层施焊时焊条与试件的角度对电弧对中位置如图 2-51 所示。焊条与焊接方向的角度与打底层焊相同,盖面层焊缝共三道、依次从下往上焊接。

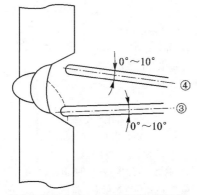

注: 图中在焊条或焊丝中心线附近用带圈的
　　数字如③、④…表示焊接第③条焊道时
　　电弧的对中位置。

图 2-50　焊第二层填充焊道时
焊条的角度与对中位置

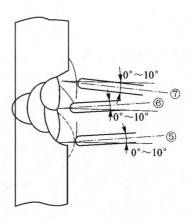

图 2-51　盖面层焊道的
焊条角度与对中位置

焊盖层面焊道时,焊条摆幅和焊接速度要均匀,采用较短的电弧。每条盖面焊道要压住前一条填充焊道的 2/3。

焊接最下面的盖面焊道⑤时,要注意观察试板坡口下边的熔化情况,保持坡口边缘均匀熔化,并避免产生咬边,未熔合等情况。

焊中间的盖面层焊道⑥时,要控制电弧的位置,使熔池的下沿在上一条盖面焊道的 1/2～2/3 处。

上面的盖面层焊道⑦是接头的最后一条焊道,操作不当容易产生咬边,铁水下淌。施焊时,应适当增大焊接速度或减小焊接电流,将铁水均匀地熔合在坡口的上边缘,适当的调整运条速度和焊条角度,避免铁液下淌、产生咬边、以得到整齐、美观的焊缝。

⑥ 注意事项。

第一,保证根部溶透均匀,背面成形饱满。

第二,打底焊接时,要求运条动作迅速、位置准确。

第三,焊接各层时,必须注意观察上、下坡口熔化情况。熔池要清晰,无熔渣浮在熔池表面时,焊条才能向前移动。尤其是要注意避免上坡口处出现很深的夹沟,克服方法是电弧。

(4) 考 核

配分、评分标准见表 2-15 所列。

表 2-15 V 形坡口对接横焊焊条电弧焊评分表(板厚 12 mm)

序 号	考核要求	配 分	评分标准	得 分	备 注
1	焊前准备	20	① 工件清理不干净,定位焊不正确扣 5～10 分; ② 焊接参数调整不正确扣 5～10 分		
2	焊缝外观质量	60	① 焊缝余高满分 8 分,＜0 或＞4 mm,扣 8 分; 1～2 mm,得 6 分; ② 焊缝余高差满分 6 分,＞3 mm,扣 6 分; ③ 焊缝宽度差满分 6 分,＞3 mm,扣 6 分; ④ 背面焊缝余高满分 6 分,＞3 mm,扣 6 分; ⑤ 焊缝直线度满分 6 分,＞2 mm,扣 6 分; ⑥ 角变形满分 4 分,＞3°,扣 4 分; ⑦ 无错边得 6 分,＞1.2 mm,扣 6 分; ⑧ 背面凹坑深度满分 6 分,＞1.2 mm 或长度＞26 mm,扣 6 分; ⑨ 无咬边得 12 分,咬边≤0.5 mm,累计长度每 5 mm 扣 1 分;咬边深度＞0.5 mm 或累计长度＞26 mm,扣 12 分; 注:① 焊缝表面不是原始状态,有加工、补焊、夹渣、未焊透、未熔合等任何缺陷存在,此项考试记不合格; ② 焊缝外观质量得分低于 36 分,此项考试记不合格		
3	安全文明生产	20	① 劳保用品穿戴不全,扣 2～5 分; ② 焊接过程中有违反安全操作规程的现象,根据情况扣 5～10 分; ③ 焊完后,场地清理不干净,工具码放不整齐,扣 2～5 分		

3. 仰焊基础知识

仰焊是各种焊接位置中最困难的一种焊接位置,其单面焊,四层四道焊道如图 2-52 所示,试板固定在水平面内,坡口朝下,间隙小的一端放在左侧。由于熔池倒悬在焊件下面,焊条熔滴金属的重力阻碍熔滴过渡。熔池金属也受自身重力作用下坠,熔池温度越高,表面张力越小,故仰焊时焊缝背面易产生凹陷。正面出现焊瘤,焊缝成形困难。因此,仰焊时必须保持最短的电弧长度,依靠电弧吹力使熔滴在很短的时间内过渡到熔池中,在表面张力的作用下,很快与熔池的液体金属熔合,促使焊缝成形。

① 打底层。打底层焊条角度与电弧对中位置如图 2-53 所示。关键是保证背面焊透,下凹小,正面平。

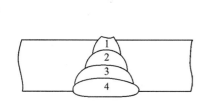

图 2-52   仰焊焊道分布

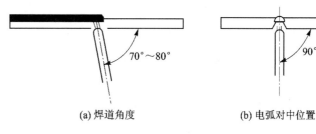

(a) 焊道角度　　　　　(b) 电弧对中位置

图 2-53   仰焊打底焊焊道角度与电弧对中位置

在试板左端定位焊缝上引弧、预热,待电弧正常燃烧后,将焊条拉到坡口间隙处,并将焊条向上给送,待坡口根部形成熔孔时,转入正常焊接。

仰焊时要压低电弧,利用电弧吹力将熔滴送入熔池,采用小幅度锯齿形摆动,在坡口两侧稍停留,保证焊缝根部焊透。横向摆动幅度要小,摆幅大小和前进速度要均匀,停顿时间比其他焊接位置稍短些,使熔池尽可能小而且浅,防止熔池金属下坠,造成焊缝背面出现焊瘤。

收弧方法:每当焊完一根焊条要收弧时,应使焊条向试件的左或右侧回拉约 10~15 mm,并迅速提高焊条熄弧,使熔池逐渐减小,填满弧坑并形成缓坡,以避免在弧坑处产生缩孔等缺陷,并有利于下一根焊条的接头。

在更换焊条进行中间焊缝接头的方法有热接和冷接两种。

热接接头的焊缝较平整,可避免接头脱节和未接上等缺陷。

冷焊法施焊前,先将收弧处焊缝打磨成缓坡状,然后按热接法的引弧位置。操作方法进行焊接。

② 填充层。焊接时必须保证坡口面熔合好,焊道表面平整。

填充层焊道施焊前,应将前一层的焊渣、飞溅清除干净、焊缝接头处的焊瘤打磨平整。焊条角度和运条方法均同打底层。但焊条横向摆动幅度比打底层宽,并在平行摆动的拐角处稍作停顿,电弧要控制短些,使焊缝与母材熔合良好,避免夹渣。焊接第二层填充层焊道时,必须注意不能损坏坡口的棱边。焊缝中间运条速度要稍快,两侧稍停顿,形成中部凹形的焊缝。填充层焊完后的焊缝应比坡口上棱边低 1 mm 左右,不能熔化坡口的棱边,以便焊盖面层时好控制焊缝的平直度。

③ 盖面层。要控制好盖面层焊道的外形尺寸,并防止咬边与焊瘤。

盖面层施焊前,应将前一层熔渣和飞溅清除干净。施焊的焊条角度与运条方法均同填充层的焊接,但焊接水平横向摆动的幅度比填充层更宽、摆至坡口两侧时应将电弧进一步缩短,并稍作停顿。注意两侧熔合情况,控制好焊道的宽度并避免咬边。从一侧摆至另一侧时应稍快一些,以防止熔池金属下坠而产生焊瘤。

4. 作业练习2(Ⅴ形坡口对接仰焊练习,板厚12 mm)

(1)焊前准备

1)试件尺寸及要求

① 试件材料:Q235。

② 试件及坡口尺寸:300 mm×200 mm×12 mm,如图2-54所示,图中尺寸单位均为mm。

③ 焊接要求:单面焊双面成形。

④ 焊接材料:E5015。

2)设备准备

选用ZX7-400型弧焊变压器。

3)工具准备

台虎钳1台、钢丝刷、锉刀、活扳手、焊条保温桶、角向磨机、焊缝测量尺等。

4)劳保用品

安全帽、安全鞋、绝缘手套等。

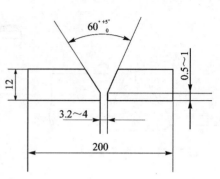

图2-54 钢板对接仰焊焊件

(2)试件装配

① 装配间隙:始端为3.2 mm,终端为4.0 mm。

② 定位焊:采用与焊接试件相应型号焊条进行定位焊,并在试件坡口内两端电焊,焊点长度为10~15 mm,将焊点接头端打磨成斜坡。

③ 预置反变形量:预置反变形量为3°~4°。

④ 错边量:错边量小于等于1.2 mm。

(3)焊接工艺参数

平板对接仰焊工艺参数如表2-16所列。

表2-16 平板对接仰焊工艺参数

焊接层次	焊条直径/mm	焊接电流/A
打底焊(第一层)	2.5	80~90
填充焊(第二、三层)	3.2	115~130
盖面焊(第四层)	3.2	110~120

(4)焊接操作

平板对接仰焊是平板对接焊的四种位置中最困难的一个位置。如果操作不当容易造成焊缝正面产生焊瘤或高低差大,背面容易产生凹陷。因此,操作时必须采用短弧焊接。位置水平固定,坡口向下,间隙小的一端位于始端焊,采用四层四道焊接。

1)连弧法焊接

① 引弧。在定位焊缝上引弧,并使焊条在坡口内作轻微横向快速摆动,当焊至定位焊缝尾部时,稍作预热,将焊条向上顶一下。听到"哗哗"的声音时,坡口根部已被熔透,形成第一个熔池,并形成熔孔,熔孔向坡口两侧各深入0.5~1.0 mm。

② 运条方法。采用月牙形或锯齿形运条。当焊条摆动到坡口两侧时,要稍作停顿,使填充金属与母材充分熔合,并应防止与母材交界处形成死角,以免不易清渣,形成夹渣及未熔合

缺陷。

③ 焊条角度。焊条与试件两侧夹角为 90°，与焊接方向夹角为 75°～85°。

④ 焊接技术要点。焊接时，尽量将电弧压至最短，利用电弧吹力把铁水拖住，并使一部分铁水过渡到坡口根部背面。要使新熔池覆盖前一个熔池 1/2，并适当加快焊接速度，以减少熔池面积并形成较薄的焊肉，达到减轻焊肉的自重，避免造成焊瘤。焊层表面要求平直，避免下凸，否则给下层焊接带来困难，并易产生夹渣及未熔合等缺陷。

⑤ 收弧。收弧时，将电弧向熔池的熔孔后于 8～10 mm，再灭弧使焊缝形成斜坡。

⑥ 接头。

a. 热接法：用热接法焊接时，换焊条动作越快越好。在弧坑后面 10 mm 的坡口内引弧，当运条到弧坑根部时，应缩小焊条与焊接方向的夹角。同时，将焊条顺原熔孔向坡口根部向上一顶，听到"哗哗"的声音后，稍停并恢复正常手法焊接。

b. 冷接法：其操作要点是同角向砂轮或錾子将收弧处打磨成 10～15 mm 的斜坡。在斜披上引弧并预热，运条至收弧根部。将焊条顺着原先熔孔迅速向上顶，听到"哗哗"的声音后，稍作停顿，恢复正常手法焊接。

2）断弧法焊接

① 打底焊。焊条与焊接方向夹角 70°～85°，与试件两侧夹角 90°，采用一点击穿的手法施焊。在定位焊缝上引弧，然后焊条在始焊部位坡口内作横向快速摆动。当焊至定位焊缝尾部时，应稍作停顿进行预热，并将焊条向上顶一下。听到"哗哗"的声音，表示坡口根部一经被熔透，根部熔池已形成，并使熔池前方形成向坡口钝边两侧各深入 0.5～1 mm 的熔孔，然后向斜下方立即灭弧。

当熔池未完全凝固还剩下约 1/3 熔池时，立即再送入第二滴铁水，对准焊缝根部中心送焊条。焊条不做横向摆动，焊条送到位后保持一定熔化时间。这时，电弧应完全在试件坡口根部的背面。两侧坡口钝边应完全熔化，并深入两侧母材 0.5～1.0 mm。操作时，灭弧动作要迅速、干净利落，并使焊条每次都向上顶，利用电弧吹力顺利地把熔滴过渡到坡口背面。保证坡口正反两面金属熔化充分和焊缝成形良好。

灭弧和再起弧时间要短，灭弧频率 30～35 次/min。每次再起弧的位置要准确，如图 2-55 所示。更换焊条前，应在熔池前方形成熔孔，然后回移约 10 mm 灭弧。迅速更换焊条时，在弧坑后部 10～15 mm 坡口内引弧。用断弧法运条到弧坑根部时，将焊条沿着预先做好的熔孔向坡口根部向上顶一下，听到"哗哗"的声音声后稍停顿，立即向已形成的焊缝方向灭弧；接头完成后，继续正常运条进行打底焊接，焊缝成形后如图 2-56 所示。

② 填充焊：分两层两道进行采用连弧焊接。在离焊接始端 10～15 mm 处引弧，然后将电弧拉回始焊处进行施焊。

焊条与焊接方向夹角约为 85°，采用短弧锯齿形或月牙形运条。焊条摆动到两侧坡口时稍作停顿，即两侧慢，中间快，以形成较薄的焊道。

施焊时，保持熔池成椭圆形，并保证大小一致、焊道平整。焊接最后一道填充层时，要保证坡口边缘线完整，其高度距试件表面 1～2 mm 为宜。

③ 盖弧焊：引弧操作方法与填充焊相同，采用连弧手法施焊，焊条与焊接方向夹角 85°～90°，与两侧试件夹角为 90°。采用短弧焊接，并采用锯齿形或月牙形运条。焊条摆动坡口边缘时，要稍作停顿，以坡口边缘线为准熔化 1～2 mm，防止咬边。

接头采用热接法。换焊条前,应对熔池稍稍填铁水。更换焊条动作要迅速。换焊条后,在弧坑前 10~15 mm 处引燃电弧,迅速将电弧拉回到弧坑处。做横向摆动或划一个小圆圈,使弧坑重新熔化形成新的熔池,然后进行正常焊接。

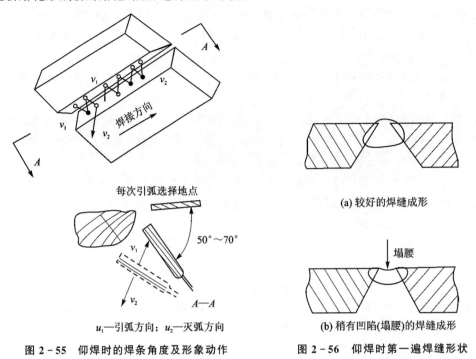

每次引弧选择地点

v_1—引弧方向；v_2—灭弧方向

图 2-55 仰焊时的焊条角度及形象动作

(a) 较好的焊缝成形

(b) 稍有凹陷(塌腰)的焊缝成形

图 2-56 仰焊时第一遍焊缝形状

(5) 注意事项

① 打底层焊道要细而均匀,外形平缓,避免焊缝中间过分下坠。否则,容易给第二层焊缝造成夹渣或未熔合等缺陷。

② 应仔细清理每层焊缝的飞溅和熔渣。

③ 表面层焊接速度要均匀一致,控制好焊缝高度和宽度,并保持一致。

④ 焊前要做好个人防护,避免烧伤或烫伤。

(6) 考 核

配分评分标准见表 2-17 所列。

表 2-17 V 形坡口对接横焊焊条电弧焊评分表(板厚 12 mm)

序 号	考核要求	配分/分	评分标准	得 分	备 注
1	焊前准备	10	① 考件清理不干净,定位焊不正确扣 5 分; ② 焊接参数调整不正确扣 5 分		
2	焊缝外观质量	40	① 焊缝余高满分 4 分,<0 或>4 mm,扣 4 分;1~2 mm 得 4 分; ② 焊缝余高差满分 4 分,>2 mm,扣 4 分; ③ 焊缝宽度差满分 4 分,>3 mm,扣 4 分; ④ 背面焊缝余高满分 4 分,>3 mm,扣 4 分; ⑤ 焊缝直线度满分 4 分,>2 mm,扣 4 分;		

序　号	考核要求	配分/分	评分标准	得　分	备　注
2	焊缝外观质量	40	⑥ 角变形满分 4 分,>3°,扣 4 分; ⑦ 无错边 4 分,>1.2 mm,扣 4 分; ⑧ 背面凹坑深度满分 4 分,>1.2 mm,或长度> 26 mm,扣 4 分; ⑨ 无咬边得 4 分,咬边≤0.5 mm 或累计长度每 5 mm,扣 1 分;咬边深度>0.5 mm 或累计长度> 26 mm,扣 8 分; 注:① 焊缝表面不是原始状态,有加工、补焊、返修 等现象或有裂纹、气孔、夹渣、未焊透、未熔合等任 何缺陷存在,此项考试记不合格; ② 焊缝外观质量得分低于 24 分,此项考试记不 合格		
3	焊缝内部质量 (JB/T4730)	40	① 射线探伤后按 JB/T4730—2005 评定焊缝质量 达到Ⅰ级,此项得满分; ② 焊缝质量达到Ⅱ级,扣 10 分; ③ 焊缝质量达到Ⅲ级,此项考试记不合格		
4	安全文明生产	10	① 劳保用品穿戴不全,扣 2 分; ② 焊接过程中有违反安全操作规程的现象,根据情 况扣 2~5 分; ③ 焊完后,场地清理不干净,工具码放不整齐,扣 3 分		

2.7.5　管-管对接操作练习

1. 小径管对接

(1) 小径管垂直固定对接

小径管垂直固定对接比较容易掌握,但实际考试时通常断口试验合格率较低,估计是焊接时注意不够造成的,因此焊接时必须认真对待。

① 装配与定位焊。装配要求如表 2-18 所列,定位焊必须用正式焊接用焊条焊接。

② 试件位置。小径管垂直固定,接口在水平位置(横焊位置)。间隙小的正对焊工,一个定位焊缝在左侧。

③ 焊接要点。由于管径较小,管壁薄,焊接过程中温度上升较快,熔池温度容易过高,因此打底焊采用断弧焊法进行施焊,断弧焊打底,要求将熔滴给送均匀,位置准确,熄弧和再引燃时间要灵活、果断。

a. 焊道分布:2 层 3 道,如图 2-57 所示。

b. 焊接参数(见表 2-19 所列)。

c. 打底层:打底层焊接的关键是保证焊件焊透,焊件不能烧穿焊漏。

打底层焊接时,焊条与焊件之间的角度及电弧对中位置如图 2-58 所示,起焊时采用划擦法将电弧在坡口内引燃,待看到坡口两侧金属局部熔化时,焊条向坡口根部压送,熔化并击穿坡口根部,将熔滴送至坡口背面,此时可听见背面电弧的穿透声,这时便形成了第一个熔池,第一个熔池形成后,即将焊条向焊接的反方向作划挑动作迅速灭弧,使熔池降温,待熔池变暗时,在距离熔池前沿约5 mm 左右的位置重新将电弧引燃,压低电弧向前施焊至熔池前沿,焊条继续向背面压,并稍作停顿,同时即听见电弧击穿的声音,这时便形成了第二个熔池,熔池形成后,立即灭弧。如此反复,均匀的采用这种一点击穿法向前施焊。

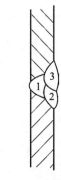

**图 2-57　小径管横焊
焊道分布**

熔池形成后,熔池的前沿应能看到熔孔,使上坡口面熔化 1~1.5 mm,下坡口面略小,施焊时要注意把握住三个要领:一"看"、二"听"、三"准"。"看",就是要注意观察熔池形状和熔孔的大小,使熔池形状基本一致,熔孔大小均匀。并要保持熔池去凹、清晰、明亮、熔渣和铁水要分清。"听"是听清电弧击穿试件根部"噗""噗",声。"准",是要求每次引弧的位置与焊至熔池前沿的位置准确,既不能超前,又不能拖后,后一个熔池搭接前一个熔池的2/3左右。

表 2-18　装配要求

坡口角度/(°)	装配间隙/mm	钝边/mm
60	前 2.5,后 3.2	0~1

表 2-19　小径管横焊焊接参数

焊接层次	焊条直径/mm	焊接电流/A
打底层	2.5	60~80
盖面层		70~80

更换焊条收弧时,将焊条断续地向熔池后方点 2~3 下,缓降熔池的温度,将收弧的缩孔消除或带到焊缝表面,以便在下一根焊条进行焊接时将其溶化掉。

打底层焊缝的表面,可采用热接和冷接法。

热接法是更换焊条的速度更快,在前一根焊条焊完收弧,,熔池尚未冷下来,呈红热状态时,立即在熔池前面 5~10 mm 的地方将电弧引燃,退至收弧处的后沿,焊条向坡口根部压送,并稍停顿,当听见电弧击穿试件根部的声音时,即可熄弧,然后进行焊接。

冷接法在施焊前,先将收弧处焊缝打磨成缓坡状,然后按热接法的引弧位置、操作方法进行焊接。

焊接封闭接头前,先将焊缝端部打磨成缓坡形,然后再焊,焊到缓坡前沿时,电弧向坡口根部压送,并稍后停顿,然后焊过缓坡,直至超过正式焊缝 5~10 mm,填满弧坑后熄弧。

d. 盖面层:盖面层焊接时,应保证盖面层焊缝表面平整、尺寸合格。

焊前,将上一层焊缝的熔渣及飞溅清理干净,将焊缝接头处打磨平整。然后进行焊接。盖面层分下、上两道进行焊接,焊接时由下至上施焊,焊条与焊件的角度如图 2-59 所示。盖面层焊接时,运条要均匀,采用较短电弧,焊下面的焊道②时,电弧应对准填充焊道下沿,稍横向摆动,使熔池下沿稍超出坡口下棱边(小于等于 2 mm),应使熔化金属覆盖住打底焊道的2/3~1/2,为焊上面的盖面焊道③时防止咬边和铁水下淌现象,要适当增大焊接速度或减小焊接电流,调整焊接角度,以保证整个焊缝外表均匀、整齐、美观。

(2) 小径管水平固定全位置焊

小径管水平固定焊是小径管全位置焊,也是所有考试项目中最难掌握的项目。必须在同时掌握了板对接接头的平焊、立焊、仰焊三种位置的单面焊双面成形技术的基础上,经过培训掌握了转腕要领后才能焊出合格的试件。

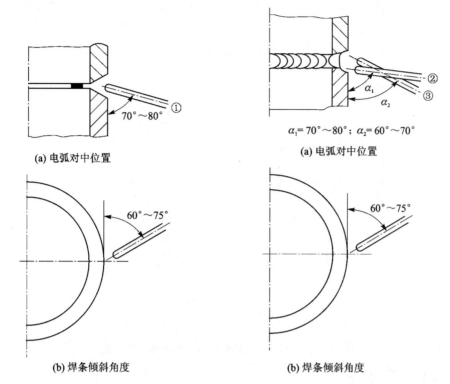

图 2-58　打底层焊时的焊条角度及对中位置　　图 2-59　盖面层焊时的焊条角度

① 装配与定位焊。装配要求如表 2-20 所列。

表 2-20　装配要求

坡口角度/(°)	装配间隙/mm	钝边/mm
60°	时钟 0 点位置处 3.0，时钟 6 点位置处 2.5	0~1

定位焊缝沿圆周均布 3 处，可只焊 2 处，定位焊道的方式可按图 2-60 规定任选一种。定位焊必须采用考试统一用焊条焊接。

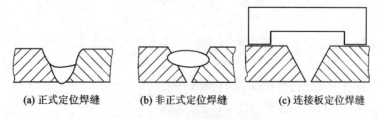

(a) 正式定位焊缝　　(b) 非正式定位焊缝　　(c) 连接板定位焊缝

图 2-60　定位焊缝的几种形式

② 试件位置。小径管水平固定，接口在垂直面内，0 点处在正上方。请注意打位置标记时，0 点要打在间隙最大地方。

③ 焊接要点。60 mm×5 mm 管的对接焊,由于管径小、管壁薄,焊接过程中温度上升较快,焊道容易过高。打底焊不宜用连弧焊法,而采用断弧焊的方法。管子的焊缝是环形的,在焊接过程中需经过仰焊、立焊、平焊等几种位置。由于焊缝位置的变化,改变了熔池所处的空间位置,操作比较困难,焊接时焊条角度与电弧对中位置应随着焊接位置的不断变化而随时调整,如图 2-61 所示。

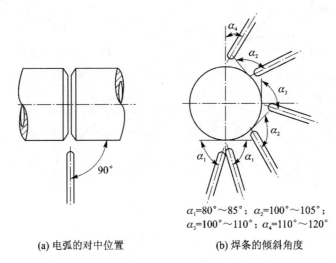

$\alpha_1=80°\sim85°$; $\alpha_2=100°\sim105°$;
$\alpha_3=100°\sim110°$; $\alpha_4=110°\sim120°$

(a) 电弧的对中位置　　　　(b) 焊条的倾斜角度

图 2-61　小径管打底层焊条角度与电弧对中位置

a. 焊道分布:二层二道。

b. 焊接参数(见表 2-21 所列)。

表 2-21　小径管全位置焊焊接参数

焊接层次	焊条直径/mm	焊接电流/A
打底层	2.5	75~85
盖面层		70~80

c. 打底层:打底层焊接时为叙述方便,假定沿垂直中心线将管子分成前后两半圆,并按时钟钟面将焊缝分区:10 点半~1 点半为平焊区;1 点半~4 点半及 7 点半~10 点半为立焊区;4 点半~7 点半为仰焊区,如图 2-62 所示。

先焊前半焊缝,引弧和收弧部位要超过管子中心线 5~10 mm。

焊接从仰焊位置开始,起焊时采用划擦法在坡口内引弧,待形成局部焊缝,并看到坡口两侧金属即将熔化时,焊条向坡口根部压送,使弧柱透过内壁的 1/2,熔化并击穿坡口的根部,此时可听到背面电弧的击穿声,并形成第一个熔池,第一个熔池形成后,立即将焊条抬起熄弧,使熔池降温,待熔池变暗时,

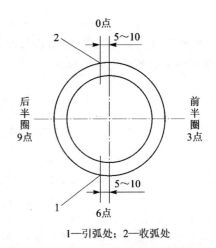

1—引弧处;2—收弧处

图 2-62　前半圈焊缝引弧与收弧位置

重新引弧并压低电弧向上给送形成第二个熔池,均匀地点射给送熔滴,向前施焊,如此反复。

在焊接仰焊位置时,焊条应向上顶得深些,电弧尽量压短,防止产生内凹、未熔合、夹渣等缺陷;焊接立焊及平焊位置时,焊条向试件坡口里面的压送深度应比仰焊浅些,弧柱透过内壁约 1/3 熔穿根部钝边,防止因温度过高,液态金属在重力作用下,造成背面焊缝超高或产生焊瘤,气孔等缺陷。

收弧方法,当焊完一根焊条收弧时,应使焊条向管壁左或右侧回拉带弧约 10 mm,或沿着熔池向后稍快点焊 2~3 下,以防止突然熄弧造成弧坑处产生缩孔、裂纹等缺陷。同时也能使收尾处形成缓坡,有利于下一根焊条的接头。

在更换焊条进行焊缝中间接头时,有热接和冷接两种方法。

热接更换焊条要迅速,在前一根焊条的熔池没有完全冷却呈红热时,在熔池前面 5~10 mm 处引弧,待电弧稳定燃烧后,即将焊条拖至熔孔,将焊条稍向坡口压送,当听到击穿声即可断弧,然后按前面介绍的焊法继续向前施焊。冷接法施焊前,先将收弧处焊道打磨成缓坡状,然后按热接法的引弧位置,操作方法进行焊接。

后半圈仰焊位置的焊接:在后半圈焊缝施焊前,先将前半圈焊缝起头处打磨成缓坡,然后在缓坡前面约 5~10 mm 处引弧,预热施焊,焊至缓坡末端时将焊条向上顶送,待听到击穿声,根部熔透形成熔孔后,正常向前施焊,其他位置焊法均同前半圈。

后半圈水平位置上接头的施焊:在后半圈焊缝施焊前,想将前半圈焊缝收尾熄弧处打磨成缓坡,当焊至后半圈焊缝与前半圈焊缝接头封闭处时,将电弧略向坡口里压送并稍停顿,待根部熔透,焊过前半圈焊缝约 10 mm,填满弧坑后再熄弧。

施焊过程中经过正式定位焊缝两端时,将电弧稍向里压送,保证两端焊透,并以较快的速度经过定位焊缝,过渡到前方坡口处进行施焊。

d. 盖面层:盖面层的焊接要求焊缝外观美观,无缺陷。

施焊前,应将盖面层的熔渣和飞溅清除干净,焊缝局部凸起处打磨平整。前后两半圈焊缝起头和收尾要点同封底层,都要超过管子的中心线 5~10 mm,采用锯齿形或月牙形运条方法连续施焊,但横向摆动的幅度要小,在坡口两侧略做停顿稳弧,防止产生咬边。在焊接过程中,要严格控制弧长,保持短弧施焊以保证焊缝质量。

(3) 小径管 45°固定对接

小径管 45°固定对接焊时,焊缝与水平面成 45°角,这种焊接位置比水平固定还难施焊,焊接时除需同时掌握仰焊、立焊和平焊单面焊双面成形的焊接技术外,电弧对位置还要根据坡口的空间位置水平移动。

① 装配与定位焊。与水平固定小径管对接相同。

② 试件位置。小径管轴线与水平面成 45°角固定,接口与水平面成 45°角。O 点处在正上方,请注意:打位置标记时,O 点应在间隙最大处。一条定位焊缝在时钟钟面 7 点处。

③ 焊接要点。

a. 焊道分布:二层二道。

b. 焊接参数(见表 2-20 所列)。

c. 打底层、填充层与盖面层:施焊时,焊条的倾斜角度、电弧的对中位置与小径管水平固定对接焊要点基本相同。但应注意:焊接时,焊条的摆动方向是水平的,焊接时电弧的对中位置必须跟着坡口的位置水平移动。焊完的焊缝与小管轴线成 45°,如图 2-63 所示。

2．大径管对接

（1）大径管垂直固定对接

大径管垂直固定对接可简称为大径管横焊，这种焊接方法比较容易掌握。

① 装配与定位焊。装配要求见表 2-22 所列。

表 2-22　装配尺寸

坡口角度/(°)	装配间隙/mm	钝边/mm
60	前2.5,后3.0	0~1

② 试件位置。大径管垂直固定，接口在水平面内，间隙小的一边正对焊工，一个定位焊缝在左侧。保证焊工站着能方便地焊完焊缝。

③ 焊接要点。大径管横焊要领与板对接横焊基本相同，由于管子有弧度，焊接电弧应沿大径管圆周均匀地转动。

a．焊道分布：4 层 7 道（见图 2-64）。

b．焊接参数：焊接参数见表 2-23 所列。

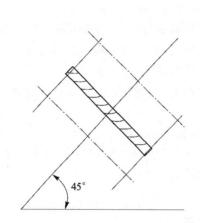

图 2-63　45°固定小径管对接焊的焊缝形状

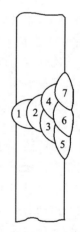

图 2-64　大径管横焊的焊道分布

表 2-23　大径管横焊焊接参数

焊接层次	焊条直径/mm	焊接电流/A
打底层	2.5	70~80
填充层	3.2	110~130
盖面层		110~115

c．打底层：打底层焊接时，要求焊透并保证背面焊道成形美观，无缺陷。焊条倾斜角度如图 2-65 所示，电弧对中位置如图 2-66 所示。

焊接时应注意：焊条的对中位置实际是电弧摆动的中心，图 2-66 中画出了焊条的轴线，轴线后面带圈的①、②数字表示焊道的顺序，如①表示第 1 条焊道的焊条倾角与电弧对中位置，中心线表示焊条摆动的中心（下同）。

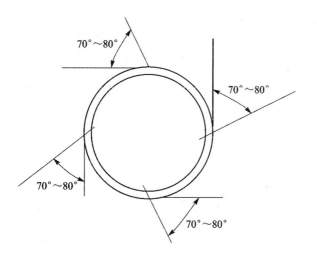

图 2-65　大径管横焊时焊条倾斜角度

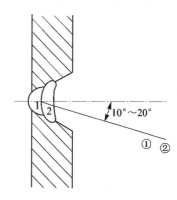

图 2-66　电弧的对中位置

焊接打底层焊道 1 时,在定位焊右侧前 10～15 mm 处坡口下沿引入电弧,电弧引燃后,迅速将电弧左移,拉到定位焊缝上,稍摆动,待定位焊缝熔化并与坡口形成熔池后,电弧向右移动到定位焊缝右端处,向内压电弧,听到击穿声,看见熔孔,且熔孔直径符合要求时,焊条开始做上、下摆动并向右移动,开始转入正常焊接。

焊接打底层焊道 1 时,还应注意以下事项:

> 为得到优质焊道并保证焊道的背面成形,电弧应尽可能短些,焊接速度不能太快,必须控制好熔孔的大小,焊接过程中始终保持熔孔直径大小尽可能一致。使上坡口根部熔化 1～1.5 mm、下坡口根部熔化可稍小些。

> 焊条上、下摆动的速度是变化的,电弧在上坡口面停留时间稍长,在下坡口面停留时间较短,以较快的速度摆过间隙,否则容易焊漏或烧穿。

> 控制好焊接速度和电弧的位置,保证电弧的 2/3 在熔池上,1/3 在熔孔上,焊接速度必须和熔池及熔孔的情况匹配。

> 电弧在定位焊缝两端时,焊条应稍向里压,以稍快的速度通过定位焊缝,保证定位焊缝两端都能焊透。

> 更换焊条时要接好头。焊缝接头时必须在弧坑前 10～20 mm 处引弧,电弧引燃后迅速退到原弧坑上,填满弧坑后,焊条前移至弧坑前沿上,压低电弧,待听见坡口击穿声,看到直径合适的熔孔后,转入正常焊接。

> 焊接至打底层焊道封闭处时,必须接好最后的接头,保证背面焊透,正面填满弧坑。

d. 填充层:填充层焊接时,保证焊件坡口两侧熔合好,焊道表面应平整、均匀和无缺陷。焊前先除净焊接区的焊渣及飞溅,将打底焊层道上的局部突起处磨平。

焊接时注意以下几点:

> 填充层焊道共 2 层,按 2→3→4 顺序施焊。

> 第 1 层填充层焊道 2 只有 1 条焊道,焊接时焊条的倾斜角度见图 2-65,电弧的对中位置见图 2-66。电弧的摆幅比打底层焊稍大,电弧在上下坡口面上稍停留,保证熔合好。

第 2 层填充层焊缝有 2 道,焊接时电弧的对中位置见图 2-67,按 3→4 的顺序焊接。

焊接打底层焊 3 时,电弧对准填充层焊道 2 的下侧,摆幅为该处坡口宽的 2/3,必须控制好焊接速度,既保证焊道与坡口面和前层焊道熔合好,又保证焊道厚度合适,使第 2 层填充层焊道 3 下表面和管子的外表面间的距离保证在 1.5～2.0 mm 较合适。注意:绝对不准熔化坡口的下棱边。

焊接打底层焊道 4 时,电弧对准填充层焊道 2 的上侧,其摆幅为该处坡口宽的 2/3 左右,使第 4 条焊道能压住第 3 条焊道的 1/2～2/3,保证第 2 层填充层焊道表面平整,没有凹槽和凸起。使填充焊道 4 上表面和管子外表面距离保持在 0.5～1.0 mm 较好,注意:不准熔化坡口的上棱边。

e. 盖面层:盖面层焊缝由 3 条焊道组成,按时钟钟点位置 5→6→7 的顺序焊接。保证焊缝表面平直均匀、美观和无缺陷。

焊条的倾角见图 2-65。

电弧的对中位置见图 2-68。

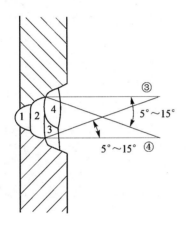

图 2-67 焊接填充层焊道 3、4 时电弧的对中位置

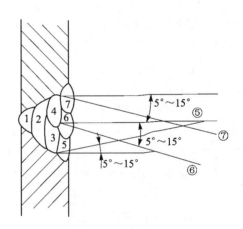

图 2-68 焊接盖面层焊道时电弧的对中位置

焊接盖面层焊道 5 时,电弧对准填充层焊道 3 的下侧,调整好摆幅,使熔池的下沿超过在坡口下棱边 1.0～2.0 mm 处。

焊接盖面层焊道 6 时,电弧对准盖面层焊道 5 的上侧,调整摆幅,使盖面层焊道 6 压住盖面层焊道 5 的 1/2～2/3。

焊接盖面层焊道 7 时,电弧对准盖面层焊道 6 和打底层焊道 4 上侧的中间,调整摆幅,使熔池上沿超过坡口棱边 1.0～2.0 mm。

(2) 大径管水平固定全位置焊

大径管水平固定的对接可简称为大径管对接全位置焊,这种焊接技术较难掌握。

① 装配与定位焊要求如表 2-24 所列。定位焊道从时钟钟面 7 点处开始,3 点均布。

表 2-24 大径管全位置焊装配要求

坡口角度/(°)	装配间隙/mm	钝边/mm	错边量/mm
60	0 点处 3.2,6 点处 2.5	0	≤1

② 试件位置。大径管水平固定,接口在垂直面内,0 点处位于最上方。固定试件时先将定位焊道两端打磨成斜面,便于施焊。

③ 焊接要点。

a. 焊道分布:4 层 4 道。

b. 焊接参数(见表 2 - 25)。

表 2 - 25 大径管全位置焊焊接参数

焊接层次	焊条直径/mm	焊接电流/A
打底层	2.5	60~80
填充层	3.2	90~110
盖面层		90~100

c. 打底层:打底层施焊时要求根部焊透,背面焊缝成形好。

焊接时应注意以下几点:

➤ 将整圆焊缝分为前、后两个半圆进行焊接。时钟钟面位置 7 点→3 点→11 点为前半圆;7 点→9 点→11 点为后半圆,如图 2 - 62 所示。

➤ 先焊前半圈时,从时钟钟面位置 6 点处坡口面的一侧引燃电弧,立即将电弧拖到 7 点钟位置处的定位焊缝上,电弧做小幅度横向摆动,待定位焊缝与坡口面熔化,形成熔池后,电弧开始向前方移动到定位焊缝的右端,焊条向里压,听到击穿声,看到熔孔尺寸符合要求后,转入正常焊接。

➤ 焊接过程中要按图 2 - 62 的要求,控制好焊条的倾斜角度和电弧对中位置。

➤ 根据焊接位置的变化,焊工应及时改变身体的位置,尽可能减少停弧时间和接头数量。焊工在练习阶段,打底层焊接时应有意识地练习多接头,通过练习熟练地掌握在不同位置(包括仰焊区、立焊区和平焊区)的热接头方法。考试时要求在整圆打底层焊道上至少有一个接头。

➤ 仔细地观察熔孔直径的变化情况,及时调整焊条的角度,摆幅、电弧对中位置、电弧的长度和焊接速度。尽可能保持熔孔直径一致,保证背面焊道的成形良好。

➤ 根据焊接位置的变化,及时调节电弧在坡口中的深度。

仰焊位置焊接时,易产生内凹、未焊透和夹渣等缺陷。因此焊接时焊条应向上顶送深些,尽量压低电弧,弧柱透过内壁约 1/2,熔化坡口根部边缘两侧形成熔孔。焊条横向摆动幅度较小,向上运条速度要均匀,不宜过大,并且要随时调整焊条角度,以防止熔池金属下坠而造成焊缝背面产生内凹和正面焊缝出现焊瘤。

立焊位置焊接时,焊条向试件坡口内的给送应比仰焊浅些。电弧弧柱透过内壁约 1/3,熔化坡口根部边缘两侧,平焊位置焊条向试件坡口内的给送应比立焊再浅些,弧柱透过内壁约 1/4,熔化坡口根部边缘的两侧,以防背面焊缝过高和产生焊瘤、气孔等缺陷。

➤ 焊完前半圈后,再焊后半圈,焊接时,从时钟钟面 8 点处引弧,电弧引燃后退的 7 点钟位置处,待焊缝端部熔化形成熔池后,向内压焊条,听见击穿声,看到尺寸符合要求的熔孔后,转入正常焊接,焊接要领与焊接前半圈相同。

焊接到原定位焊缝两端时,应向内压焊条并稍停留,保证两端焊透,以较快的速度通过定位焊缝。以防止焊道局部凸起太高。

　　e. 填充层:要求试件坡口两侧熔合良好,填充层焊道表面平整、美观和无缺陷。

　　焊接时应注意以下几点:

➤ 焊前先将打底层焊道上的焊渣及飞溅清除干净,将局部突起处磨平。

➤ 焊条的倾斜角度和电弧对中位置见前图 2-62。

➤ 焊接顺序和要点与打底层焊道相同。

➤ 焊第 2 层填充层焊道 3 时,要控制好焊条的对中位置、摆幅和焊接速度,保证熔合好,焊道的厚度合适,使焊缝表面平整均匀,焊完第 2 层焊道 3 时,填充层焊缝表面与大径管外表面的距离应控制在 1.0~1.5 mm,焊接时不准熔化坡口的两条棱边。

　　f. 盖面层:必须保证盖面层焊缝表面平整均匀、美观、尺寸符合要求,以及没有缺陷。

　　注意以下事项:

➤ 焊前先将填充层焊道上的焊渣、飞溅清除干净,局部凸起磨平。

➤ 焊接盖面层焊道顺序、焊条角度与电弧对中位置与打底层相同,见前图 2-62、图 2-63。焊接时要控制好焊条的摆幅,使熔池的两侧超过坡口上棱边 0.5~1.5 mm,保证焊缝的宽度和直度。控制好焊接速度,保证焊缝的余高。

　　(3) 大径管 45°固定全位置焊

　　这种焊接位置比大径管水平固定焊更难焊,也是全位置焊。除了要掌握平板对接平焊、立焊、仰焊单面焊双面成形焊接技术、焊条的倾斜角度和电弧对中位置需跟随大径管的曲率变化外,电弧的倾斜角度和对中位置还要跟随焊接坡口的中心水平移动。

　　① 装配与定位焊与水平固定大径管相同,见表 2-24。

　　② 试件位置。大径管轴线水平面成 45°角,0 点处在正上方,一条定位焊在时钟钟面 7 点处。试件的高度必须保证焊工单腿跪地时能方便地焊完下半圈焊缝;焊工站起身稍弯腰能焊完上半圈焊缝。

　　③ 焊接要点。

　　a. 焊道分布:4 层 4 道。

　　b. 焊接参数(见表 2-24)。

　　c. 焊接要点:打底层、填充层和盖面层的焊接操作步骤和要领与水平固定大径管完全相同。只要焊接过程中因焊条是沿水平方向摆动,焊缝的鱼鳞纹方向和坡口成 45°角。

2.7.6　管-板对接操作练习

　　管板接头是锅炉压力容器、压力管道和金属结构的基本接头形式之一。根据管板接头的空间位置可分为垂直固定俯焊、垂直固定仰焊、水平固定全位置焊和 45°固定全位置焊四种焊接位置,如图 2-69 所示。

　　根据管板接头的结构不同,又可分为骑座式与插入式两类。插入式管板又分为要求背面焊透与不焊透两种。如图 2-70 所示。本练习主要以骑坐式管-板接头焊缝为例讲述板-管结构的焊接技能。

1. 管-板垂直固定俯焊

　　① 装配与定位焊。试件装配定位焊所用焊条应与正式焊接时的焊条相同。定位焊缝可采用定位点固一点或两点两种方法。每一点的定位焊缝长度不得超过 10 mm。装配定位焊

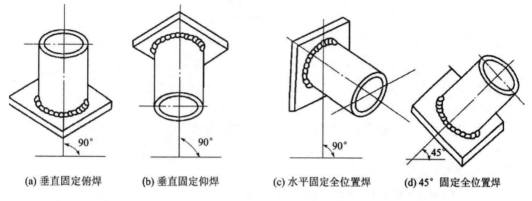

(a) 垂直固定俯焊　　(b) 垂直固定仰焊　　(c) 水平固定全位置焊　　(d) 45°固定全位置焊

图 2-69 管板的四种焊接位置

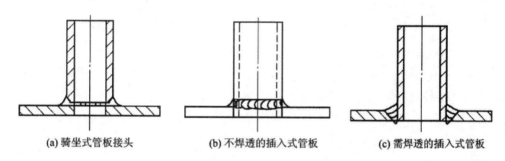

(a) 骑坐式管板接头　　(b) 不焊透的插入式管板　　(c) 需焊透的插入式管板

图 2-70 三种管板接头的结构及焊前打磨区

后的试件,管子内壁与板孔应保证同心、无错边。

　　试件装配的定位焊可选用正式焊缝、非正式焊缝和连接板形式,如图 2-71 所示。采用正式定位焊缝,要求背面成形无缺陷,作为打底层焊缝的一部分,如图 2-71(a) 所示。焊前将定位处的两端打磨成缓坡形。

　　采用非正式定位焊缝,定位焊时不得损坏管子坡口和板孔的棱边。在两焊件间进行搭连,如图 2-71(b) 所示。当焊缝焊到定位焊处时,将其打磨掉后再继续施焊。

　　采用连接板在坡口处进行装配定位,如图 2-71(c) 所示,当焊缝焊到连接板处,将其打掉后再继续施焊。

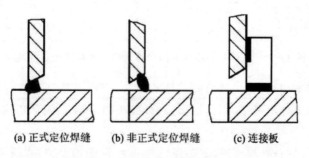

(a) 正式定位焊缝　　(b) 非正式定位焊缝　　(c) 连接板

图 2-71 定位焊缝三种形式示意图

装配间隙如表 2-26 所列。

表 2 - 26　垂直固定俯焊骑坐式管板装配要求

坡口角度/(°)	装配间隙/mm	钝边/mm	错边量/mm
45～50	3～3.5	0	≤1

② 试件位置。管子朝上,孔板放在水平位置,一个定位焊缝在左侧。

③ 焊接要点。

a. 焊道分布:3 层 4 道,管板垂直固定俯焊的焊道分布,如图 2 - 72 所示。

b. 焊接参数(见表 2 - 27)。

表 2 - 27　垂直固定俯焊骑坐式管板的焊接工艺参数

焊接层次	焊条直径/mm	焊接电流/A
打底层	2.5	60～80
填充层	3.2	110～130
盖面层		100～120

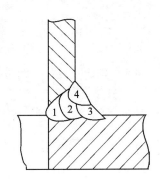

图 2 - 72　管板垂直固定俯焊焊道分布

c. 打底层:打底层焊接时应保证根部焊透,防止烧穿和产生焊瘤,俯焊打底层焊道的电弧对中位置和焊条倾斜角度如图 2 - 73 所示。

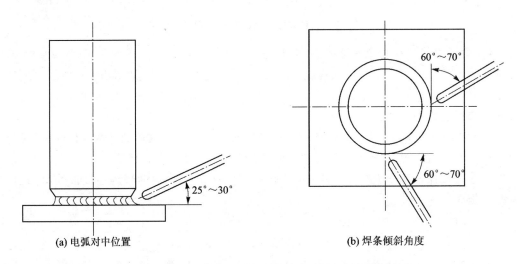

(a) 电弧对中位置　　　　(b) 焊条倾斜角度

图 2 - 73　俯焊打底层焊时的电弧对中位置和焊条倾斜角度

在左侧定位焊缝上引弧,稍预热后向右移动焊条,当电弧达到定位焊缝前端时,往内送焊条,待形成熔孔后,稍向外退焊条,保持短弧,并开始小幅度锯齿形摆动,电弧在坡口两侧停留,进行正常焊接。

焊接时电弧要短,焊接速度不宜太大,电弧在坡口根部稍停留,焊接电弧的 1/3 保持在熔孔处,2/3 覆盖在熔池上,同时要保持熔孔的大小基本一致,避免焊根处产生未熔合、未焊透,背面焊道太高或产生烧穿或焊瘤。

焊接过程中应根据实际位置,不断地转动手臂和手腕,使熔池与管子坡口面和孔板上表面熔合在一起,并保持均匀的速度运动。待焊条快熔化完时,电弧迅速向后拉直至灭弧,使弧坑处呈斜面。

焊缝接头有两种办法:热接法和冷接法。

若采用热接法,则前根焊条刚焊完,立即更换好焊条,趁熔池还未完全冷却,立即在原弧坑前面 10～15 mm 处引弧,然后退到原弧坑上,重新形成熔孔后,再继续焊,直至焊完打底焊道。热接法较难掌握。

若采用冷接法,则先敲掉原熔池处的熔渣,最后用角向磨光机或电磨头,将弧坑处打磨成斜面,再接头。

焊封闭焊缝接头时,先将接缝端部打磨成缓坡口,待焊到缓坡前沿时,焊条伸向弧坑内,稍作停顿,然后向前施焊并超过缓坡,与焊缝重叠约 10 mm,填满弧坑后熄弧。

d. 填充层:填充层焊接时必须保证坡口两边熔合好,其焊条的电弧对中位置和倾斜角度如图 2-74 所示。

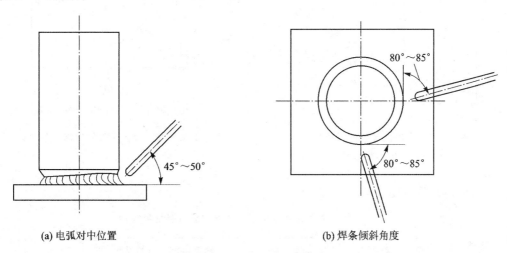

(a) 电弧对中位置　　　　　　　　(b) 焊条倾斜角度

图 2-74　填充层焊时的电弧对中位置和焊条倾斜角度

焊填充层前,先敲净打底层焊道上的熔渣,并将焊道局部凸起处磨平。然后按打底焊相同的步骤焊接。

填充层焊接时采用短弧焊,可一层填满,注意上、下两侧的熔化情况,保证温度均衡,使板管坡口处熔合良好,填充层焊缝要平整,不能凸起过高,焊缝不能过宽,为盖面层的施焊打好基础。

e. 盖面层:盖面层焊接必须保证管子侧不咬边和焊脚大小对称。焊接时的焊条倾斜角度和电弧对中位置见图 2-75。

盖面层焊前先除净打底层焊道上的焊渣,并将局部凸起处磨平。

焊接时要保证熔合良好,掌握好两道焊道的位置,避免形成凹槽或凸起,第 4 条焊道应覆盖第三条焊道上面的 1/2 或 2/3。必要时还可以在上面用 Φ2.5 mm 的焊条再盖一圈,以免咬边。

2. 管-板水平固定全位置焊

管板水平固定全位置焊接是最难焊的焊接位置,焊接时不准移动试件的位置。同时,必须掌握了平板对接接头平焊、立焊、仰焊单面焊双面成形的焊接技术,掌握了以上三种位置的T形接头角焊缝的焊接技术,并应根据焊接处管子曲率的变化情况,随时调整焊条的倾斜角度和电弧对中位置,才能焊好这种接头。

为了便于说明焊接要求,我们规定从管子正前方看管板试件时,按时钟中点位置将试件12等分,最上方为0点,如图2-76所示。根据焊缝的空间位置将试件分为4个区;10.5~1.5钟点位置为平焊区;1.5~4.5钟点位置及7.5~10.5钟点位置为立焊区;4.5~7.5钟点位置为仰焊区。

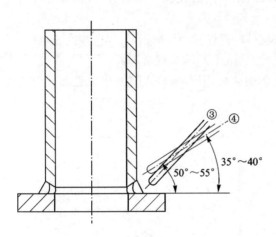

图 2-75 焊盖面层时的焊条角
度与电弧的对中位置

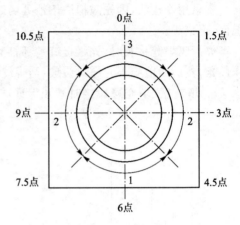

1—仰焊区;2—立焊区;3—平焊区

图 2-76 管板全位置焊焊缝的分区

① 装配与定位焊要求见表2-28。

表 2-28 水平固定全位置焊骑座式管板装配要求

坡口角度/(°)	装配间隙/mm	钝边/mm	错边量/mm
45~50	时钟6点位置处2.7, 时钟0点位置处3.2	0	≤1

三条定位焊缝均匀分布,一条定位焊在时钟7点位置处,一条定位焊缝时钟11点位置处,另一条定位焊缝在时钟3点位置处。

② 试件位置。将试件固定好,使管子轴线在水平面内,0点出在正上方。

注意:试件高度必须保证焊工单腿跪地时,能方便地焊完焊缝的下半圈,焊工站立后稍弯腰也能方便地焊完焊缝的上半圈。

③ 焊接要点。水平固定管板全位置焊,焊缝包括仰焊、立焊和平焊三种位置,焊接时焊枪的倾斜角度和电弧对中位置必须根据焊缝的空间位置随时改变,如图2-77所示。

焊接每条焊道前,必须把前1层焊道上的焊渣及飞溅清除干净,将焊道上局部凸起处打磨平。

a. 焊道分布:水平固定全位置焊焊道分布为3层3道。

b. 焊接参数(见表2-29)。

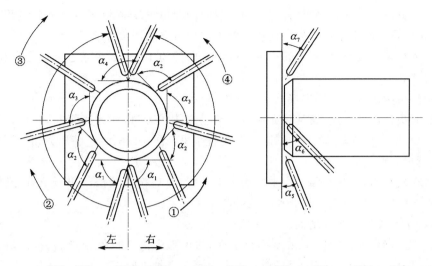

$α_1=80°\sim85°$；$α_2=100°\sim105°$；$α_3=100°\sim110°$；$α_4=120°$；$α_5=30°$；$α_6=45°$；$α_7=35°$

焊接顺序 ①→②→③→④

(a) 焊条的倾斜角度　　　　　　　　　　　　(b) 电弧的对中位置

焊接顺序①→②→③→④

图 2-77　全位置焊时的焊条角度与电弧对中位置

表 2-29　水平固定全位置骑座式管板的焊接工艺参数

焊接层次	焊条直径/mm	焊接电流/A
打底层		60～80
填充层	2.5	70～90
盖面层		70～80

c. 打底层:打底层焊缝有两种焊法。

第一种,将管板试件焊缝按水平线分为上、下两半。先焊下半条焊缝,即从时钟 7 点钟位置处顺时针方向焊到 3 点处,再从 7 点钟位置处逆时针方向焊到 9 点钟处;后焊上半条焊缝,即从时钟 3 点位置处焊至 0 点处,再从 9 点钟位置焊到 0 点处结束。

第二种,将焊缝按垂直线分为左、右两半。先将右边的焊缝,从时钟 7 点位置处经 3 点焊至 11 点钟位置处,再焊左边的焊缝,从 7 点经 9 点焊至 11 点钟位置处。

按第一种焊接方法,将打底层焊通分为上、下两半段焊缝。具体步骤和要求如下:

第一,从时钟 7 点位置处引燃电弧,稍预热后,向上顶送焊条,待孔板的边缘与管子坡口根部熔化并形成熔孔后,稍退出焊条,用短弧作小幅度锯齿形横向摆动名言顺时针方向继续焊接。

由于管与板两试件的厚度不同,所需热量也不一样,打底层焊接时应使电弧的热量偏向孔板,当焊条横向摆到板的一侧时应稍做停留,以保证板孔的边缘熔化良好,防止板件一侧产生未熔合现象。

在仰焊位置焊接时,焊条向试件里面送深些,横向摆动幅度小些,向上运条的间距要均匀不宜过大、幅度和间距过大易使背面焊缝产生咬边和内凹。

在立焊位置焊接时,焊条向试件里面顶送得比仰焊位置浅些,平焊位置顶送的焊条应比立焊浅些,防止熔化金属由于重力作用而造成背面焊缝过高和产生焊瘤。

焊完一根焊条要收弧时,将电弧往焊缝的后方向带约 10 mm,焊条逐渐慢慢提高熄弧,避免弧坑出现熔孔。

可采用热接冷接方法进行焊接接头。

热接法时更换焊条迅速,熔池没有完全冷却呈红热状态时,在熔池前方约 10mm 处引弧,焊条稍横向摆动,填满弧坑焊至熔孔处,焊条向管子里面压,并稍停顿,待听到击穿声形成新熔孔时,再进行横向摆动向上施焊。

冷却法在施焊前,先将收弧处焊道打磨成缓坡状,然后按热接法的引弧位置,操作方法进行焊接。沿顺时针方向焊至时钟 3 点位置处收弧。

第二,将 7 点钟处打磨成斜面。

第三,在 7 点钟处左侧 10 mm 处引燃电弧,将电弧退到 7 点钟处接好头,待新熔孔形成后,电弧再小幅度地做横向摆动,沿逆时针方向焊至 1 点钟处收弧。

焊接过程中经过正式定位焊缝时,要把电弧稍微向里压送,以较快速度焊过定位焊缝过渡到前方坡口,然后正常焊接。

第四,将试件的 3 点钟和 1 点钟处打磨成斜面。

第五,从 3 点钟处前 10 mm 处引燃电弧,再将电弧退至 3 点钟处,待形成熔孔后,继续焊到 1 点处结束。

d. 填充层:焊填充层时,焊条角度与焊接步骤与打底层焊时相同,但焊条摆动幅度比打底层焊道宽些。因外侧焊缝圆周较长,故摆动间距稍大些。填充层的焊道要薄些,管子一侧坡口要填满,板一侧要比管子坡口一侧宽出约 2 mm,使焊道形成一个斜面,保证盖面层焊道焊后能够圆滑地过渡。

e. 盖面层:焊盖面层时的焊接顺序、焊条角度、运条方法与焊填充层时相同。但焊条的摆幅要均匀,在两侧稍停留,保证焊缝的焊脚尺寸均匀,无咬边。

注意:因焊缝两侧是两个直径不同的同心圆,管子侧圆周短,孔板侧圆周长,因此焊接时,焊条摆动两侧的间距是不同的,焊接时要特别注意。

3. 管-板垂直固定仰焊

① 装配与定位焊要求如表 2-30 所列。

表 2-30　管板垂直固定仰焊时的装配要求

坡口角度/(°)	装配间隙/mm	钝边/mm	错边量/mm
45_0^{+5}	2.7~3.2	0	≤1

② 管板试件位置。将管板试件固定好,管子垂直朝下,孔板在水平位置。注意,选好试件固定高度,保证焊工单腿跪地或站立时能方便地焊完试件。

③ 焊接要点。垂直固定管板仰焊难度并不太大,因为打底层熔池被管子坡口面托着,实际上与横焊类似,焊接过程中要尽量压低电弧,利用电弧吹力将融敷金属吹入熔池。

a. 焊道分布。3 层 4 道,管板垂直固定仰焊焊道分布,如图 2-78 所示。

b. 焊接工艺参数:管板垂直固定仰焊的焊接工艺参数如表 2-31 所列。

c. 打底层。打底层焊时必须保证焊根熔合好,背面焊道美观。

表 2-31 管板垂直固定仰焊的焊接工艺参数

焊接层次	焊条直径/mm	焊接电流/A
打底层		60～80
填充层	2.5	70～90
盖面层		70～80

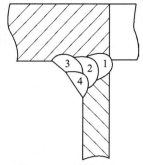

图 2-78 管板垂直固定仰焊焊道分布

在左侧定位焊缝上引燃电弧,稍预热后,将焊向背部下压,形成熔孔后,焊条开始做小幅度锯齿形横向摆动,转入正常焊接。仰焊打底层时的焊条倾斜角度与电弧对中位置如图 2-79 所示。

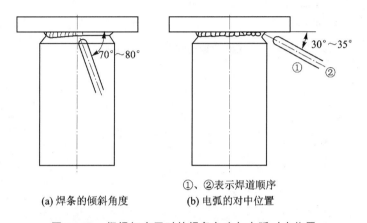

(a) 焊条的倾斜角度 (b) 电弧的对中位置

①、②表示焊道顺序

图 2-79 仰焊打底层时的焊条角度与电弧对中位置

焊接时,电弧尽可能短,电弧在两侧稍停留,必须看到孔板与管子坡口根部熔合在一起后才能继续往前焊。电弧稍偏向孔板,以免烧穿小管。

焊缝接头和收弧操作要点同前,注意必须在熔池前面引弧,回烧一段后再转入正常焊接,这样操作可将引弧时在焊缝表明留下的小气孔熔化掉,提高试件的合格率。焊最后一段封闭焊缝前,最好将已焊好的焊缝两端磨成斜面,以便接头。

d. 填充层。焊填充层的焊条角度,操作要领与打底层焊时相同,但焊条摆幅和焊接速度都稍大些,必须保证焊道两侧熔合好,表面平整。

开始焊填充层前,应先除净打底层焊道上的飞溅和熔渣,并将局部凸起的焊道磨平。

e. 盖面层。盖面层有两条焊道,先焊上面的焊道,后焊下面的焊道。盖面层焊时的焊条倾斜角度与电弧对中位置如图 2-80 所示。

焊上面的盖面层焊道时,电弧对中填充层焊道 2 的上缘摆动幅度和间距都较大,保证孔板处焊脚尺寸达到 9～10 mm 就行了。焊道的下沿能压住填充层焊道的 1/2～2/3。

焊下面的盖面层焊道④时,电弧对中盖面层焊道 3 的下缘要保证管子上焊脚尺寸达到 9～10 mm,焊道上沿与上面的焊道熔合好,并将斜面补平,防止表面出现环形凹槽或凸起。

盖面层焊道的焊接顺序、摆动方法、收弧与焊缝接头的方法与打底层焊相同。

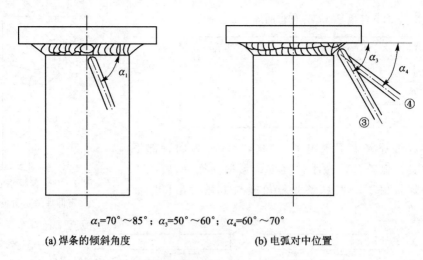

$\alpha_1=70°\sim85°$；$\alpha_3=50°\sim60°$；$\alpha_4=60°\sim70°$

(a) 焊条的倾斜角度   (b) 电弧对中位置

图 2 − 80　盖面焊层时的焊条角度与电弧对中位置

项目 3　二氧化碳气体保护焊

知识和能力目标

① 了解 CO_2 气体保护焊的工作原理和特点;

② 具备合理选择 CO_2 气体保护焊焊接参数的能力;

③ 熟悉常见焊机故障和焊接缺陷产生的原因;

④ 掌握 CO_2 气体保护焊实训安全操作规程;

⑤ 具备平、横、立、仰、T 形接头、管-管对接不同空间位置上的焊接操作技能。

任务 3.1　二氧化碳焊简介

3.1.1　CO_2 气体保护焊的工作原理

二氧化碳气体保护焊是利用 CO_2 作为保护气体的一种熔化极气体保护焊的焊接方法,简称 CO_2 焊。因为 CO_2 气体密度比空气大,所以从喷嘴中喷出的 CO_2 气体可以在电弧区形成有效的保护层,防止空气进入熔池,特别是防止空气中氮的有害影响。熔化电极(焊丝)通过送丝轮不断地送进,与工件之间产生电弧,在电弧的作用下,熔化焊丝和工件形成熔池,随着焊枪的移动,熔池凝固形成焊缝。

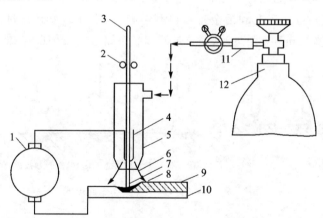

1—焊接电源;2—送丝滚轮;3—焊丝;4—导电嘴 5—喷嘴;6—CO_2 气体;7—电弧;
8—熔池;9—焊缝 10—焊件;11—预热干燥器;12—CO_2 气瓶

图 3 - 1　CO_2 气体保护焊过程示意

3.1.2　CO_2 气体保护焊电弧

(1) 电弧的静特性

弧长不变,电弧稳定地燃烧时,电弧两端电压与电流的关系称为电弧的静特性,常用电弧的静特性曲线表示。由于 CO_2 气体保护焊采用的电流密度很大，当电弧的静特性曲线处于上升阶段，即焊接电流增加时，电弧电压增加，如图 3-2 所示。

（2）电弧的极性

通常 CO_2 气体保护焊都采用直流反接法，如图 3-3 所示。

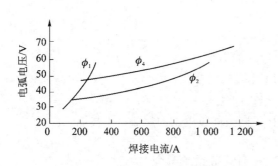

图 3-2 CO_2 气保护电弧的静特性

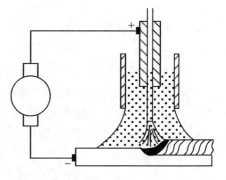

图 3-3 CO_2 气体保护焊的直流反接

CO_2 气体保护焊采用直流反接时，电弧稳定、飞溅小、成形较好、熔深大、焊缝金属中扩散氢的含量少。堆焊及补焊铸件时，采用直流正接比较合适。因为阴极发热量较阳极大，正极性时焊丝接阴极，此时熔化系数较大，约为反极性的 1.6 倍，并且熔深较浅，堆焊金属的稀释率也小。

3.1.3 CO_2 气体保护焊熔滴过渡形式

CO_2 气体保护焊焊接过程中，电弧燃烧的稳定性和焊缝成形的好坏取决于熔滴过渡形式。此外，熔滴过渡对焊接工艺和冶金特点也有影响，故必须研究熔滴过渡问题。CO_2 气体保护焊熔滴过渡大致可分为短路过渡、颗粒过渡和半短路过渡三种形式，如图 3-4 所示。

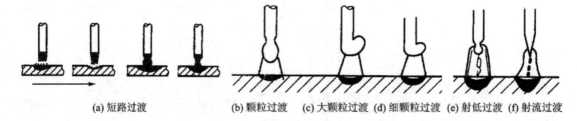

图 3-4 CO_2 气体保护焊熔滴过渡形式

（1）短路过渡

短路过渡时，熔滴越小，过渡越快，焊接过程越稳定。也就是说，短路频率越高，焊接过程越稳定。为了获得最高的短路频率，要选择最合适的电弧电压，对于直径为 0.8~1.2 mm 的焊丝，电弧电压选择 20 V 左右，此时最高的频率约 100 Hz。当采用短路过渡形式焊接时，由于电弧不断地发生短路，因此，可听见均匀的"啪啪"声。如果电弧电压太低，弧长会很短，短路频率会增大，电弧燃烧时间也会很短，这样会导致焊丝端部还来不及熔化就已插入熔池，会发生固体短路。因短路电流很大，会使焊丝突然爆断，产生严重的飞溅，因此焊接过程极不稳定，此时可看到很多短段焊丝插在焊缝上，像刺猬一样。

（2）颗粒过渡

当焊接电流较大、电弧电压较高时会发生颗粒过渡。焊接电流对颗粒过渡的影响非常明显，随着焊接电流的增加，熔滴体积减小，过渡频率增加，如图 3-4(b)、(c)、(d)所示，共有以下三种情况：

① 颗粒过渡。当焊接电流和短路电流的上限差不多，但电弧电压较高时，电弧较长，熔滴增长到最大时不会短路，在重力作用下会落入熔池，这种情况下，焊接过程较稳定、飞溅也小，常用来焊薄板，如图 3-4(b)所示。

② 大颗粒过渡。当焊接电流比短路电流大，电弧电压较高时，由于焊丝熔化较快，端部会出现很大的熔滴，其不仅左右摆动，还上下跳动，一部分成为大颗粒飞溅，一部分落入熔池，这种过渡形式称为大颗粒过渡，见图 3-4(c)。大颗粒过渡时，飞溅较多，焊缝成形不好，焊接过程不稳定，没有应用价值。

③ 细颗粒过渡。当焊接电流进一步增加时，熔滴变细，过渡频率较高，此时飞溅少、焊接过程稳定，这种过渡称为细颗粒过渡（又称小颗粒过渡）。对于直径为 1.6 mm 的焊丝，当焊接电流超过 400 A 时，就是小颗粒过渡，其飞溅少、焊接过程稳定；焊丝熔化较多时，适用于焊中厚板。细颗粒过渡时，焊丝端部的熔滴较小，也会左右摆动，如图 3-4(d)所示。

（3）半短路过渡

焊接电流小和电弧电压低时会产生短路过渡；而焊接电流大和电弧电压高时，会发生细颗粒过渡；若焊接电流和电弧电压处于上述两种情况中间时，例如直径为 1.2 mm 的焊丝，焊接电流为 180～260 A，电弧电压为 24～31 V 时，即发生半短路过渡。这种情况下，除有少量颗粒状的大滴飞落到熔池外，还会发生半短路过渡，如图 3-5 所示。半短路过渡时，焊缝成形较好，但飞溅很大，当焊接特性适合时，飞溅损失可减小到百分之几以下。半短路过渡可用于 6～8 mm 中厚度钢板的焊接。

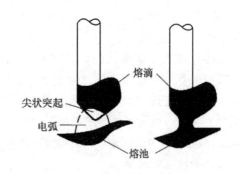

图 3-5 半短路过渡时的短路过渡示意图

3.1.4 二氧化碳气体保护焊工艺特点

（1）CO_2 气体保护焊的优点

CO_2 气体保护焊的优点如下：

① 生产率高，由于焊接电流密度较大，电弧热量利用率较高，焊丝又是连续送进，焊后不须清渣，因此提高了生产率；

② 成本低，CO_2 气价格便宜、电能消耗少，所以焊接成本低，仅为埋弧自动焊的 40%，为焊条电弧焊的 37%～42%；

③ 焊接变形和应力小，由于电弧加热集中，工件受热面积小，同时 CO_2 气流有较强的冷却作用，因此焊接变形和应力小，一般结构焊后即可使用，这特别适用于薄板焊接；

④ 焊缝质量高，由于焊缝含氢量少，抗裂性能好，焊接接头的力学性能良好，故焊接质量高；

⑤ 操作简便，焊接时可以观察到电弧和熔池的情况，故操作容易掌握，不易焊偏，有利于

实现机械化和自动化焊接。

（2）CO_2 气体保护焊的缺点

CO_2 气体保护焊的缺点如下：

① 飞溅较大，并且表面成形较差；

② 弧光较强，特别是大电流焊接时，电弧的光、热辐射均较强；

③ 很难用交流电源进行焊接，焊接设备比较复杂；

④ 不能在有风的地方施焊；

⑤ 不能焊接容易氧化的有色金属。

3.1.5　CO_2 气体保护焊的气孔和飞溅

（1）气孔问题

焊缝中产生气孔是熔池金属中存有大量的气体，在熔池凝固过程中没有完全逸出造成的。因为熔池表面没有熔渣覆盖，CO_2 气流又有冷却作用，所以熔池凝固比较快，容易在焊缝中产生气孔。CO_2 气体保护焊可能产生的气孔主要有：

① CO_2 气孔。在熔池开始结晶或结晶过程中，熔池中的碳与 FeO 反应生成的 CO_2 气体来不及逸出，而形成气孔。但如果焊丝中含有足够的脱氧元素 Si 和 Mn，并限制焊丝中的含碳量，就可以有效地防止 CO_2 气孔的产生。所以，只要焊丝选择恰当，产生 CO_2 气孔的可能性很小。

② 氢气孔。电弧区的氢主要来自焊丝、工件表面的油污和铁锈以及 CO_2 气体中的水分，所以焊前要适当清除工件和焊丝表面的油污和铁锈。实践表明，由于 CO_2 气体具有氧化性，可以抑制氢气孔的产生。除非在钢板上已锈蚀有一层黄锈外，焊前一般可不必除锈。但焊丝表面的油污必须用汽油等溶剂擦掉，这不仅是为了防止气孔，也可避免油污在送丝软管内造成堵塞，减少焊接中的烟雾。另外，焊前应对 CO_2 气体进行干燥处理，去除水分，这样产生氢气孔的可能性也能减小。

③ 氮气孔。氮气孔产生的主要原因是保护气层遭到破坏，大量空气侵入焊接区。过小的 CO_2 气体能量、喷嘴被飞溅物堵塞、喷嘴与工件距离过大，以及焊接场地有侧向风等都可能使保层气层被破坏。因此，焊接过程中保证保护气层稳定可靠是防止焊缝中产生氮气孔的关键。

（2）飞溅问题

飞溅是 CO_2 焊的主要缺点。一般在大颗粒过渡时，飞溅程度比短路过渡焊接时严重得多。大量飞溅不仅增加了焊丝的损耗，而且焊后工件表面需要清理。同时，飞溅金属容易堵塞喷嘴，使气流的保护效果受到影响。因此，为了提高焊接生产率和质量，必须把飞溅减小到最低程度。

① 冶金反应引起的飞溅。这种飞溅主要是 CO_2 气体造成的，由于 CO_2 气体具有强烈的氧化性，在熔滴和熔池中，碳被氧化成 CO_2 气体。在电弧高温作用下，CO_2 气体体积急剧膨胀，突破熔滴或熔池表面的约束，产生爆破，从而形成飞溅。如果采用含有硅、锰脱氧元素的焊丝，这种飞溅是不显著的。如果进一步降低焊丝的含碳量，并适当增加铝、钛等脱氧能力强的元素，飞溅还可进一步减少。

② 极点压力引起的飞溅。这种飞溅主要取决于电弧的极性。采用直流正接焊接时，正离

子飞向焊丝末端的熔滴,机械冲击力大,容易造成大颗粒飞溅。当采用反接时,主要是电子撞击熔滴,极点压力大大减小,故飞溅比较小。所以,CO_2 焊多采用直流反接进行焊接。

③ 熔滴短路引起的飞溅。这是在短路过渡和有短路的大颗粒过渡时产生的飞溅。电源动特性不好时显得更严重。当短路电流增长速度过快,或短路最大电流值过大,熔滴刚好与熔池接触时,由于短路电流强烈加热及电磁收缩力的作用,缩颈处的液态金属会发生爆破,产生较多细颗粒飞溅,如图 3-6(a)所示。如果短路电流增长速度过慢,则短路时电流不能及

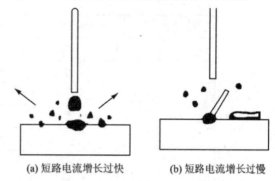

(a) 短路电流增长过快　　　(b) 短路电流增长过慢

图 3-6　短路电流增长速度对飞溅的影响

时增大到要求的数值,缩颈处就不能迅速断裂,此时伸出导电嘴的焊丝在长时间的电阻加热下,成段软化和断落,并伴随着较多的大颗粒飞溅,如图 3-6(b)所示。但是,通过改变焊接回路中的电感数值,能够减少这种短路飞溅。若串入回路的电感值较合适,则飞溅较小、噪声较小、焊接过程比较稳定。

④ 非轴向熔滴过渡造成的飞溅。这种飞溅是在大颗粒过渡焊接时由于电弧的斥力所引起的。熔滴在极点压力和弧柱中气流的压力作用下,被推向焊丝末端,并被抛到熔池外面,使熔滴形成大颗粒的飞溅,如图 3-7 所示(自左向右为大颗粒过渡和金属飞溅的发展过程)。

图 3-7　粗滴过渡时产生飞溅金属的示意图

⑤ 焊接工艺参数选择不当引起的飞溅。这种飞溅是在焊接过程中,由于焊接电流、电弧电压、电感值等工艺参数选择不当造成的。因此,必须正确地选择 CO_2 焊的焊接工艺参数,以减小这种飞溅的产生。

任务 3.2　焊接参数的选择

合理地选择焊接工艺参数是保证质量、提高效率的重要条件。CO_2 气体保护焊焊接参数主要包括:焊丝直径、焊接电流、电弧电压、焊接速度、焊丝伸出长度、气体流量、电源极性、焊枪倾角、电弧对中位置、喷嘴高度等。下面分别讨论每个参数对焊缝成形的影响及选择原则。

3.2.1　焊丝直径的选择

焊丝直径越粗,允许使用的焊接电流越大,通常根据焊件的厚薄、施焊位置及效率等要求来选择。焊接薄板或中厚板的立、横、仰焊缝时,多采用直径 1.6 mm 以下的焊丝。

焊丝直径的选择可参见表 3－1。

表 3－1　焊丝直径的选择

焊丝直径/mm	焊件厚度/mm	施焊位置	熔滴过渡形式
0.8	1～3	各种位置	短路过渡
1.0	1.5～6	各种位置	短路过渡
1.2	2～12 中厚	各种位置	短路过渡
		平焊、平角焊	细颗粒过渡
1.6	6～25 中厚	各种位置	短路过渡
1.6		平焊、平角焊	细颗粒过渡
2.0	中厚	平焊、平角焊	细颗粒过渡

　　焊丝直径对熔深的影响如图 3－8 所示。焊接电流相同时,熔深将随着焊丝直径的减少而增加;焊丝直径对焊丝的熔化速度也有明显的影响,当电流相同时,焊丝越细熔敷速度越高。目前,国内普遍采用的焊丝直径是 0.8 mm、1.0 mm、1.2 mm 和 1.6 mm 几种。近年来,直径为 3～4.5 mm 的粗丝也有些企业开始使用。

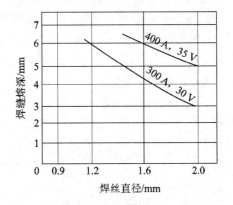

图 3－8　焊丝直径对熔深的影响

3.2.2　焊接电流的选择

　　焊接电流是重要焊接参数之一,应根据焊件厚度、材质、焊丝直径、施焊位置及要求的熔滴过渡形式来选择焊接电流的大小。

　　焊丝直径与焊接电流的关系见表 3－2。

表 3－2　焊丝直径与焊接电流的关系

焊丝直径/mm	使用电流范围/A	适应板厚/mm
0.6	30～100	0.6～1.6
0.8	50～150	0.8～2.3
0.9	70～200	1.0～3.2
1.0	70～250	1.2～6
1.2	80～400	2.0～10
1.6	140～500	6.0以上

每种直径的焊丝都有一个合适的电流范围,电流只有在这个范围内,焊接过程才能稳定进行。通常直径 $0.8\sim1.6$ mm 的焊丝,短路过渡的焊接电流范围为 $40\sim230$ A;细颗粒过渡的焊接电流范围为 $250\sim500$ A。

当电源外特性不变时,改变送丝速度,此时电弧电压几乎不变,焊接电流发生变化。送丝速度越快,焊接电流越大。在相同的送丝速度下,随着焊丝直径的增加,焊接电流也增加。焊接电流的变化对熔池深度有决定性影响,随着焊接电流的增大,熔深显著增加,熔宽略有增加,如图 3-9 所示。

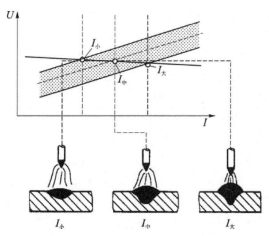

图 3-9　焊接电流对焊缝成形的影响

焊接电流对熔敷速度及熔深的影响,如图 3-10、图 3-11 所示。由图可见,随着焊接电流的增加,熔敷速度和熔深都会增加。但应注意:焊接电流过大时,容易引起烧穿、焊漏和产生裂纹等缺陷,且焊件的变形大,焊接过程中飞溅很大;而焊接电流过小时,容易产生未焊透,未熔合和夹渣以及焊缝成形不良等缺陷。通常在保证焊透、成形良好的条件下,尽可能地采用大的焊接电流,以提高生产效率。

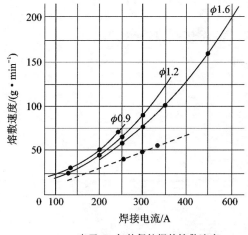

—— 表示CO₂气体保护焊的熔敷速度

---- 表示焊条电弧焊的熔敷速度

图 3-10　焊接电流对熔敷速度的影响

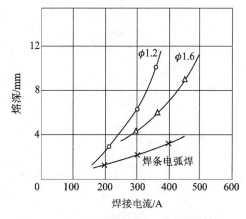

○ 表示直径为1.2 mm焊丝的熔深

△ 表示直径为1.6 mm焊丝的熔深

× 表示焊条电弧焊的熔深

图 3-11　焊接电流对熔深的影响

3.2.3 电弧电压的选择

电弧电压是重要的焊接参数之一。送丝速度不变时,调节电源外特性,此时焊接电流几乎不变,弧长将发生变化,电弧电压也会变化。电弧电压对焊缝成形的影响如图 3-12 所示。随着电弧电压的增加,熔宽明显地增加,熔深和余高略有减小,焊缝成形较好,但焊缝金属的氧化和飞溅增加,力学性能降低。

为保证焊缝成形良好,电弧电压必须与焊件电流配合适当。通常焊接电流小时,电弧电压较低;焊接电流大时,电弧电压较高,这种关系称为匹配。

在焊接打底层焊缝或空间位置焊缝时,常采用短路过渡方式,在立焊和仰焊时,电弧电压应略低于平焊位置,以保证短路过渡过程稳定。

短路过渡时,熔滴在短路状态下一滴一滴地过渡,此时熔池表面张力较大,短路频

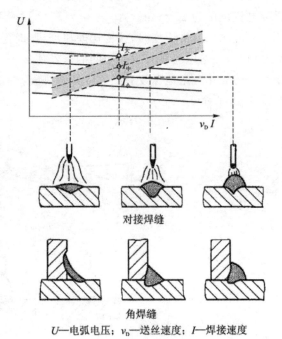

对接焊缝

角焊缝

U—电弧电压;v_D—送丝速度;I—焊接速度

图 3-12 电弧电压对焊缝成形的影响

率为 5~100 Hz。电弧电压增加时,短路频率降低。短路过渡方式下,电弧电压和焊接电流的关系如图 3-13 所示。通常电弧电压为 17~24 V,由图 3-13 可见,随着焊接电流的增加,电弧电压也增大。电弧电压过高或过低对焊缝成形、飞溅、气孔及电弧的稳定性都有不利的影响。

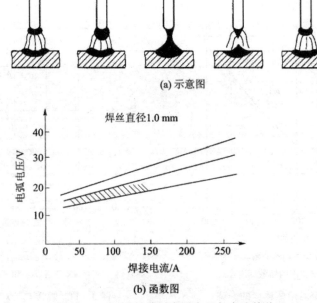

(a) 示意图

焊丝直径1.0 mm

(b) 函数图

图 3-13 短路过渡时电弧电压与电流的关系

应注意,焊接电压与电弧电压是两个不同的概念,不能混淆。

电弧电压是在导电嘴与焊件间测得的电压,而焊接电压则是电焊机上电压表显示的电压,它是电弧电压与焊机和焊件间连接电缆线上的电压降之和。显然焊接电压比电弧电压高,但对于同一台焊机来说,当电缆长度和截面不变时,它们之间的差值很容易计算出来。特别地,当电缆较短,截面较粗时,由于电缆上的压降很小,可用焊接电压代替电弧电压;若电缆很长,截面又小,则电缆上的电压降不能忽略。这种情况下,若用焊机电压表上读出的焊接电压替代电弧电压将产生很大的误差。严格地说,焊机电压表上读出的电压是焊接电压,不是电弧电压。如果想求得电弧电压,可按下式计算

$$电弧电压 = 焊接电压 - 修正电压(V)$$

修正电压可从表 3-3 查得。

表 3-3　修正电压与电缆长度的关系

电缆长度/m	100	200	300	400	500
电流/A	电缆电压降/V				
10	约 1	约 1.5	约 1.0	约 1.5	约 2.0
15	约 1	约 2.5	约 2.0	约 2.5	约 3
20	约 1.5	约 3.0	约 2.5	约 3.0	约 4
25	约 2	约 4.0	约 3.0	约 4.0	约 5

注:此表是计算出来的,计算条件为:焊接电流小于等于 200 A 时,采用截面 38 mm² 的导线;焊接电流大于等于 300 A 时,采用截面为 60 mm² 的导线。当焊枪线长度超过 25 m 时,应根据实际长度修正焊接电压。

3.2.4　焊接速度的选择

焊接速度是重要焊接参数之一。焊接时电弧将熔化金属吹开,在电弧下形成一个凹坑,随后将熔化的焊丝金属填充进去,如果焊接速度太快,这个凹坑不能完全被填满,将产生咬边或下陷等缺陷;相反,若焊接速度过慢,熔敷金属堆积在电弧下方,使熔深减小,将产生焊道不匀、未焊合、未焊透等缺陷。

焊接速度对焊缝成形的影响如图 3-14 所示。

由图 3-14 可见,在焊丝直径、焊接电流、电弧电压不变的条件下,焊接速度增加时,熔宽与熔深都减小。如果焊接速度过高,除产生咬边、未焊透、未熔合等缺陷外,由于保护效果变坏,还可能会出现气孔;若焊接速度过低,除降低生产率外,焊接变形将会增大。一般半自动焊时,焊接速度控制在 5~60 m/h 内。

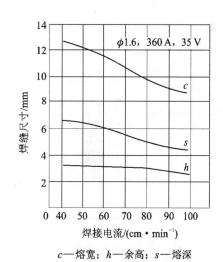

c—熔宽;h—余高;s—熔深

图 3-14　焊接速度对焊缝成形的影响

3.2.5 焊丝伸出长度的选择

焊丝伸出长度是指从导电嘴端部到焊丝端头间的距离,又叫干伸长。保持焊丝伸出长度不变是保证焊接过程稳定的基本条件之一。这是因为 CO_2 气体保护焊采用的电流密度较高,焊丝伸出长度越大,焊丝的预热作用越强,反之亦然。

预热作用的强弱还将影响焊接参数和焊接质量。当送丝速度不变时,若焊丝伸出长度增加,会因预热作用强、焊丝熔化快、电弧电压高,使焊接电流减小,熔滴与熔池温度降低,将造成热量不足,产生未焊透、未熔合等缺陷。相反,若焊丝伸出长度减小,将使熔滴与熔池温度提高,在全外置焊时可能会引起熔池铁液流失。

预热作用的强弱还与焊丝的电阻率、焊接电流和焊丝直径有关。对于不同直径、不同材料的焊丝,允许使用焊丝伸出长度不同,可按表3-4进行选择。

表3-4 焊丝伸出长度的允许值

焊丝直径/mm	焊丝牌号	
	HO8Mn2Si	HO6Cr19Ni9Ti
0.8	6~12	5~9
1.0	7~13	6~11
1.2	8~15	7~12

焊丝伸出长度过小时,妨碍观察电弧,影响操作,还容易因导电嘴过热夹住焊丝,甚至烧毁导电嘴,破坏焊接过程。

焊丝伸出长度太大时,因焊丝端头摆动,电弧位置变化较大,保护效果变差,将使焊缝成形不好,容易产生缺陷。

焊丝伸出长度对焊缝成形的影响如图3-15所示。

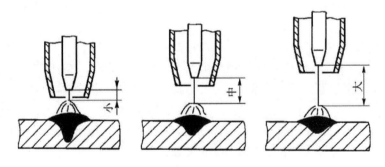

图3-15 焊丝伸出长度对焊缝成形的影响

焊丝伸出长度小时,电阻预热作用小,电弧功率大、熔深大、飞溅少;伸出长度大时,电阻对焊丝的预热作用强,电弧功率小、熔深浅、飞溅多。

焊丝伸出长度不是独立的焊接参数,通常焊工根据焊接电流和保护气体流量确定喷嘴高度的同时,也就确定了焊丝伸出长度,焊丝伸出长度。

3.2.6　电流极性的选择

CO_2 气体保护焊通常采用直流反接(反极性),即焊件接阴极、焊丝接阳极。焊接过程稳定、飞溅小、熔深大。直流正接时(正极性),焊件接阳极、焊丝接阴极,焊接电流相同时,焊丝熔化快(其熔化速度是反极性接法的 1.6 倍),熔深较浅、余高大、稀释率较小,但飞溅较大。根据这些特点,正极性主要用于堆焊、铸铁补焊及大电流高速 CO_2 气体保护焊。

3.2.7　气体流量的选择

CO_2 气体的流量应根据对焊接区的保护效果来选取。接头形式、焊接电流、电弧电压、焊接速度及作业条件对流量都有影响。流量过大或过小都影响保护效果,容易产生焊接缺陷。

通常细丝焊接时,流量为 5~15 L/min;粗丝焊接时,约为 20 L/min。

注意:需要纠正"保护气流量越大保护效果越好"这个错误观念。"保护效果并不是流量越大越好",当保护气流量超过临界值时,从喷嘴中喷出的保护气会由层流变成紊流,此时会将空气卷入保护区、降低保护效果,使焊缝中出现气孔、增加合金元素的烧损。

3.2.8　焊枪倾角的选择

焊枪轴线和焊缝轴线之间的夹角 α 称为焊枪的倾斜角度,简称焊枪的倾角。

焊枪的倾角是不容忽视的因素。当焊枪倾角为 80°~110° 时,不论是前倾还是后倾,对焊接过程及焊缝成形都没有明显的影响;但倾角过大(如前倾角 $\alpha > 115°$ 时),将增加熔宽并减少熔深,还会增加飞溅。

焊枪倾角对焊缝成形的影响如图 3-16 所示。

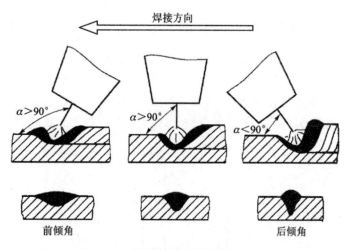

图 3-16　焊枪倾角对焊缝成形的影响

由图 3-16 可以看出:当焊枪与焊件成后倾角时(电弧始终指向已焊部分),焊缝窄,余高大,熔深较大,焊缝成形不好;当焊枪与焊件成前倾角时(电弧始终指向待焊部分),焊缝宽,余高小,熔深较浅,焊缝成形好。

通常焊工都习惯右手持焊枪,采用左向焊法时(从右向左焊接),焊枪采用前倾角,不仅可得到较好的焊缝成形,而且能够清楚地观察和控制熔池。因此,CO_2 气体保护焊时,通常采用左向焊法。

3.2.9　电弧对中位置的选择

在焊缝的垂直横剖面内,焊枪的轴线和焊缝表面的交点称电弧对中位置,如图 3 - 17 所示。

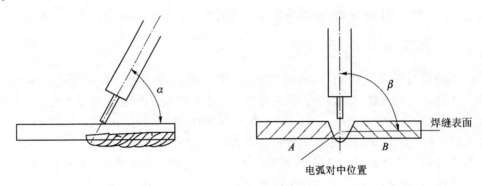

图 3 - 17　电弧对中位置

在焊缝横截面内,焊枪轴线和焊缝表面的夹角 β 和电弧对中位置,决定电弧功率在坡口两侧是的分配比例。当电弧对中位置在坡口中心时,若 $\beta<90°$,A 侧的热量多;$\beta=90°$时,A、B 两侧的热量相等;若 $\beta>90°$,B 侧热量多。为了保证坡口两侧熔合良好,必须选择合适的电弧对中位置和 β 角。

电弧对中位置是电弧的摆动中心,应根据焊接位置的坡口宽度选择焊道的数目、对中位置和摆幅的大小。

3.2.10　喷嘴高度的选择

喷嘴下表面和熔池表面的距离称为喷嘴高度,它是影响保护效果、生产效率和操作的重要因素。喷嘴高度越大,观察熔池越方便,需要保护的范围越大;焊丝伸出长度越大,焊接电流对焊丝的预热作用越强,焊丝熔化越快;焊丝端部摆动越大,保护气流的扰动越大,因此要求保护气体的流量越大。喷嘴高度越小,需要的保护气流量小,焊丝伸出长度越短。通常根据焊接电流的大小按图 3 - 18 选择喷嘴高度。

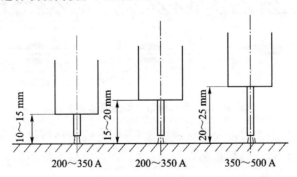

图 3 - 18　喷嘴与焊件间距离与焊接电流的关系

任务 3.3 常见故障和缺陷

3.3.1 设备故障原因及后果

设备机械部分故障原因及后果如表 3-5 所列。

表 3-5 设备故障原因及后果

故障部分	原 因	后 果
焊丝盘	焊丝盘制动轴太松	焊丝松脱
	焊丝盘制动轴太紧	送丝电机过载;送丝不匀、电弧不稳;焊丝粘在导电嘴上
V形槽	V形槽磨损或太大	送丝速度不均匀
	V形槽太小	焊丝变形;送丝困难
压紧轮	压力太大	焊线形变,送丝困难,焊丝嘴磨损快
	压力太小	送丝不匀
进丝嘴	进丝嘴孔太大,或进丝嘴与送丝轮间距离太大	焊丝易打弯,送丝不畅
	进丝嘴孔太小	摩擦阻力大,送丝受阻

故障部分	原　因	后　果
弹簧软管	管内径太大	焊丝打弯,送丝受阻
	管内径太小或被脏物堵住	摩擦阻力大,送丝受阻
	软管太短	焊丝打弯,送丝不畅
	软管太长	摩擦阻力大,送丝受阻
导电嘴	导电嘴磨损或孔径太大	接触点经常变化、电弧不稳、焊缝不直
	导电嘴孔径太小	摩擦阻力大,送丝不畅或烧焊丝嘴使焊缝夹铜
焊枪软管	软管弯曲半径太小	焊丝在软管中的摩擦阻力大,送丝受阻,速度不匀或送不出丝
喷嘴	飞溅堵死	气体保护不好,产生气孔;电弧不匀
	松动	吸入空气、保护不好、产生气孔
地线	地线松动或接触处锈未除净	接触电阻太大,引不起弧或电弧不稳定

3.3.2 操作不当引起的缺陷

(1) 气 孔

焊接开始前,必须正确地调整好保护气体的流量,使保护气体能均匀地、充分地保护好焊接熔池,防止空气渗入。如果保护不良,将使焊缝中产生气孔。保护不良的原因如下:

① CO_2 气体纯度低。含水或氮气较多,特别是含水量太高时,整条焊缝上都有气孔。

② 水冷式焊枪漏水。焊枪里面漏水,最容易产生气孔。

③ 没有保护气。焊前未打开 CO_2 气瓶上的高压阀或预热器未接通电源,就开始焊接,因没有保护气,整条焊缝上都是气孔。

④ 有风。在保护气流量合适时,因风较大,可将保护气体吹离熔池,保护不好,引起气孔,如图 3 - 19 所示。

⑤ 气体流量不合适。流量太小时,因保护区小,不能可靠地保护熔池(见图 3 - 20);流量太大时产生涡流,将空气卷入保护区(见图 3 - 21)。因此气体流量不合适,会使焊缝中产生气孔。

⑥ 喷嘴被飞溅物堵塞。焊接过程中,喷射到喷嘴上的飞溅物未及时除去时,保护气产生涡流,也会吸入空气,使焊缝产生气孔,如图 3 - 22 所示。焊接过程中必须经常地清除喷嘴上的飞溅物,并防止损坏喷嘴内圆的表面粗糙度。为便于清除飞溅,焊前最好在喷嘴的内、外表面喷一层防飞溅喷剂或刷一层硅油。

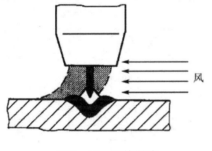

图 3 - 19 风的影响

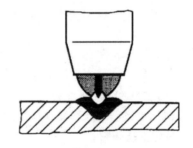

图 3 - 20 保护气流量太小

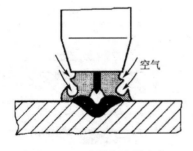

图 3 - 21 保护气流量太大

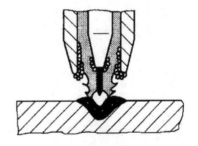

图 3 - 22 喷嘴被飞溅物堵塞

⑦ 焊枪倾角太大。焊枪倾角太大(见图 3 - 23),也会吸入空气,使焊缝中产生气孔。

⑧ 焊丝伸出长度太大或喷嘴太高。焊丝伸出长度太大或喷嘴高度太大时,保护不好,容易引起气孔,如图 3 - 24 所示。

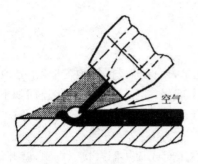

图 3-23　焊枪的倾角太大

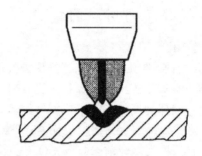

图 3-24　焊丝伸出长度太大

⑨ 弹簧软管内孔堵塞。弹簧软管内孔被氧化皮或其他脏物堵塞，其前半段密封塑胶管破裂或进丝嘴处的密封圈漏气，保护气从焊枪的进口处外泄，使喷嘴处的保护气流量减小，这也是产生气孔的重要原因之一。这种情况下，往往能听到送丝机与焊枪的连接处有漏气的嘶嘶声，通常在整条焊缝上都是气孔，焊接时还可看到熔池中冒气泡。

⑩ 其他。如，焊接区油、锈或氧化皮太厚、未清理干净。

（2）未焊透

未焊透原因如下：

① 坡口加工或装配不当。坡口角太小、钝边太大、间隙太小、错变量太大，都会引起未焊透，如图 3-25 所示。为防止未熔合，坡口角度以 40°～60°为宜。

② 打底层焊道不好。打底层焊道凸起太高，易引起未熔合，如图 3-26 所示。故打底时应控制焊枪的摆动幅度，保证打底焊道与两侧坡口面熔合好，焊缝表面下凹，两侧不能有沟槽，才能覆盖好上层焊缝。

③ 焊缝接头不好。接头处如果未修磨，或引弧不当，接头处易产生未熔合，如图 3-27 所示。为保证焊缝接好头，要求将接头处打磨成斜面，在最高处引弧，并连续焊下去。

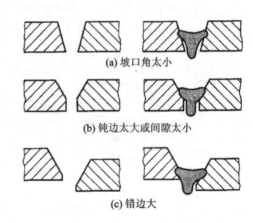

图 3-25　坡口加工或装配不当引起的未焊透

(a) 坡口角太小

(b) 钝边太大或间隙太小

(c) 错边大

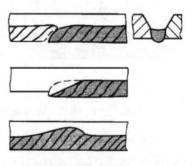

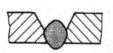

图 3-26　打底层焊道引起的未焊透

图 3-27　接头处的未熔合

④ 焊接参数不合适。焊接速度太小、焊接电流太大、熔敷系数太大或焊枪的倾角 α 太大都会引起未焊透,如图 3-28、图 3-29、图 3-30 所示。为防止未焊透,必须根据熔合情况调整焊接速度,保证电弧位于熔池前部。

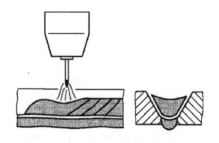

图 3-28　平焊时焊速太小或熔敷系数太大　　图 3-29　向下立焊时的未焊透焊接速度太慢

⑤ 电弧位置不对。电弧未对准坡口中心、焊枪摆动时电弧偏向坡口的一侧、电弧在坡口面上的停留时间太短,都会引起未焊透,如图 3-31、图 3-32 所示。

⑥ 位置限制。由于结构限制,使电弧不能对中或达不到坡口的边缘,也会引起未焊透,如图 3-33 所示。

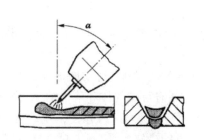
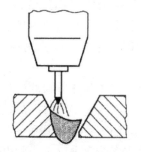

图 3-30　焊枪前倾角太大引起的未焊透　　图 3-31　电弧对中位置不对

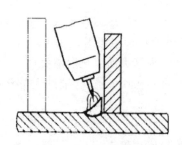

图 3-32　焊枪偏向一边　　图 3-33　位置限制

任务 3.4　二氧化碳焊实训安全操作规程

3.4.1　实训操作人员的资质

实训操作人员必须经过二氧化碳气体保护焊的相关理论学习,了解和熟悉的二氧化碳气体保护焊技术操作规程,并经过实训前的现场操作培训。

3.4.2　实训操作准备

1. 实训操作检查准备

具体实训操作检查如下:

① 检查焊枪。检查导电咀是否磨损,喷嘴是否堵塞,若有问题应立即更换;出气孔是否出气通畅。

② 检查供气系统。检查预热器、干燥器、减压器及流量计是否工作正常,电磁气阀是否灵活可靠。

③ 检查焊材。检查焊丝,确保外表光洁,无锈迹、油污和磨损;检查 CO_2 气体纯度(应大于 99.5%,含水量和含氮量均不超过 0.1%),CO_2 气流瓶压力降至 0.98 MPa 时,禁止使用。

④ 先将二氧化碳气体预热 15 min。开气时,操作人员必须站在瓶嘴的侧面。

⑤ 检查清理工作台(面)上的多余杂物,保持平台清洁。

⑥ 操作者必须正确穿戴好各种劳动保护用品,以防烫伤、伤目、触电等事故。

2. 操作中的关键步骤及注意事项

操作中的关键步骤及注意事项如下:

① 实训人员必须在老师的指导下进行实训操作。

② 二氧化碳气体瓶应放置阴凉处,其最高温度不得超过 30 ℃,并放置牢靠,不得靠近热源。

③ 二氧化碳气体预热器端的电压不得大于 36 V,作业后,应切断电源。

④ 当须进行受压容器、密封容器、油桶、管道、沾有可燃气体和溶液的工件施焊工作时,应先消除容器及管道内压力,消除可燃气体和溶液,然后冲洗有毒、有害、易燃物质和油脂。

⑤ 在容器内焊接应采取防止触电、中毒和窒息的措施。焊、割密封容器应留出气孔,必要时在进、出气口处装设通风设备;容器内照明电压不得超过 12 V,焊工与焊件间应绝缘;容器外应设专人监护。

⑥ 承压状态的压力容器及管道、带电设备、承载结构的受力部位和装有易燃、易爆物品的容器严禁进行焊接和切割。

⑦ 清除焊缝表面氧化层渣壳时,应戴防护眼镜,防止渣壳溅起对操作者面部造成烫伤。

⑧ 非直接操作人员(含辅助人员)应保持一定的安全距离。

3.4.3　施焊规定

1. 施焊操作规定

施焊操作规定如下:

① CO_2 气体保护半自动焊根据焊枪不同依说明书操作。

② 采用直接短路法接触引弧,引弧前使焊丝端头与焊件保持 2~3 mm 的距离,若焊丝头呈球状则去掉。

③ 施焊过程中灵活掌握焊接速度,防止未焊透、气孔、咬边等缺陷。

④ 熄弧时,禁止突然切断电源,在弧坑处必须稍作停留待填满弧坑后再收弧,防止裂纹和气孔。

⑤ 焊缝接头连接采用退焊法。

⑥ 尺量采用左焊法施焊。

⑦ 摆动与不摆动参照工艺指导书或根据焊件厚度及材质热输入要求定。

⑧ 对 T 型接头平角焊,应使电弧偏向厚板一侧,正确调整焊枪角度以防止咬边、未焊透、焊缝下垂并保持焊角尺寸。

⑨ 焊后关闭设备电源,用钢丝刷清理焊缝表面,目测观察焊缝表面是否有气孔、裂纹、咬边等缺陷,用焊缝量尺测量焊缝外观成形尺寸。

2. 焊接参数规范规定

对未明确指定工艺参数的焊缝施焊时按如下要求施焊:

① 焊丝直径。根据焊件厚度、焊接位置及生产进度要求综合考虑。焊薄板采用直径 1.2 mm 以下焊丝,焊中厚板采用直径 1.2 以上焊丝。

② 焊接电流。根据焊件厚度、坡口形式、焊丝直径及所须的熔滴过渡形式选择。短路过渡在 40~230 A 内选择,颗粒过渡在 250~500 A 内选择。

③ 焊接电压。短路过渡在 16~24 V 选择,颗粒过渡在 25~36 V 选择。并且电流增大时电压相应也增大。

④ 焊丝伸出长度。一般取焊丝直径的 10 倍,且不超过 15 mm。

⑤ CO_2 气体流量。细丝焊时取 5~15 L/min,粗丝焊时取 15~25 L/min。

⑥ 电源极性。对低碳钢与低合金钢的焊接一律用直流反接。

⑦ 回路电感。通常随焊丝直径增大而调大,但原则上应力求焊接过程稳定、飞溅小,可通过试焊确定。

⑧ 焊接速度。半自动焊根据保护效果、焊缝成形和防止焊接缺陷及材料热输入要求来定。一般在 15~40 m/h 范围内调节。

3. 操作中禁止的行为

本操作中禁止的行为如下:

① 严禁实训人员在未经指导老师同意的情况下私自开机操作。

② 禁止超负载使用设备;严禁在焊接进行中调整焊接参数、极性、电源种类及控制板上的调节按钮。

③ 二氧化碳气瓶要固定好、轻抬轻放,不准乱摔乱扔,禁止猛力撞击以防爆炸。

④ 严禁在已喷涂过油漆和涂料的容器内焊接;雨天不得露天施焊。

4. 本操作中的事故应急与处置

焊接过程中发现异常,应立即切断电源、气路、水路,并报告指导老师,查明原因,待故障排出后,方可继续操作。

5. 实训后的工作

实训结束后的工作如下:

① 工作结束后,应关闭瓶阀,将电缆线收好。

② 清理工作现场,并将有关工具放至适当位置。

任务 3.5　实训项目

3.5.1　二氧化碳焊基本操作练习

1. 基础知识

CO_2 气体保护焊的焊接质量是由焊接过程的稳定性决定的。而焊接过程的稳定性,除通过调节设备,选择合适的焊接参数外,主要取决于焊工实际操作的技术水平。因此每个焊工都必须熟悉 CO_2 气体保护焊的注意事项,掌握基本操作手法,才能根据不同的实际情况,灵活地运用这些技能,获得满意的焊接效果。

(1) 选择正确的持枪姿势

由于 CO_2 气体保护焊焊枪比焊条电弧焊的焊钳重,焊枪后面又拖了一根沉重的送丝导管,因此焊工是较累的。为了能长时间坚持生产,每个焊工应根据焊接位置,选择正确的持枪姿势。采用正确的持枪姿势,焊工既不感到太累,又能长时间、稳定地进行焊接工作。

正确的持枪姿势应满足以下条件:

① 操作时,用身体的某个部位承担焊枪的重量,通常手臂都处于自然状态,手腕能灵活带动焊枪平移或转动,不感到太累。

② 焊接过程中,软管电缆最小的曲率半径应大于 300 mm,焊接时可随意拖动焊枪。

③ 焊接过程中,能维持焊枪倾角不变,还能清楚、方便地观察熔池。

④ 将送丝机放在合适的地方,保证焊枪能在须焊接的范围内自由移动。

图 3-34 所示为焊接不同位置焊缝时的正确持枪姿势。

(a) 蹲位平焊　　(b) 坐位平焊　　(c) 立位平焊　　(d) 站位立焊　　(e) 站位仰焊

图 3-34　正确的持枪姿势

(2) 控制好焊枪与焊件的相对位置

CO_2 气体保护焊及所有熔化极气体保护焊焊接过程中,控制好焊枪与焊件的相对位置,不仅可以控制焊缝成形,还可调节熔深,对保证焊接质量有特别重要的意义。所谓控制好焊枪与焊件的相对位置,包括以下三个方面内容:即控制好喷嘴高度、焊枪的倾斜角度、电弧的对中位置和摆幅。它们各自的作用如下:

① 控制好喷嘴高度。在保护气流量不变的情况下,喷嘴高度越大,保护效果越差。若焊接电流和电弧电压都已经调整好,此时送丝速度和电源外特性曲线也都调整好了,这种情况称为给定情况(下同),实际的生产过程都是这种情况。开始焊接前,焊工都预先调整好焊接参数,焊接时焊工是很少再调节这些参数的。但操作过程中,随着坡口钝边,装配间隙的变化,需要调节焊接电流。在给定情况下,可通过改变喷嘴高度、焊枪倾角等办法来调整焊接电流和电

弧功率分配,以控制熔深和焊接质量。

这种操作方法的原理是:通过控制电弧的弧长,改变电弧静特性曲线的位置,改变电弧稳定燃烧工作点,达到改变焊接电流的目的。弧长增加时,电弧的静特性曲线左移,电弧稳定燃烧的工作点左移,焊接电流减小,电弧电压稍提高,电弧功率减小,熔深减小;弧长降低时,电弧的静特性曲线右移,电弧稳定燃烧工作点右移,焊接电流增加,电弧电压稍降低,电弧的功率增加,熔深增加。

由此可见,在给定情况下,焊接过程中通过改变喷嘴高度,不仅可以改变焊丝的伸出长度,还可以改变电弧的弧长。随着弧长的变化可以改变电弧静特性曲线的位置,也可以改变电弧稳定燃烧的工作点、焊接电流、电弧电压和电弧的功率,达到控制熔深的目的。

若喷嘴高度增加,焊丝伸出长度和电弧会变长,会使焊接电流减小、电弧电压稍提高、热输入减小、熔深减小;若喷嘴高度降低,焊丝伸出长度和电弧会变短,会使焊接电流增加、电弧电压稍降低、热输入增加、熔深变大。

由此可见,在给定情况下,除了可以改变焊接速度外,还可以用改变喷嘴高度的办法调整熔深。

焊接过程中若发现局部间隙太小、钝边太大的情况时,可适当降低焊接速度或降低喷嘴高度,或同时降低两者、增加熔深,保证焊透。若发现局部间隙太大、钝边太小时,可适当提高焊接速度或提高喷嘴高度,或同时提高两者。

② 控制焊枪的倾斜角度。焊枪的倾斜角度不仅可以改变电弧功率和熔滴过渡的推力在水平和垂直方向的分配比例,还可以控制熔深和焊缝形状。

由于 CO_2 气体保护焊及熔化极气体保护焊的电流密度比焊条电弧焊大得多(20 倍以上),因此,改变焊枪倾角对熔深的影响比焊条电弧大得多。

操作时须注意以下问题:

a. 由于前倾焊时,电弧永远指向待焊区,预热作用强、焊缝宽而浅、成形较好。因此 CO_2 气体保护焊及熔化极气体保护焊都采用左向焊,自右向左焊接。平焊、平角焊、横焊都采用左向焊;立焊则采用自下向上焊接;仰焊时,为了充分利用电弧的轴向推力促进熔滴过渡采用右向焊

b. 前倾焊时,$\alpha > 90°$(即向左焊法)时,α 角越大,熔深越浅;后倾焊(即右焊法)时,$\alpha < 90°$,α 角越小,熔深越浅。

c. 电弧的对中位置实际上是摆动中心,摆幅的大小与焊缝接头形式焊道的层数和位置有关。具体要求如下:

a) 对接接头电弧的对中位置和摆幅。

➤ 单层单道焊与多层单道焊。当焊件较薄,坡口宽度较窄,每层焊缝只有一条焊道时,电弧的对中位置是间隙的中心。电弧的摆幅较小,摆幅以熔池边缘和坡口相切最好,此时焊道表面稍下凹,焊趾处为圆弧过渡最好,如图 3-35(a)所示;若摆幅过大,坡口内测咬边,容易引起夹渣,如图 3-35(b)所示。最后一层填充层焊道表面比焊件表面低 1.5~2.0 mm,不准熔化坡口表面的棱边。焊盖面层时,焊枪摆幅可稍大,保证熔池边缘超过坡口棱边每侧 0.5~1.5 mm,如图 3-36 所示。

➤ 多层多道焊。多层多道焊时,应根据每层焊道的数目确定对中位置和摆幅。每层有两条焊道时,电弧的对中位置和摆幅如图 3-37 所示。每层 3 条焊道时,电弧的对中位置

和摆幅如图 3 - 38 所示。

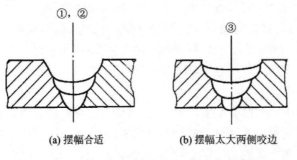

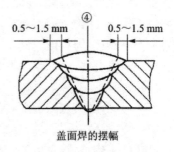

(a) 摆幅合适   (b) 摆幅太大两侧咬边

图 3 - 35   每层一条焊道时电弧的对中位置和摆幅   图 3 - 36   盖面层焊道的摆幅

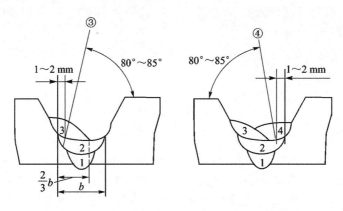

图 3 - 37   每层两条焊道电弧的对中位置和摆幅

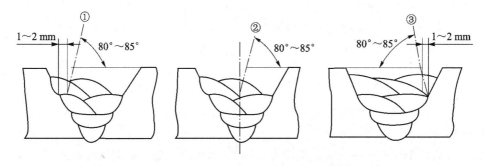

图 3 - 38   每层 3 条焊道时电弧的对中位置

b) T 形接头角焊缝电弧的对中位置和摆幅:电弧的对中位置和摆幅对顶角处的焊透情况及焊脚的对称性影响极大。

➤ 焊脚尺寸 $K \leqslant 5$ mm,单层单道焊时,电弧对准顶角处,如图 3 - 39 所示。焊枪不摆动。

➤ 单层单道焊焊脚尺寸 $K = 6 \sim 8$ mm 时,电弧的对中位置如图 3 - 40 所示。

➤ 焊脚尺寸 $K = 10 \sim 12$ mm,两层三道焊道时,电弧的对中位置如图 3 - 41 所示。

➤ 焊脚尺寸 $K = 12 \sim 14$ mm,两层四道焊道时,电弧的对中位置如图 3 - 42 所示。

(3) 保持焊枪匀速向前移动

整个焊接过程中,必须保持焊枪匀速前移,才能获得满意的焊缝。通常焊工应根据焊接电流的大小、熔池的形状、焊件熔合情况、装配间隙、钝边大小等情况,调整焊枪前移速度,力争匀速前进。

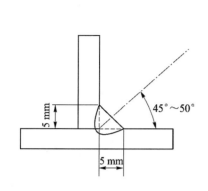

焊丝直径 1.2 mm;焊接电流 200~250 A,
电弧电压 24~26 V

图 3 - 39　$K \leqslant 5$ mm 时电弧的对中位置

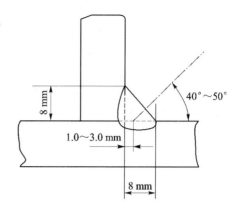

焊丝直径 1.2 mm;焊接电流 260~300 A;
电弧电压 26~32 V

图 3 - 40　$K = 6 \sim 8$ mm 时电弧的对中位置

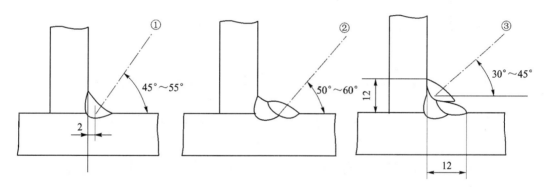

图 3 - 41　$K = 10 \sim 12$ mm 两层三道时电弧的对中位置

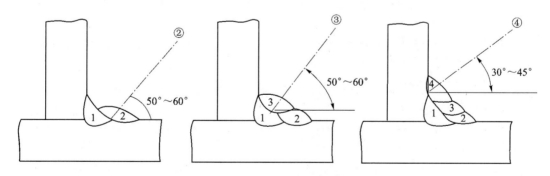

图 3 - 42　$K = 12 \sim 14$ mm 时电弧的对中位置

（4）保持摆幅一致的横向摆动

像焊条电弧焊一样,为了控制焊缝的宽度和保证熔合质量,CO_2 气体保护焊焊枪也要作横向摆动。焊枪的摆动形式及应用范围如表 3 - 6 所列。

为了减少热输入、减小热影响区、减小变形,通常不希望采用大的横向摆动来获得宽焊缝,提倡采用多层多道窄焊道来焊接厚板,当坡口小时,如焊接打底焊缝时,可采用锯齿形较小的横向摆动,如图 3-43 所示。当坡口大时,可采用弯月形的横向摆动,如图 3-44 所示。

表 3-6　焊枪的摆动形式及应用范围

摆动形式	用　途
← ───────────────	直线运动,焊枪不摆动,主要用于薄板及中厚板打底层焊道
VWWWWWWWW VWWWWWWWW	小幅度锯齿形或月牙形摆动,主要用于坡口小时及中厚板打底层焊道
WWWWWW VWWWWW	大幅度锯齿形或月牙形摆动,主要用于焊存板第二层以后的横向摆动
←~eeeee	填角焊或多层焊时的第一层
3 ←▷1 2	主要用于向上立焊要求长焊缝时,三角形摆动
⑧　⑥⑦④⑤②③　①	往复直线运动,焊枪不摆动,主要用于焊薄板根部有间隙、坡口有纲垫板或施工物

两侧停留0.5 s左右

图 3-43　锯齿形横向摆动

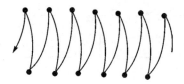

两侧停留0.5 s左右

图 3-44　弯月形横向摆动

2.作业练习(引弧、收弧及接头操作)

(1)引弧、收弧及接头操作

1)引　弧

半自动 CO_2 气体保护焊引弧,常采用短路引弧法。

引弧前,首先将焊丝端头剪去,因为焊丝端头常常有很大的球形直径,容易产生飞溅,造成缺陷。经剪断的焊丝端头应为锐角。

引弧时,注意保持焊接姿势与正式焊接时一样。同时,捏丝端头距工件表面的距离为2～3 mm。然后按下焊枪开关,随后自动送气、送电、送丝,直至焊丝与工件表面相碰而击回升,一定要保持喷嘴与工件表面的距离恒定,这是防止引弧时产生缺陷的关键。

重要产品进行焊接时,为消除在引弧时产生飞溅、烧穿、气孔及未焊透等缺陷,可采用引弧板,如图 3-45 所示。

不采用引弧板而直接在焊件端部引弧时,可在焊缝始端前 20 mm 左右处引弧后,立即快速返回起始点,然后开始焊接,如图 3-46 所示。

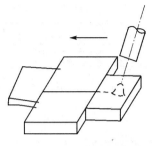

图 3-45　使用引弧板示意图

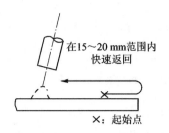

图 3-46　倒退引弧法示意图

2) 收　弧

焊接结束前必须收弧,若收弧不当则容易产生弧坑,并出现弧坑裂纹(火口裂纹)、气孔等缺陷。

对于重要产品,可采用收弧板,将火口引至试件之外,可以省去弧坑处理的操作。如果焊接电源有火口控制电路,则在焊接前将面板上的火口处理开关扳至"有火口处理"挡,在焊接结束收弧时,焊接电流和电弧电压会自动减少到适宜的数值,将火口填满。

如果焊接电源没有火口控制装置,通常采用多次断续引弧填充弧坑的办法,直到填平为止,如图 3-47 所示。操作时动作要快,若熔池已凝固再引弧,则容易产生气孔、未焊透等缺陷。

收弧时,特别要注意克服手弧焊的习惯性动作,如将焊把向上抬起。CO_2 气体保护焊收弧时如将焊枪抬起,则将破坏弧坑处的保护效果。同时,即使在弧坑已填满,电弧已熄灭的情况下,也要让焊枪在弧坑处停留几秒后再移开,保证熔池凝固时得到有效的保护。

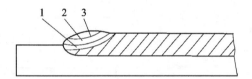

图 3-47　断续引弧法填充弧坑示意图

3) 接头操作

在焊接过程中,焊缝接头是不可避免的,而焊接接头处的质量又是由操作手法所决定的。下面介绍两种接头处理方法。

① 当无摆动焊接时,可在弧坑前方约 20 mm 处引弧,然后快速将电弧引向弧坑,待溶化金属填满弧坑后,立即将金属引向前方,进行正常操作,如图 3-48(a) 所示。

当采用摆动焊时,在弧坑前方约 20 mm 处引弧,然后快速将电弧引向弧坑,到达弧坑中心后开始摆动并向前移动,同时,加大摆动转入正常焊接,如图 3-48(b) 所示。

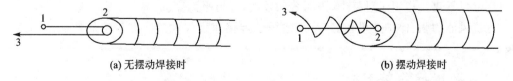

(a) 无摆动焊接时　　　　　　　　　　　　　　(b) 摆动焊接时

图 3-48　焊接接头处理方法

② 首先将接头处用磨光机打磨成斜面,如图 3-49。然后在斜面顶部引弧,引燃电弧后,将电弧斜移至斜面底部,转一圈后返回引弧处再继续向左焊接,如图 3-50 所示。

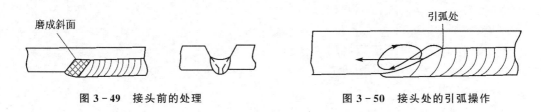

图 3-49　接头前的处理　　　图 3-50　接头处的引弧操作

（2）定位焊

CO_2 气体保护焊时，热输入较手弧焊时更大，这就要求定位焊缝有足够的强度。同时，由于定位焊缝将保留在焊缝中，焊接过程中也很难重熔，因此要求焊工要与焊接正式焊缝一样来焊接定位焊缝，不能有缺陷。对不同板厚定位焊缝的长度和间距要求如图 3-51、图 3-52 所示。

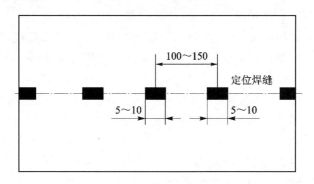

图 3-51　薄板的定位焊焊缝

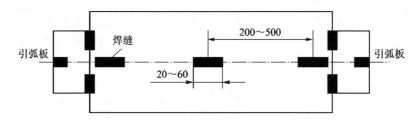

图 3-52　中厚板的定位焊焊缝

（3）左焊法操作要点

半自动 CO_2 气体保护焊通常采用左焊法，这是由于左焊法有如下的特点：

① 容易观察焊接方向，能看清焊缝。

② 电弧不直接作用于母材上，因而熔深较浅，焊道平而宽。

③ 抗风能力强、保护效果较好，特别适用于焊接速度较大时。右焊法的特点则刚好与此相反。

3.5.2　平焊操作练习

1. 板厚 2 mm 的对接单面焊双面成形

（1）焊前准备

试件材质：Q235 或 20Cr；试件尺寸：300 mm×100 mm×2 mm；坡口形式：Ⅰ形；焊接材

料:HO8Mn2SiA,直径 0.8 mm;焊接设备 KR350;

将坡口面和靠近坡口上、下两侧 15~20 mm 内的钢板上的油、锈、水分及其他污染物打磨干净直至露出金属光泽。为防止飞溅不好清理和堵塞喷嘴,可在焊件表面涂上一层飞溅防粘剂,在喷嘴上涂一层焊接喷嘴防堵剂。

(2)装配和定位焊

① 组对间隙。组对间隙为 0~0.5 mm。

② 预留反变形。预留反变形为 0.5°~1°,如图 3-53 所示。

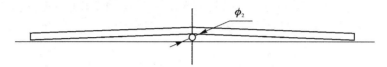

图 3-53 板厚 2 mm 对接平板的反变形

③ 装配和定位焊要求如图 3-54。

(3)焊枪角度和指向位置

采用左焊法,单层单道,焊接工艺参数如表 3-7 所列,焊枪角度如图 3-55 所示。电弧指向未焊金属,起预热的作用。在电弧力作用下,熔化金属被吹向前方,使电弧不能直接作用到母材上,造成熔池较浅,焊道平坦、变宽、飞溅较大,但保护效果好,且易于观察焊接方向。

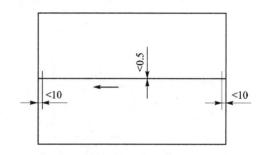

图 3-54 板厚 2 mm 的装配及定位焊

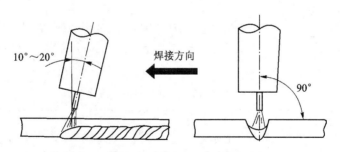

图 3-55 焊枪角度和指向位置

表 3-7 焊接工艺参数

焊接层道位置	焊丝直径/mm	伸出长度/mm	焊接电流/A	焊接电压/V	焊接速度/(cm·min⁻¹)	气体流量/(L·min⁻¹)
1层1道	0.8	10~15	60~70	17~19	40~45	8~10

(4)焊接操作要点

① 调试好焊接工艺参数后,在试板的右端引弧,从右向左方向焊接。

② 焊枪沿装配间隙前后摆动或小幅度横向摆动,摆动幅度不能太大,以免产生气孔。熔池停留时间不宜过长,否则容易烧穿。

③ 在焊接过程中，正常熔池呈椭圆形，如出现椭圆形熔池被拉长现象，即为烧穿前兆。这时应根据具体情况，改变焊枪操作方式以防止烧穿。例如，加大焊枪前后摆动或横向摆动幅度等。

④ 由于选择的焊接电流较小、电弧电压较低，采用短路过渡的方式进行焊接时，要特别注意焊接电流与电弧电压配合好。如果电弧电压太高，则熔滴短路过渡频率降低，电弧功率增大，容易引起烧穿，甚至熄弧；如果电弧电压太低，则可能在熔滴很小时就引起短路，产生严重的飞溅，影响焊接过程；当焊接电流与电弧电压配合较好时，焊接过程电弧稳定，可以观察到周期性的短路，听到均匀的、周期性的"啪啪"声，熔池平稳，飞溅小，焊缝成形好。

2. 板厚 12 mm 的 V 形坡口对接平焊

（1）焊前准备

焊前准备与上面教学内容 1 节相同

（2）装配及定位焊

装配间隙及定位焊见图 3－56，试件对接平焊的反变形如图 3－57 所示。

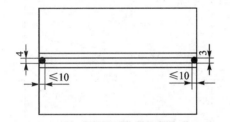

图 3－56　板厚 12 mm 的装配及定位焊

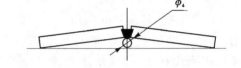

图 3－57　板厚 12 mm 对接平焊的反变形

（3）焊接参数（见表 3－8）

下面介绍两组参数：第一组参数用直径为 1.2 mm 的焊丝，较难掌握，但适用性好；第二组用直径为 1.0 mm 的焊丝，比较容易掌握，但因直径为 1.0 mm 的焊丝应用不普遍，适用性较差，使用受到限制。

表 3－8　板厚 12 mm 对接平焊的焊接参数

组　别	焊接层次位置	焊丝直径/mm	焊丝伸出长度/mm	焊接电流/A	电弧电压/V	气体流量/(L·min⁻¹)	层数
第一组	打底层	1.2	20～25	90～110	18～20	10～15	3
	填充层	1.2		220～240	24～26	20	
	盖面层	1.2		230～250	25	20	
第二组	打底层	1.0	15～20	90～95	18～20	10	3
	填充层	1.0		110～120	20～22		
	盖面层	1.0		110～120	20～22		

（4）焊接要点

1）焊枪角度与焊法

采用左向焊法，3 层 3 道，对接平焊的焊枪角度与电弧对中位置，如图 3－58 所示。

2）试板位置

焊前先检查装配间隙及反向变形是否合适，间隙小的一端应放在右侧。

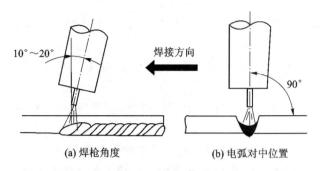

(a) 焊枪角度　　　　　(b) 电弧对中位置

图 3-58　对接平焊焊枪角度与电弧对中位置

3）打底层

调整好打底层焊道的焊接参数后,在试板右端预焊点左侧约 20 mm 处坡口的一侧引弧,待电弧　引燃后迅速右移至试板右端头定位焊缝上,当定位焊缝表面和坡口面熔合出现熔池后,向左开始焊接打底层焊道,焊枪沿坡口两侧作小幅度横向摆动,并控制电弧在离底边约 2～3 mm 处燃烧,当坡口底部熔孔直径达到 4～5 mm 时转入正常焊接。焊接打底层焊道时应注意以下事项:

① 电弧始终对准焊道的中心线在坡口内作小幅度横向摆动,并在坡口两侧稍微停留,使熔孔直径比间隙大 1～2 mm,焊接时应仔细观察溶孔,并根据间隙和溶孔直径的变化调整焊枪的横向摆动幅度和焊接速度,尽可能地维持溶孔的直径不变,以保证获得宽窄和高低均匀的反面焊缝。

② 依靠电弧在坡口两侧的停留时间,保证坡口两侧融合良好,使打底层焊道两侧与坡口结合处稍下凹,焊道表面保持平整,如图 3-59 所示。

③ 焊打底层焊道时,要严格控制喷嘴的高度,电弧必须在离坡口底部 2～3 mm 处燃烧,保证打底层焊道厚度不超过 4 mm。

4）填充层

调试好填充层焊道的参数后,在试板右端开始填充焊道层,焊枪的侵斜角度、电弧对中位置和打底焊相同,焊枪横向摆动的幅度较焊打底层焊道时稍大,焊接速度较慢,应注意熔池两侧的融合情况,保证焊道表面的平整并稍下凹,坡口两侧咬边。

焊填充层焊道时要特别注意,除保证焊道表面的平整并稍下凹外,还要掌握焊道厚度,及其要求如图 3-60 所示,焊接时不允许烧化棱边。

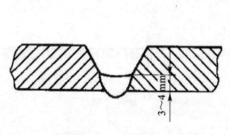

图 3-59　打底层焊道

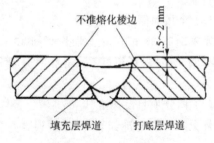

图 3-60　填充层焊道

5）盖面层

调试好盖面层焊道的焊接参数后,从右侧开始焊接,焊枪的倾斜角度与电弧对中位置与打底层焊相同。但需注意以下事项:

① 保持喷嘴高度。特别注意观察熔池边缘,熔池边缘必须超过坡口上表面棱边 0.5～1.5 mm,并防止咬边。

② 焊枪的横向摆动幅度比焊填充层焊道时稍大,应尽量保持焊接速度均匀,使焊缝外观美观。

③ 收弧时要特别注意,一定要填满弧坑并使弧坑尽量要短,防止产生弧坑裂纹。

3. 作业练习(CO_2 气体保护焊 12 mm 厚钢板对接平焊单面焊双面成形)

（1）操作要求

① CO_2 半自动气体保护焊,单面焊双面成形。

② 焊件坡口形式为 V 形坡口,坡口角度 32°±2°。

③ 焊接位置为平位。

④ 钝边高度与间隙自定。

⑤ 试件坡口两端不得安装引弧板。

⑥ 焊前焊件坡口两侧 10～20 mm 清油除锈,试件正面坡口内两端点固,长度≤20 mm,点固焊时允许做反变形。

⑦ 定位装配后,将装配好的试件固定在操作架上;试件一经施焊不得任意更换和改变焊接位置。

⑧ 焊接过程中劳保用品穿戴整齐;焊接工艺参数选择正确,焊后焊件保持原始状态。

⑨ 焊接完毕,关闭电焊机和气瓶,工具摆放整齐,场地清理干净。

（2）准备工作

1）材料准备

Q235,δ＝12 mm 的钢板 2 块,规格为 300 mm×100 mm;焊丝 HO8Mn2SiA 直径为1.2 mm;CO_2 气体 1 瓶。

2）设备准备

CO_2 气体保护焊焊机 1 台。

3）工具准备

台虎钳 1 台,克丝钳 1 把,钢丝刷、锉刀、活扳手、台式砂轮或角向磨光机、焊缝测量尺等。

4）劳保用品准备

自备。

（3）考核时限

基本时间 30 min,正式操作时间 40 min。

时间允许差:每超过 5 min 扣总分 1 分,不足 5 min 按 5 min 计算,超过额定时间 15 min不得分。

（4）评分项目及标准

评分项目及标准如表 3－9 所列。

表 3 - 9　评分项目及标准

序　号	考核要求	配分/分	评分标准
1	焊前准备	10	① 考件清理不干净,点固定位不正确,扣 5 分; ② 焊接参数调整不正确,扣 5 分
2	焊缝外观质量	40	① 焊缝余高>3 mm,扣 4 分; ② 焊缝余高差>2 mm,扣 4 分; ③ 焊缝宽度差>3 mm,扣 4 分; ④ 背面余高>3 mm,扣 4 分; ⑤ 焊缝直线度>2 mm,扣 4 分;
2	焊缝外观质量	40	⑥ 角变形>3°,扣 4 分; ⑦ 错边>1.2 mm,扣 4 分; ⑧ 咬边深度≤0.5 mm,累计长度每 5 mm 扣 1 分;咬边深度>0.5 mm 或累计长度>26 mm,扣 8 分; 注意:① 焊缝表面不是原始状态,有加工、补焊、返修等现象或有裂纹、气孔、夹渣、未焊透、未熔合等任何缺陷存在,此项考试记不合格; ② 焊缝外观质量得分低于 24 分,此项考试不合格
3	焊缝内部质量 (JB 4730)	40	射线探伤后按 JB 4730 评定: ① 焊缝质量达到 I 级,扣 0 分; ② 焊缝质量达到 II 级,扣 10 分; ③ 焊缝质量达到 III 级,此项考试记不合格
4	安全文明生产	10	① 劳保用品穿戴不全,扣 2 分; ② 焊接过程中有违反安全操作规程的现象,根据情况扣 2~5 分; ③ 焊完后场地清理不干净,工具码放不整齐,扣 3 分

3.5.3　立焊操作练习

立焊比平焊难掌握,其主要原因如下:立焊时熔池的形状如图 3 - 61 所示。虽然熔池的下部有焊道依托,但熔池底部是个斜面,熔融金属在重力作用下比较容易下淌,因此,很难保证焊道表面平整。为防止熔融金属下淌,必须要求采用比平焊稍小的焊接电流,焊枪的摆动频率稍快,以锯齿形节距较小的方式进行焊接,使熔池小而薄。

立焊盖面层焊道时,要防止焊道两侧咬边,中间下坠。

1. 板厚 2 mm 的 I 形坡口对接向下立焊

(1)装配与定位焊

装配与定位焊要求见图 3 - 54,反变形见图 3 - 53。

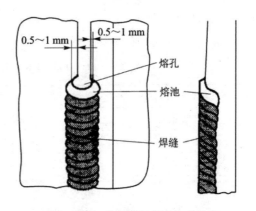

图 3 - 61　立焊时的熔孔与熔池

（2）焊接参数

焊接参数如表 3-10 所列。

表 3-10　板厚 2 mm 对接向下立焊的焊接参数

焊丝直径/mm	焊丝伸出长度/mm	焊接电流/A	焊接电压/V	气体流量/(L·min⁻¹)
0.8	10～15	60～70	18～20	9～10

（3）焊接要点

① 焊枪角度与焊法。采用向下立焊，即从上面开始向下焊接、单层单道、薄板向下立焊的焊枪角度与电弧对中位置如图 3-62 所示。

② 试板位置。试板固定在垂直位置，间隙小的一端在上面。

③ 焊接。调试好焊接参数后，在试板顶端引弧，注意观察熔池，待试板底部边缘完全熔合后，开始向下焊接，焊枪不作横向摆动。因为是单层单道焊，要同时保证正反两面焊缝成形，操作难度较大，焊接时要特别注意观察熔池，随时调整焊枪角度，必须控制好焊接速度，保证熔池始终在电弧后方。

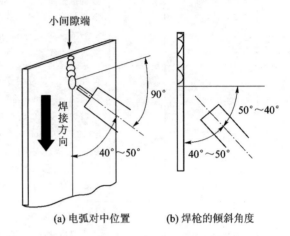

(a) 电弧对中位置　　(b) 焊枪的倾斜角度

图 3-62　薄板向下立焊焊枪角度与电弧对中位

2. 板厚 12 mm 的 V 形坡口对接横向上立焊

（1）装配与定位焊

装配与定位焊要求见上图 3-54，对接立焊反变形见图 3-55。

（2）焊接参数

下面介绍两组焊接参数，第一组用直径 1.0 mm 的焊丝，焊接电流较小，比较容易掌握，但适用性较差；第二组用直径 1.2 mm 的焊丝，焊接电流较大，较难掌握，适用性较好。表 3-11 所列为实际生产中使用的焊接参数。

表 3-11　板厚 12 mm 对接横向上立焊的焊接参数

组　别	焊道层次	焊丝直径/mm	焊接电流/A	焊接电压/V	焊丝伸出长度/mm	气体流量/(L·min⁻¹)
第一组	打底层	1.0	90～95	18～20	10～15	12～15
	填充层		110～120	20～22		
	盖面层		110～120	20～22		
第二组	打底层	1.2	90～110	18～20	15～20	12～15
	填充层		130～150	20～22		
	盖面层		130～150	20～22		

（3）焊接要点

① 焊枪角度与焊法。采用向上立焊，由下往上焊、三层三道，平板对接向上立焊的焊枪角

度与电弧对中位置如图 3 - 63 所示。

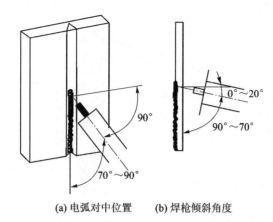

(a) 电弧对中位置　　　(b) 焊枪倾斜角度

图 3 - 63　平板对接向上立焊焊枪角度与电弧对中位置

② 试板位置。焊前先检查试板的装配间隙及反变形是否合适,把试板垂直固定好,间隙小的一端放在下面。

③ 打底层。调整好打底层焊道的焊接参数后,在试板下端定位焊缝上引弧,使电弧沿焊缝中心作锯齿形横向摆动,当电弧超过定位焊缝并形成熔孔时,转入正常焊接。

注意:焊枪横向摆动的方式必须正确,否则焊缝焊肉下坠,成形不好看,小间距锯齿形摆动或间距稍大的上凸月牙形摆动焊道成形较好。下凹月牙形摆动使焊道表面下坠,是不正确的,如图 3 - 64 所示。

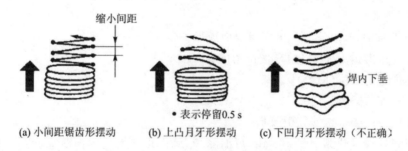

(a) 小间距锯齿形摆动　　　(b) 上凸月牙形摆动　　　(c) 下凹月牙形摆动(不正确)

图 3 - 64　立焊时摆动手法

焊接过程中要特别注意熔池和熔孔的变化,不能让熔池太大。若焊接过程中断了弧,则应按基本操作手法中所介绍的要点接头。先将需要接头处打磨成斜面,打磨时要特别注意不能磨掉坡口的下边缘,以免局部间隙太宽,如图 3 - 65 所示。焊接到试板最上方收弧时,待电弧熄灭,熔池完全凝固以后,才能移开焊枪,防止收弧区因保护不良产生气孔。

④ 填充层。调试好填充层焊道的焊接参数后,自下向上焊填充层焊道,焊接时需要注意以下事项:

➤ 焊前先清除打底层焊道和坡口表面的飞溅物和焊渣,并用角向磨光机将局部凸起的焊道磨平。如图 3 - 66 所示。

➤ 焊枪横向摆幅比焊打底层焊道时稍大,电弧在坡口两侧稍停留,保证焊道两侧熔合较好。

➤ 填充层焊道比试板上表面低 1.5～2 mm,不允许烧坏坡口的棱边。

⑤ 盖面层。调整好盖面层焊道的焊接参数后,按下列顺序焊盖面层焊道。

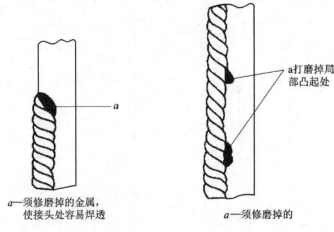

图 3 - 65　立焊接头处打磨要求　　　图 3 - 66　焊填充层焊道前的修磨

第一,清理填充层焊道及坡口上的飞溅物、焊渣,打磨掉焊道上局部凸起部分的焊肉。

第二,在试板下端引弧,自下而上焊接,焊枪摆幅较焊填充层焊道大,当熔池两侧超过坡口边缘 0.5～1.5 mm 时,以匀速锯齿形上升。

第三,焊到顶端收弧,待电弧熄灭,熔池凝固后,才能移动金属,使焊道表面平整后再开焊枪,以免局部产生气孔。

3. 作业练习(CO_2 气体保护焊钢板对接立焊单面焊双面成形)

(1) 操作要求

① CO_2 半自动气体保护焊,单面焊双面成形。

② 焊件坡口形式为 V 形坡口,坡口角度 32°±2°。

③ 焊接位置为立位(向上)。

④ 钝边高度与间隙自定。

⑤ 试件坡口两端不得安装引弧板。

⑥ 焊前焊件坡口两侧 10～20 mm 清油除锈,试件正面坡口内两端点固,长度≤20 mm,点固焊时允许做反变形。

⑦ 定位装配后,将装配好的试件固定在操作架上;试件一经施焊不得任意更换和改变焊接位置。

⑧ 焊接过程中劳保用品穿戴整齐;焊接工艺参数选择正确,焊后焊件保持原始状态。

⑨ 焊接完毕,关闭电焊机和气瓶,工具摆放整齐,场地清理干净。

(2) 准备工作

① 材料准备。Q235,δ＝12 mm 的钢板 2 块,规格为 300 mm × 100 mm;焊丝 HO8Mn2SiA,直径为 1.2 mm;CO_2 气体 1 瓶。

② 设备准备。CO_2 气体保护焊焊机 1 台。

③ 工具准备。台虎钳 1 台,克丝钳 1 把,钢丝刷、锉刀、活扳手、台式砂轮或角向磨光机、焊缝测量尺等。

④ 劳保用品准备。自备。

（3）考核时限

基本时间 30 min,正式操作时间 40 min。

时间允许差:每超过 5 min,扣 1 分;不足 5 min 按 5 min 计算;超过规定时间 15 min,不得分。

（4）评分项目及标准

评分项目及标准如表 3-12 所列。

表 3-12　评分项目及标准

序　号	考核要求	配分/分	评分标准
1	焊前准备	10	① 考件清理不干净,点固定位不正确,扣 5 分; ② 焊接参数调整不正确,扣 5 分
2	焊缝外观质量	40	① 焊缝余高>3 mm,扣 4 分; ② 焊缝余高差>2 mm,扣 4 分; ③ 焊缝宽度差>3 mm,扣 4 分; ④ 背面余高>3 mm,扣 4 分; ⑤ 焊缝直线度>2 mm,扣 4 分; ⑥ 角变形>3°,扣 4 分; ⑦ 错边>1.2 mm,扣 4 分; ⑧ 背面凹坑深度>2 mm 或长度>26 mm,扣 4 分; ⑨ 咬边深度≤0.5 mm,累计长度每 5 mm 扣 1 分;咬边深度>0.5 mm 或累计长度>26 mm,扣 8 分; 注意:① 焊缝表面不是原始状态,有加工、补焊、返修等现象或有裂纹、气孔、夹渣、未焊透、未熔合等任何缺陷存在,此项考试记不合格; ② 焊缝外观质量得分低于 24 分,此项考试记不合格
3	焊缝内部质量 (JB 4730)	40	射线探伤后按 JB 4730 评定: ① 焊缝质量达到①级,扣 0 分; ② 焊缝质量达到②级,扣 10 分; ③ 焊缝质量达到③级,此项考试记不合格
4	安全文明生产	10	① 劳保用品穿戴不全,扣 2 分; ② 焊接过程中有违反安全操作规程的现象,根据情况扣 2~5 分; ③ 焊完后场地清理不干净,工具码放不整齐,扣 3 分

3.5.4　横焊操作练习

横焊比较容易操作,因为熔池有下面的板托着,可以像平焊那样操作。但不能忘记,熔池在垂直面上,焊道凝固时无法得到对称的表面,焊道表面若不对称,最高点将移向下方,如图 3-67 所示。

横焊过程必须使熔池尽量小,使焊道表面尽可能接近对称,另一方面须用双焊道或多道焊,调整焊道处表面形状,因此通常都采用多层多道焊。

横焊时由于焊道较多,角变形较大,而角变形的大小既与焊接工艺参数有关,又与焊道层数、每层焊道数目及焊道间的间歇时间有关。通常熔池大、焊道间间歇时间短、层间温度高时角变形大;反之角变形小。因此焊工应该根据练习过程中的操作情况,摸索角变形的规律,操作前留足反变形的量,以防焊后试板角变形超差。

1. 板厚 2 mm 的 I 形坡口对接横焊

（1）装配及定位焊

装配及定位焊要求见图 3-52,板厚 2 mm 的焊道分布可参考图 3-69 焊道 1 所示位置。对接横焊反变形如图 3-68 所示。

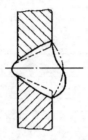

注:实际焊缝表面的形状两侧不对称,
　　最高点在中心线下方;
　　现想焊缝表面的形状两侧对称,最
　　高的在中心线上

图 3-67　横焊焊缝表面不对称

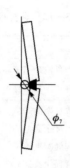

图 3-68　对接横焊
反变形

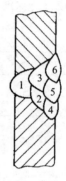

图 3-69　板厚 12 mm 的焊道分布
按 1→6 顺序依次焊接

（2）焊接参数

焊接参数如表 3-13 所列。

表 3-13　板厚 2 mm 对接横焊的焊接参数

焊丝直径/mm	焊丝伸出长度/mm	焊接电流/A	电弧电压/V	焊接速度/(m·min⁻¹)	气体流量/(L·min⁻¹)
0.8	10～15	60～70	18～20	15	9～10

（3）焊接要点

① 焊枪角度与焊法。采用左向焊法,单层单道,焊枪角度如图 3-70 所示。

② 试板位置。焊前先检查装配间隙及反变形是否适合,间隙的一端应放在右侧,将试板垂直固定好,间隙处于水平位置。

③ 焊接。调试好焊接参数后,在试板右端引燃电弧,从右向左焊接,电弧沿间隙前后摆动或作小弧度锯齿形摆动,焊接速度稍快些,否则会烧穿,收弧时要特别注意,防止烧穿。

焊接时既要控制背面成形又要控制正面成形,操作时要特别留心。

2. 板厚 12 mm 的 V 形坡口对接横焊

（1）装配及定位焊

装配间隙及定位焊要求见图 3-54,对接横焊反变形如图 3-68 所示。试板要平整,装配时保证错边量小于等于 1 mm,定位焊缝焊在试板两端的坡口长度小于等于 10 mm,背面必须

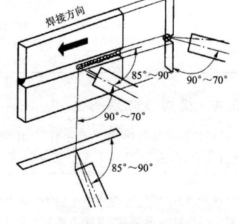

图 3-70　横焊打底层焊道
焊枪角度与电弧对中位置

焊透。

（2）焊接参数

焊接参数如表 3-14 所列。

表 3-14　板厚 12 mm 对接横焊的焊接参数

组　别	焊道层次	焊丝直径/mm	焊接直流/A	电弧电压/V	气体流量/(L·min⁻¹)	焊丝伸出长度/mm
第一组	打底层	1.0	90～100	18～20	10	10～15
	填充层		110～120	20～22		
	盖面层		110～120	20～22		
第二组	打底层	1.2	100～110	20～22	15	20～35
	填充层		130～150	20～22		
	盖面层		130～150	22～24		

（3）焊接要点

① 焊枪角度与焊法。采用左方向焊法，三层六道，按 1～6 顺序焊接，焊道分布如图 3-69 所示。

② 试板位置。焊前先检查试板装配间隙及反变形是否合适，将试板垂直固定好，焊缝处于水平位置，试板间隙小的一端放在右侧。

③ 打底层。调试好打底层焊道的焊接参数后，按图 3-70 要求保持焊枪角度和电弧对中位置，从右向左焊打底层焊道。

在试板右端定位焊缝上引燃电弧，以小幅度锯齿形摆动，从右向左焊接，当预焊点左侧形成熔孔后，保持熔孔边缘超过坡口棱边 0.5～1 mm 较合适，如图 3-71 所示。

焊接过程中要仔细观察熔池和溶孔、根据间隙调整焊接速度及焊枪摆幅，尽可能地维持熔孔直径不变，焊至左端收弧。

如果焊打底层焊道过程中电弧中断，应按下述步骤接头：

第一，将接头处焊道打磨成斜坡状，如图 3-72 所示。

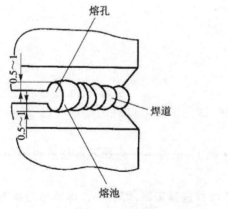

图 3-71　横焊熔孔与焊道

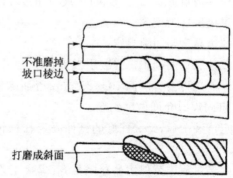

图 3-72　焊道接头处打磨要求

第二，在打磨了的焊道最高处引弧，焊枪同时开始做小幅度锯齿形摆动，当接头区前端形成熔孔后,继续焊完打底层焊道。焊完打底层焊道后,先除净飞溅物及打底层焊道表面的焊道,然后用角向磨光机将局部凸起的焊道磨平。

④ 填充层。调试好填充层焊道的参数后,要求调整焊枪的俯仰角度及电弧对中位置,焊接填充层焊道 2~3,如图 3-73 所示。

注:

➤ 焊接填充层焊道 2 时,焊枪成 0°~10° 仰角,电弧以打底层焊道的下缘为中心做横向摆动,保证下坡口熔合较好。

➤ 焊接填充层焊道 3 时,焊枪成 0°~10° 仰角,电弧以打底层焊道上缘为中心,在焊道 2 和坡口上表面间摆动,保证熔合良好。

➤ 清除填充层焊道表面的焊渣及飞溅,并利用角向磨光机打磨局部凸起处。

⑤ 横焊盖面层。调试好盖面层焊道参数后,按图 3-74 要求焊接盖面层焊道。

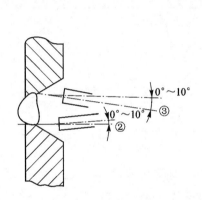

图 3-73 横焊填充层焊道
焊枪对中位置及角度

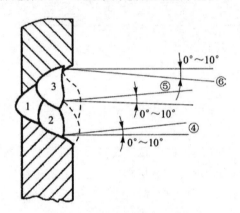

图 3-74 横焊盖面层焊道焊枪对中
位置及角度

3. 作业练习(CO₂ 气体保护焊钢板对接横焊单面焊双面成形)

(1) 操作要求

① CO_2 半自动气体保护焊,单面焊双面成形。

② 焊件坡口形式为 V 形坡口,坡口角度 32°±2°。

③ 焊接位置为横焊。

④ 钝边高度与间隙自定。

⑤ 试件坡口两端不得安装引弧板。

⑥ 焊前焊件坡口两侧 10~20 mm 清油除锈,试件正面坡口内两端点固,长度小于等于 20 mm,点固焊时允许做反变形。

⑦ 定位装配后,将装配好的试件固定在操作架上;试件一经施焊不得任意更换和改变焊接位置。

⑧ 焊接过程中劳保用品穿戴整齐;焊接工艺参数选择正确,焊后焊件保持原始状态。

⑨ 焊接完毕,关闭电焊机和气瓶,工具摆放整齐,场地清理干净。

(2) 准备工作

① 材料准备。Q235,$\delta=12$ mm 的钢板 2 块,规格为 300 mm×100 mm;焊丝 HO8-

Mn2SiA,直径为 1.2 mm;CO_2 气体 1 瓶。

② 设备准备。CO_2 气体保护焊焊机 1 台。

③ 工具准备。台虎钳 1 台,克丝钳 1 把,钢丝刷、锉刀、活扳手、台式砂轮或角向磨光机、焊缝测量尺等。

④ 劳保用品准备。自备。

（3）考核时限

基本时间 30 min,正式操作时间 40 min。

时间允许差:每超过 5 min,扣 1 分;不足 5 min 按 5 min 计算;超过规定时间 15 min,不得分。

（4）评分项目及标准

评分项目及标准如表 3-15 所列。

表 3-15 评分项目及标准

序号	考核要求	配分/分	评分标准
1	焊前准备	10	① 工件清理不干净,点固定位不正确,扣 5 分; ② 焊接参数调整不正确,扣 5 分
2	焊缝外观质量	40	① 焊缝余高>3 mm,扣 4 分; ② 焊缝余高差>2 mm,扣 4 分; ③ 焊缝宽度差>3 mm,扣 4 分; ④ 背面余高>3 mm,扣 4 分; ⑤ 焊缝直线度>2 mm,扣 4 分; ⑥ 角变形>3°,扣 4 分; ⑦ 错边>1.2 mm,扣 4 分; ⑧ 背面凹坑深度>2 mm 或长度>26 mm,扣 4 分; ⑨ 咬边深度≤0.5 mm,累计长度每 5 mm,扣 1 分;咬边深度>0.5 mm 或累计长度>26 mm,扣 8 分; 注意:① 焊缝表面不是原始状态,有加工、补焊、返修等现象或有裂纹、气孔、夹渣、未焊透、未熔合等任何缺陷存在,此项考试记不合格; ② 焊缝外观质量得分低于 24 分,此项考试记不合格
3	焊缝内部质量 (JB 4730)	40	射线探伤后按 JB 4730 评定: ① 焊缝质量达到 Ⅰ 级,扣 0 分; ② 焊缝质量达到 Ⅱ 级,扣 10 分; ③ 焊缝质量达到 Ⅲ 级,此项考试记不合格
4	安全文明生产	10	① 劳保用品穿戴不全,扣 2 分; ② 焊接过程中有违反安全操作规程的现象,根据情况扣 2~5 分; ③ 焊完后场地清理不干净,工具码放不整齐,扣 3 分

3.5.5 仰焊操作练习

仰焊是最难焊的部位,存在以下困难:焊缝成形困难,熔池处于悬空状态,如图 3-75 所示。由横断面 A—A 可见,熔池上小下大,在重力作用下液态金属特别容易流失,主要靠电弧吹力和液态金属表面张力的向上分力维持平衡,操作时稍不注意就容易烧穿,咬边或焊缝边缘表面下坠。劳动条件差,整个焊接过程中,焊工必须无依托地举着焊枪,抬头看熔池,特别累,焊接时生产的飞溅物从高处往下落,很容易落到手臂、头及脖子上,容易烧伤人,要加强防护。

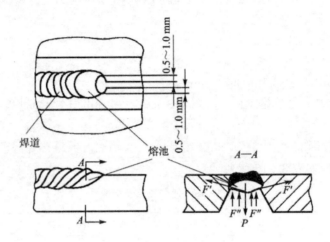

P—熔池金属重力;F'—表面张力;F''—电弧吹力

图 3 - 75   平板对接仰焊熔池

1. 厚度 2 mm 的 I 型坡口对接仰焊

(1)装配及定位焊

装配间隙及定位焊要求如图 3 - 54 所示、反变形如图 3 - 53 所示。

(2)焊接参数

焊接参数如表 3 - 16 所列。

表 3 - 16   板厚 2 mm 对接仰焊的焊接参数

焊丝直径/mm	焊丝伸出长度/mm	焊接电流/V	电弧电压/V	气体流量/(L·min⁻¹)
0.8	10～15	60～70	19～20	15

(3)焊接要点

① 焊枪角度与枪法。采用右向焊法,单层单道,焊枪角度和电弧对中位置如图 3 - 76 所示。

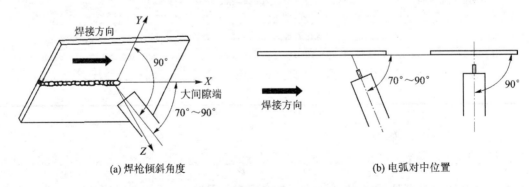

(a)焊枪倾斜角度   (b)电弧对中位置

图 3 - 76   焊枪角度与电弧对中位置

② 试板位置。焊前先检查是试板间隙及反复变形是否合适,调整好焊接卡具的高度(焊工处于蹲位或站着焊接),将试板卡紧在水平面上,间隙小的一端放在左侧。

注意:试板的高度必须保证焊工单腿跪着或站着时焊枪的电缆导管有足够的长度使腕部能有充分的空间自由动作。

③ 焊接。调试好焊接参数后,在试板左端预焊点处引弧。

自左向右做直线或小幅度锯齿形摆动,利用电弧吹力防止熔融金属下淌,注意电弧不能脱离熔池。

焊接时,焊枪与焊接方向的夹角如果太小,则焊道表面下坠,并容易产生咬边。因为只有一条焊道,焊接时既要保证背面焊透以及背面焊道的形成,又要保证正面焊道的尺寸合格、成形美观。

2. 板厚 12 mm 的 V 形坡口对接仰焊

(1)装配及定位焊

装配间隙及定位焊要求如图 3 - 56 所示,反变形如图 3 - 57 所示。

(2)焊接参数

焊接参数如表 3 - 17 所列。

表 3 - 17　板厚 12 mm 对接仰焊的焊接参数

焊道层次	焊丝直径/min	焊丝伸出长度/min	焊接电流/A	电弧电压/V	气体流量/(L·min^{-1})
打底焊			90～110	18～20	
填充层	1.2	15～20	130～150	20～22	15
盖面层			120～140	20～22	

(3)焊接要点

① 焊枪角度与焊法。采用右向焊法,三层三道,焊枪角度如图 3 - 76 所示。

② 试板位置。焊前先检查试板装配间隙及反变形是否合适,调整好定位架高度,将试板放在水平位置,坡口朝下,间隙小的一端放在左侧固定好。

注意:试板高度必须调整到保证焊工单腿跪地或站着焊接时,焊枪的电缆导管有足够的长度。并保证腕部能有充分的空间自由动作,肘部不要举得太高,操作时置于不感到别扭的位置即可。

③ 打底焊。调试好打底焊焊道的焊接参数后,在试板左端引弧,焊枪开始作小幅度锯齿形摆动,熔孔形成后转入正常焊接。

焊接过程中不能使电弧脱离熔池,利用电弧吹力防止熔融金属下淌。

焊打底焊焊道时,必须注意控制熔孔的大小和电弧与试件上表面的距离(2～3 mm),能看见部分电弧穿过试板背面在熔池前面燃烧,既保证焊根焊透,又防止焊道背面下凹、正面下坠。这个位置很重要,合适时能焊出背面上凸的打底焊道,培训时要认真总结经验。

清除焊道表面的焊渣及飞溅物,特别要除净打底层焊道两侧的焊渣,否则容易产生夹渣。用角向磨光机打磨焊道正面局部凸起太高处。

④ 填充层。调试好填充层焊道的焊接参数后,在试板左端进行引弧,焊枪以稍大的横向摆动幅度开始向右焊接。

焊填充层焊道时,必须注意以下事项:

➢ 必须掌握好电弧在坡口两侧的停留时间,既保证焊道两侧熔合好不咬边,又不使焊道中间下坠。

➢ 掌握好填充层焊道的厚度,保持填充层焊道表面距试板下表面 $1.5～2.0$ mm 左右,不能熔化坡口的棱边。清除填充层焊道的焊渣及飞溅,打磨平焊焊道表面局部的凸起处。

⑤ 盖面层。调试好盖面层焊道的焊接参数后,从左至右焊盖面层焊道。

焊接过程中应根据填充焊缝的高度,调整焊接速度,尽可能地保持摆动幅度均匀,使焊道平直均匀,不产生两侧咬边、中间下坠等缺陷。

3. 作业练习(CO_2 气体保护焊钢板对接仰焊单面焊双面成形)

(1)操作要求

① CO_2 半自动气体保护焊,单面焊双面成形。

② 焊件坡口形式为 V 形坡口,坡口角度 $32°\pm2°$。

③ 焊接位置为仰位。

④ 钝边高度与间隙自定。

⑤ 试件坡口两端不得安装引弧板。

⑥ 焊前,焊件坡口两侧 $10～20$ mm 进行清油除锈,试件正面坡口内两端点固,长度小于等于 20 mm,点固焊时允许做反变形。

⑦ 定位装配后,将装配好的试件固定在操作架上;试件一经施焊不得任意更换和改变焊接位置。

⑧ 焊接中劳保用品穿戴整齐;焊接工艺参数选择正确,焊后焊件保持原始状态。

⑨ 焊接完毕,关闭电焊机和气瓶,工具摆放整齐,场地清理干净。

(2)准备工作

① 材料准备。材质为 Q235,$\delta=12$ mm 的钢板 2 块,规格为 300 mm×100 mm;焊丝 HO8Mn2SiA,直径为 1.2 mm;CO_2 气体 1 瓶。

② 设备准备。CO_2 气体保护焊焊机 1 台。

③ 工具准备。台虎钳 1 台、克丝钳 1 把、面罩、钢丝刷、锉刀、活扳手、台式砂轮或角向磨光机、焊缝测量尺等。

④ 劳保用品准备。自备。

(3)考核时限

基本时间 30 min,正式操作时间 40 min。

时间允许差:每超过 5 min,扣 1 分;不足 5 min 按 5 min 计算;超过规定时间 15 min,不得分。

(4)评分项目及标准

评分项目及标准如表 3-18 所列。

表 3-18 评分项目及标准

序 号	考核要求	配分/分	评分标准
1	焊前准备	10	① 工件清理不干净,点固定位不正确,扣 5 分; ② 焊接参数调整不正确,扣 5 分

序　号	考核要求	配分/分	评分标准
2	焊缝外观质量	40	① 焊缝余高＞3 mm,扣 4 分; ② 焊缝余高差＞2 mm,扣 4 分; ③ 焊缝宽度差＞3 mm,扣 4 分; ④ 背面余高＞3 mm,扣 4 分; ⑤ 焊缝直线度＞2 mm,扣 4 分; ⑥ 角变形＞3°,扣 4 分; ⑦ 错边＞1.2 mm,扣 4 分; ⑧ 背面凹坑深度＞2 mm 或长度＞26 mm,扣 4 分; ⑨ 咬边深度≤0.5 mm,累计长度每 5 mm 扣 1 分;咬边深度＞0.5 mm 或累计长度＞26 mm,扣 8 分; 注意: ① 焊缝表面不是原始状态,有加工、补焊、返修等现象或有裂纹、气孔、夹渣、未焊透、未熔合等任何缺陷存在,此项考试记不合格; ② 焊缝外观质量得分低于 24 分,此项考试记不合格
3	焊缝内部质量 (JB 4730)	40	射线探伤后按 JB 4730 评定: ① 焊缝质量达到Ⅰ级,扣 0 分; ② 焊缝质量达到Ⅱ级,扣 10 分; ③ 焊缝质量达到Ⅲ级,此项考试记不合格
4	安全文明生产	10	① 劳保用品穿戴不全,扣 2 分; ② 焊接过程中有违反安全操作规程的现象,根据情况扣 2~5 分; ③ 焊完后场地清理不干净,工具码放不整齐,扣 3 分

3.5.6　T 形接头操作练习

1. 焊前准备

(1) 试件及坡口形式

① 试件材质。Q235 或 20Cr。

② 试件尺寸。200 mm×100 mm×6 mm。

③ 坡口形式。T 形。

(2) 焊接材料

HO8Mn2SiA,直径为 1.2 mm。

(3) 焊接设备

KR350。

(4) 焊前清理

将坡口和靠近坡口上、下两侧 15~20 mm 内的钢板上的油、锈、水分及其他污物打磨干净,直至露出金属光泽。为防止飞溅不好清理和堵塞喷嘴,可在焊件表面涂上一层飞溅防粘剂,在喷嘴上涂上一层喷嘴防堵剂。

(5) 装配和定位焊

① 组对间隙。组对间隙为 0~2 mm。

② 定位焊缝。长 10～15 mm，焊脚尺寸为 6 mm，试件两端各一处，如图 3-77 所示。

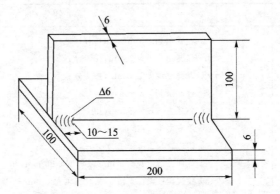

图 3-77　T 形接头试板及装配(单位:mm)

2. 水平角焊操作技术

(1) 试板位置

检查试板装配符合要求后，将试板平放在水平位置。

(2) 焊接工艺参数

焊接工艺参数如表 3-19 所列。

表 3-19　焊接工艺参数

焊道位置	焊丝直径/mm	伸出长度/mm	焊接电流/A	焊接电压/V	气体流量/(L·min⁻¹)	焊接速度/(cm·min⁻¹)
1 层 1 道	1.2	13～18	220～250	25～27	15～20	35～45

(3) 焊接操作要点

① 焊枪角度和指向位置。采用左焊法，一层一道，焊枪角度如图 3-78 所示。

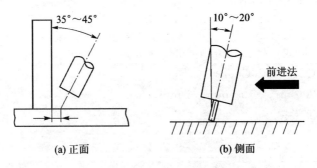

(a) 正面　　　　　　　　　(b) 侧面

图 3-78　水平角焊位焊枪角度

② 调试焊焊接工艺产参数后，在试板的右端引弧，从右向左方向焊接。

③ 焊枪指向距根部 1～2 mm 处。由于采用较大的焊接电流，焊接速度可稍快，同时要适当地做横向摆动。

④ 焊接过程中，如果焊枪对准的位置不正确，引弧电压过低或焊速过慢都会使铁水下淌，造成焊缝下垂，如图 3-79(a) 所示；如果引弧电压过高、焊速过快或焊枪朝向垂直板、母材温度过高等则会引起焊缝的咬边和焊瘤，如图 3-79(b) 所示。

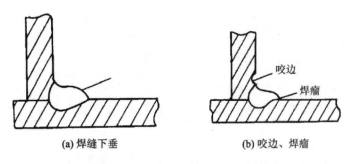

(a) 焊缝下垂　　　　　　　　(b) 咬边、焊瘤

图 3-79　水平角焊缝的成形缺陷

3. 垂直立角焊操作

（1）试板位置

检查试板装配符合要求后，将试板垂直位置固定。

（2）焊接工艺参数

焊接工艺参数如表 3-20 所列。

表 3-20　焊接工艺参数

焊道位置	焊丝直径/mm	伸出长度/mm	焊接电流/A	焊接电压/V	气体流量/(L·min⁻¹)
1层1道	1.2	10~15	120~150	18~20	15~20

（3）焊接操作要点

① 焊枪角度和指向位置采用立向上焊法，一层一道。焊枪角度如图 3-80 所示。

② 调试好焊接工艺参数后，在试板的底端引弧，从下向上焊接。

③ 保持焊枪的角度始终在工件表面垂直线上下约 10°左右，才能保证熔深和焊透。

④ 采用如图 3-81 所示的三角形送枪法摆动焊接，有利于顶角处焊透。为了避免铁水下淌，中间位置要稍快；为了避免咬边。在两侧焊趾处要稍做停留。

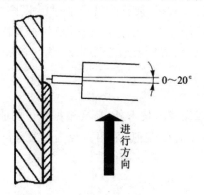

图 3-80　立角焊位焊枪角度

图 3-81　焊枪摆动方式

4. 仰角焊操作

（1）试板位置

检查试板装配符合要求后，将试板水平位置固定，焊接面朝下。试板高度要保证焊工处于蹲位或站位焊接时，有足够的空间，操作不感到别扭。

（2）焊接工艺参数

焊接工艺参数如表 3-21 所列。

表 3-21 焊接工艺参数

焊道位置	焊丝直径/mm	伸出长度/mm	焊接电流/A	焊接电压/V	气体流量/(L·min⁻¹)
1层1道	1.2	10～15	120～150	19～23	15～20

（3）焊接操作要点

① 焊枪角度和指向位置采用右焊法，一层一道。焊枪角度如图 3-82 所示。

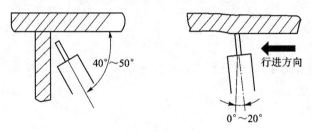

图 3-82　仰角焊位焊枪角度

② 调试好焊接工艺参数后，在试板的左端引弧，待试板底部完全熔合后，开始向右焊接。

③ 焊接过程采用小幅摆动法。摆动焊时，焊枪在中间位置稍快，两端稍作停留。

④ 保持焊枪正确的角度。如果焊枪后倾角过大，则会造成凸形焊道及咬边。在焊接过程中要根据熔池的具体情况，及时调整焊接速度和摆动方式，才能有效地避免咬边、熔合不良、焊道下垂等缺陷的产生。

3.5.7　管–管对接操作练习

管子对接难度较大，必须掌握了平焊对接焊接要领之后才能进行操作练习。本节讲述大小径管四种位置对接的操作要点，即水平转动的管子对接（简称为管子平焊）、水平固定管子焊接（简称为管子全位置焊）、45°固定的管子焊接（简称为 45°固定全位置焊）和垂直固定的管子对接（简称为管子横焊）。管子对接所用试件尺寸焊前清理及装配要求与焊条电弧焊相同，可参看本书有关实训操作练习。

1. 小径管对接操作练习

焊接小径管的对接接头，除了要掌握单面焊双面成形技术外，还要根据管子的曲率半径不断的转动手腕，随时改变焊枪角度和对中位置，由于管壁较薄，采用直径为 1.2 mm 的焊丝焊接时容易被烧穿，故难度较大。

（1）小径管水平转动对接

焊接过程中，允许不断转动小管子，在平焊位置焊接小管径对接接头，故简称为小径管平焊，这是小径管最容易焊接的项目。

1）焊接参数

焊接参数如表 3-22 所列。

2）焊接要点

① 焊枪角度与焊法。采用左向焊法，单层单道焊，小径管水平转动的焊枪角度与电弧对

中位置如图 3-83 所示。

表 3-22 小径管水平转动对接的焊接参数

焊丝直径/mm	焊丝伸出长度/mm	焊接电流/A	电弧电压/V	气体流量/(L·min⁻¹)
1.2	15～20	90～110	18～20	15

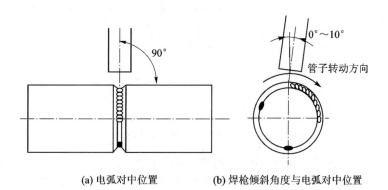

(a) 电弧对中位置　　　　**(b) 焊枪倾斜角度与电弧对中位置**

图 3-83 小径管水平转动对接的焊枪角度

② 试件位置。调整好试板架的高度,保证焊工坐着或站着都能方便地移动焊枪并转动试件,将小径管放在试板架上,一个定位焊缝焊在时钟 1 点位置处。

③ 焊接。调试好焊接参数后,按下述步骤焊接:在时钟 1 点位置处定位焊缝上引弧,并从右向左焊至时钟 11 点位置处灭弧,立即用左手将管子按顺时针方向转一个角度,将灭弧处转到时钟 1 点位置处再焊接,如吹不断地转动,直到焊完一圈为止。焊接时要特别注意以下两点:

a. 尽可能地右手持枪焊接,左手转动管子,使熔池保持在平焊位置,管子转动速度不能太快,否则熔融金属会流出,焊缝外形不美观。

b. 因为焊丝较粗,熔敷效率较高,采用单层单道焊,既要保证焊件背面成形,又要保证正面美观,很难掌握。为防止烧穿,可采用"断续"焊法,像收弧那样,用不断地引弧、断弧的办法进行焊接。

(2) 小径管水平固定全位置焊

此焊接过程中,管子轴线固定在水平位置,不准转动,必须同时掌握了平焊、立焊、仰焊三种位置单面焊双面成形操作技能才能焊出合格的焊缝,简称为小径管全位置焊。

1) 焊接参数

焊接参数如表 3-23 所列。

表 3-23 焊接小径管水平固定对接全位置焊的参数

焊丝直径/mm	焊丝伸出长度/mm	焊接电流/A	电弧电压/V	气体流量/(L·min⁻¹)
1.2	15～20	90～110	18～20	15

2) 焊接要点

① 焊枪角度与焊法。小径管焊接时,将管子按时钟位置左右两半圈。采用单层单道焊,焊接过程中,小径管全位置焊接焊枪的角度与电弧对中位置的变化如图 3-84 所示。

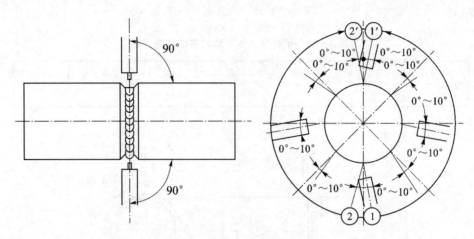

图 3-84　小径管全位置焊焊枪角度与电弧对中位置

　　② 试件位置。调整好卡具的高度,保证焊工单脚跪地时能从时钟 7 点位置处焊到 3 点位置处,焊工站着稍弯腰也能从 3 点位置处焊到 0 点位置处,然后固定小径管,保证小径管的轴线在水平位置内,时钟 0 点位置在最上方。焊接过程中不准改变小径管的相对位置。

　　③ 焊接。调试好焊接参数后,按下述步骤焊接:

　　a. 在时钟 7 点位置处的定位焊缝上引弧,保持焊枪角度、沿顺时针方向焊至 3 点位置处断弧,不必填弧坑,但断弧后不能立即拿开焊枪,利用余气保护熔池,至凝固为止。

　　b. 将弧坑处第二个定位焊缝打磨成斜面。

　　c. 在时钟 3 点位置处的斜面最高处引燃电弧,沿顺时针方向焊至 11 点位置处断弧。

　　d. 将时钟 7 点位置处的焊缝头部磨成斜面,从最高处引燃电弧后迅速接好头,并沿逆时针方向焊至时钟 9 点位置处段弧。

　　e. 将时钟 9 点位置和 11 点位置处的焊缝端部都打磨成斜面,然后从 9 点位置处引弧,仍沿逆时针方向焊完封闭段焊缝,在 0 点位置处收弧。

　　注意:

　　将正反手两段焊缝分为几段焊的目的是,使焊工再练习过程中掌握接头技术。为此焊接过程中可以多分几段,一旦学会了接头,两半焊缝最好一次完成。

　　(3) 小径管垂直固定对接

　　从理论上将,垂直固定的管子,焊缝在横焊位置,简称为小径管横焊,它是比较好焊的项目,但实际考试结果往往还不如小径管全位置焊,合格率低,可能是思想上不够重视的结果,故练习时要特别留意。

　　1) 焊接参数

　　小径管垂直固定对接的焊接参数如表 3-24 所列。

表 3-24　小径管垂直固定对接的焊接参数

焊丝直径/mm	焊丝伸出长度/mm	焊接电流/A	电弧电压/V	气体流量/(L·min^{-1})
1.2	15~20	110~130	20~22	12~15

　　2) 焊接要点

　　① 焊枪角度与焊法。采用左向焊法,单层焊道,小径管垂直固定焊焊枪角度与电弧对中

位置如图 3 - 85 所示。

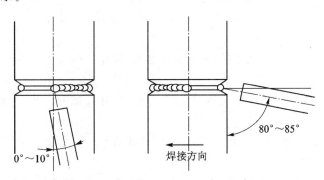

图 3 - 85　小径管垂直固定对接的焊枪角度与电弧对中位置

② 试件位置。调整好试板架的高度,将小径管垂直固定好,保证焊工坐着或站着能方便地转腕进行焊接,定位焊缝位于右侧的准备引弧处。

③ 焊接。调整好焊接参数后,按下述步骤焊接;

第一,在右侧定位焊缝上引弧,焊枪小幅度地作横向摆动,当定位焊缝左侧形成熔孔后,转入正常焊接。

注意:焊接过程中,尽可能保持熔孔直径不变,熔孔直径比间隙大 0.5～1 mm 较合适,从右向左焊接到不好观察熔池处断弧,断弧后不能移开焊枪,须利用余气保护熔池至完全凝固,不必填弧坑。

第二,将弧坑磨成斜面后,焊工转到焊缝左边开始引弧处,再从右至左焊接,如此重复,直到焊完一圈焊缝。

整个焊接过程中须注意以下几点:

a. 尽可能地保持熔孔直径一致,保证背面焊缝的宽、高均匀。

b. 焊枪沿上、下两侧坡口做锯齿形横向摆动,并在坡口面上适当停留,保证焊缝两侧熔合较好。

c. 焊接速度不能太慢,防止烧穿、背面焊缝太高或正面焊缝下坠。

(4) 小径管 45°固定全位置焊

小径管 45°固定全位置焊接比水平固定小径管焊接过程复杂,焊接时焊枪的倾斜角度和电弧对中位置除了要跟随焊接位置改变外,还要跟随坡口中线水平移动。

1) 焊接参数

焊接参数同表 3 - 21 所列。

2) 焊接要点

① 焊枪角度与焊缝法。为方便焊接,将管子焊缝按时钟位置分为左右两半圈。单层单道焊时,从时钟 7 点位置处开始由下往上焊接。焊接时焊枪的倾斜角度和电弧位置见图 3 - 86。

② 试件位置。调整好卡具高度,保证焊工单腿跪地时能方便地焊接下半圈焊缝,焊工站起来稍弯腰也能焊完上半圈焊缝,将管子轴线与水平面成 45°角固定好。注意:时钟 0 点位置处在正上方,定位焊缝在时钟 7 点位置处。

③ 焊接。调整好焊接参数后,按下步骤焊接:

第一,在时钟 7 点位置处定位焊缝上引燃电弧,原地预热,待定位焊缝和两侧坡口熔化形成熔池后,按顺时针方向将电弧移到定位焊右端,向内顶电弧,听见击穿声、看见溶孔且溶孔大小合适时,转入正常焊接。按顺时针方向焊完右半圈焊缝,至时钟 11 点位置处定位焊缝处结束。

第二,在时钟 7 点位置处的定位焊缝上引燃电弧,按相同的要求沿逆时针方向焊完左半圈焊缝。

第三,焊到定位焊缝两端时,要适当降低焊接速度,电弧稍向内顶,保证定位焊缝两端焊透,背面焊道宽度不能太大。

第四,焊接过程中焊枪在水平方向摆动,因此焊缝的鱼鳞纹和管子轴线成 45°角分布。

2. 大径管对接操作练习

大径管比小径管容易焊很多,仅当生产或安装工程中需要壁厚超过 12 mm,直径大于 89 mm 的管子时,才需要操作相应的大管。由于试件的壁厚较大,必须采用多道焊。焊工练习时,应在焊接过程中控制好溶孔的直径,通常直径应比间隙大 1~2 mm,保证焊根熔合良好。

(1) 大径管水平转动对接

焊接过程中允许大径管转动,在平焊位置进行焊接,这是大径管最容易焊接的位置。

1) 焊接参数

焊接参数如表 3-25 所列。

表 3-25　大径管水平转动对接的焊接参数

焊道位置	焊丝直径/mm	焊丝伸出长度/mm	焊接电流/A	电弧电压/V	气体流量/(L·min⁻¹)
打底层			110~130	18~20	
填充层	1.2	15~20	130~150	20~22	15
盖面层			130~140	20~22	

2) 焊接要点

① 焊枪角度及焊法。采用左焊法,三层三道,大径管水平转动的焊枪角度与电弧对中位置如图 3-81 所示。

② 试件位置。调整好试架板高度,将大径管放在试架板上,时钟 0 点位置最高处,保证焊工坐着或站着都能方便地移动并转动焊件,定位焊缝在时钟 1 点位置处。

③ 打底层。调试好打底层焊道的参数后,在时钟 1 点位置处引弧,并从右往左焊至 11 点处断弧,立即用左手将管子按顺时针方向转一个角度,将弧坑转到 1 点位置处再焊接,如此不断地转动管子,直到焊完一圈为止。如果可能,最好边转边焊,连续焊完一圈打底层焊缝。焊接时要特别注意以下几点:

a. 尽可能用右手持焊枪,左手转动管子,使熔池保持在水平位置,转动管子的速度就是焊接的速度,不能让熔池金属流出,影响焊缝外形的美观。

b. 焊打底层焊缝,必须保证焊道的背面成形良好。为此,焊接过程中要控制好熔孔直径,保持熔池直径比间隙大 0.5~1 mm 较为合适。

c. 除净打底层焊道的焊渣、飞溅物,并用角向磨光机将打底层焊道上的局部凸起磨平。

④ 填充层。调整好填充层焊道的参数后,按焊打底层步骤焊完填充层焊道。须注意以下问题:

　　a. 焊枪摆动的幅度应稍大,并在坡口适当停留,保证焊道两侧熔合良好、焊道表面平整、稍下凹。

　　b. 控制好填充层焊道的高度,使焊道表面距管子外圆 2～3 mm,不能熔化坡口的上棱,如图 3 - 86 所示。

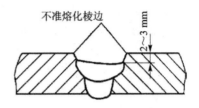

不准熔化棱边　　2～3 mm

图 3 - 86　填充层焊道的要求

　　⑤ 盖面层。调试好盖面层焊道的焊接参数后,焊完盖面焊道,须注意以下几点:

　　a. 焊枪摆动的幅度应比焊填充层焊道时大,并在两侧稍停留,使熔池边缘超过坡口棱边 0.5～1.5 mm,保证两侧熔合良好。

　　b. 转动管子的速度要慢,保持在水平位置焊接,使焊道外形美观。

　　(2) 大径管水平固定全位置焊

　　由于焊接过程中管子固定在水平位置,不能转动,焊接难度较大,必须同时掌握了对接板平焊、立焊、仰焊三种位置的单面焊双面成形技术后才能焊出合格的试件。

　　1) 焊接参数

　　焊接参数如表 3 - 26 所列。

表 3 - 26　大管径水平固定对接的焊接参数

焊接层次	焊丝直径/mm	焊丝伸出长度/mm	焊接电流/A	电弧电压/V	气体流量/(L·min^{-1})
打底层			110～130	18～20	
填充层	1.2	15～20	130～150	20～22	12～15
盖面层			130～140	20～22	

　　2) 焊接要点

　　为方便焊接,将大径管焊缝按时钟位置分成左右两半圈进行焊接。

　　① 焊枪角度与焊法。焊三层三道,从时钟 7 点处开始按顺、逆时针方向焊接,焊枪角度与电弧对中位置如图 3 - 82 所示。

　　② 试件位置。调整好试板高度,将管子水平固定在试板架上,保证焊工单腿跪地时能方便地焊到时钟 7→3 及 7→9 点处的焊道,焊工站着能方便地焊完 3 点→0 及 9→0 点处的焊道,时钟 0 点位置在最上方。

　　③ 打底层。调整好打底层焊道的参数后,在 7 点定位焊缝处上引弧,焊枪沿逆时针方向作小幅度锯齿形摆动,定位焊右侧形成熔孔后转入正常焊接。

　　焊接过程中应控制好熔孔直径,通常熔孔直径比间隙大 1～2 mm 较为合适,熔孔与间隙两边对称才能保证焊根熔合良好。

　　焊时不必操作灭弧,不必填弧坑,但焊枪不能离开熔池,利用余气保护熔池至完全凝固为止。将灭弧处的弧坑磨成斜面,然后由此处引弧,形成熔孔后,仍沿逆时针方向焊至时钟 0 点位置处。从时钟 7 点处开始,按顺时针方向焊至 0 点处,除净熔渣、飞溅物、磨掉打底焊道接头局部凸起。

　　④ 填充层。调试好填充焊接工艺参数后,按焊打底层焊道步骤焊完填充层焊道。

　　焊接过程中,要求焊枪摆动的幅度稍大,在坡口两侧要适当停留、保证熔合良好,焊道表面稍下凹,不能熔化管子外表面坡口的棱边。

⑤ 盖面层。按填充层焊道的参数和顺序焊完盖面层焊道,焊接时须注意以下两点:

a. 焊枪摆动的幅度应比焊填充层焊道时大,保证熔池边缘超出坡口上棱 0.5~1.5 mm。

b. 焊接速度要均匀,保证焊道外形美观,余高合适

(3) 大径管垂直固定对接

大径管垂直固定对接简称为大径管焊,是比较容易掌握的,焊接时主要问题是焊缝外形不对称,通常都用多层多道焊来调整焊缝外观形状,焊接时要掌握好焊枪的角度。

1) 焊接参数

焊接参数如表 3-27 所列。

表 3-27　大径管垂直固定对接的焊接参数

焊接层次	焊丝直径/mm	焊丝伸出长度/mm	焊接电流/A	电弧电压/V	气体流量/(L·min⁻¹)
打底层			110~130	18~20	
填充层 盖面层	1.2	15~20	130~150	20~22	12~15

2) 焊接要点

① 焊枪角度与焊法。左向焊法,三层四道,大径管的横焊如图 3-87 所示。

② 试件位置。调整好试板架的高度,将大径管垂直放在试板架上,保证焊工站立时能方便地摆动和水平移动焊枪。将一个定位焊缝放在右侧准备引弧处。

③ 打底层。调试好打底层焊道的参数后,在试件右侧定位焊缝上引弧,焊枪自右向左开始小幅度地锯齿形横向摆动。待左侧形成熔孔后,转入正常焊接。焊打底层焊道时的焊枪角度与电弧对中位置如图 3-88 所示。

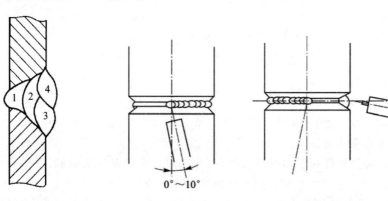

图 3-87　大径管垂直固定
对接的焊道分布

图 3-88　焊打底层焊道焊枪角度
与电弧对对中位置

焊打底层焊道时须注意以下事项:

a. 打底层焊道主要是保证焊缝的背面成形。焊接过程中,保证熔孔直径比间隙大 1~2 mm,两边对称才能保证焊根背面熔合较好。

b. 要特别注意定位焊缝处的焊接,保证打底层焊道与定位焊缝熔合好、接好头。

c. 焊到不便观察处立即灭弧,不必填弧坑,但不能移开焊枪,需要利用二氧化碳气保护熔池到完全凝固为止,然后迅速将试件转一个角度,将弧坑转到开始引弧处,趁热再引弧焊接,直

到焊完打底焊道。

d. 除净熔渣,飞溅物后,用角向磨光机将接头局部凸起磨掉。

④ 填充层。调试好填充层焊道的参数后,自右向左焊完填充层焊道,注意以下几点:

a. 适当加大焊枪的横向摆动幅度,保证坡口两侧熔合较好,焊枪的角度与焊打底层焊道要求相同。

b. 不准熔化坡口的棱边,保证焊缝表面平整并低于管子表面 2.5～3 mm。

c. 除净焊渣,飞溅物,并打磨掉填充层焊道接头的局部凸起。

⑤ 盖面层。用填充焊道的焊接参数和步骤焊完盖面层焊道。

焊盖面层焊道时应注意以下事项:

a. 为了保证焊缝余高对称,盖面层焊道分两道,焊枪角度与电弧对中位置如图 3-89 所示。

b. 焊接过程中,要保证焊缝两侧熔合良好,熔池边缘超过坡口 0.5～2 mm。

(4) 大径管 45°固定全位置焊

大径管 45°固定对接比大径管水平固定对接难焊,焊接时焊枪的倾斜角度和电弧对中位置必须跟着焊接处管子的曲率和坡口中心的水平位置移动。

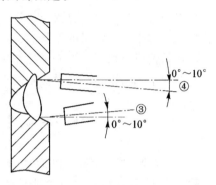

图 3-89　焊盖面层焊道焊枪角度与电弧对中位置

1) 焊接参数

焊接参数如表 3-26 所列。

2) 焊接要点

① 焊枪角度与焊法。三层三道,将焊缝按时钟位置分成两半,从时钟 7 点位置处开始,按顺、逆时针方向由下往上焊接,焊枪倾斜角度和电弧对中位置见图 3-82。

② 试件位置。试件与水平面成 45°角固定。

③ 焊接。焊接步骤、注意事项与大径管水平固定对接焊相同。

注意:电弧在水平方向摆动,因此,焊接方向和管子轴线成 45°角。

项目 4 钨极氩弧焊

知识和能力目标

① 掌握钨极的种类、牌号、载流量、端头几何形状的要求；

② 根据工件特点，合理选择焊接工艺参数的能力；

③ 熟悉钨极氩弧焊机的型号、技术特性，具备焊机维护及故障排除的能力；

④ 熟悉钨极氩弧焊实训安全操作规程；

⑤ 掌握平、立、横、管-管对接不同空间位置上的焊接操作技能。

任务 4.1 钨极氩弧焊简介

钨极氩弧焊（以下简称 TIG 焊）的原理如图 4-1 所示。TIG 焊属于非熔化极气体保护焊，用作电极的钨熔点很高，纯钨熔点 3 380～3 600 ℃，沸点 5 900 ℃。与其他金属比，可长时间处于高温而难以熔化。TIG 焊是利用金属钨的这种特性，将钨制成电极并以其与母材间产生的电弧作为热源来进行焊接的。并同时在钨极的周围通过喷嘴向焊接区送进惰性保护气体Ar，以保护钨极、电弧及熔池，避免空气侵入而造成损害。焊接时，若需向熔池加人填充金属（见图 4-1），填充金属（焊丝）从电弧焊接方向的前端，用手动或自动的方式向熔池送进。

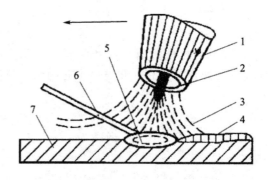

1—喷嘴；2—钨极；3—氩气；4—焊缝；5—熔池；
6—填充金属（焊丝）；7—焊件

图 4-1 钨极氩弧焊原理示意图

4.1.1 钨极的作用及其要求

1. 钨极的作用

钨是一种难熔的金属材料，能耐高温，其熔点为 3 380～3 600 K，沸点为 5 900 K，导电性好，强度高。氩弧焊时，钨极作为电极，起传导电流、引燃电弧和维持电弧正常燃烧的作用。

2. 对钨极的要求

钨极除应耐高温、导电性好、强度高，还应具有很强的发射电子能力（引弧容易，电弧稳定）、电流承载能力大、寿命长、抗污染性好。钨极必须经过清洗抛光或磨光。清洗抛光指的是在拉拢或锻造加工之后，用化学清洗方法除去表面杂质。

对气体保护焊钨极的种类及化学成分要求，如表 4-1 所列。

表 4 - 1　对气体保护焊钨极的种类及化学成分要求

钨极牌号		化学成分(质量分数,%)				特　点
		钨	氧化钍	氧化铈	其他元素	
纯钨极	W1	>99.92	—	—	<0.08	熔点和沸点都很高,空载电压要求较高,承载电流能力较小
	W2	>99.85	—	—	<0.05	
钍钨极	WTh - 7	余量	0.1~0.9		<0.15	比纯钨极降低了空载电压,改善了引弧、稳弧性能,增大了电流承载能力,有微量放射性
	WTh - 10		1~1.49			
	WTh - 15		1.5~2			
	WTh - 30		3~3.5			
铈钨极	WCe - 5	余量	—	0.5	<0.5	比钍钨极更容易引弧,电极损耗更小,放射剂量也低得多,目前应用广泛
	WCe - 13			1.3		
	WCe - 20			2		

4.1.2　钨极的种类、牌号及规格

1. 钨极的种类

钨极按其化学成分分类:有纯钨极(牌号是 W1、W2)、钍钨极(牌号是 WTh - 7、WTh - 15)、铈钨极(牌号是 WCe - 20)、锆钨极(牌号为 WZr - 15)和镧钨极五种。长度范围为 76~610 mm,可用的直径范围一般为 0.5~6.3 mm。各类钨极的特点如下:

(1) 纯钨极

纯钨极的质量分数 $w(W)$ 为 99.85% 以上,价格不太昂贵,一般用在要求不严格的情况。使用交流电时,纯钨极电流承载能力较低,抗污染能力差,要求焊机有较高的空载电压,故目前很少采用。

(2) 钍钨极

钍钨极是加入了质量分数为 1%~2%氧化钍的钨极,其电子发射率较高,电流承载能力较好,寿命较长并且抗污染性能较好。使用这种钨极时,引弧比较容易,并且电压比较稳定。缺点是成本较高,具有微量放射性。

(3) 铈钨极

在纯钨中加入质量分数为 2%的氧化铈,便制成了铈钨极。与钍钨极相比,它具有如下优点:直流小电流焊接时,易建立电弧,引弧电压比钍钨极低 50%,电弧燃烧稳定;弧柱的压缩程度较好,在相同的焊接参数下,弧束较长,热量集中,烧损率比钍钨极低 5%~8%;放射性极低,是我国建议尽量采用的钨极。

(4) 锆钨极

锆钨极的性能在纯钨极和钍钨极之间。用于交流焊接时,具有纯钨极理想的稳定性和钍钨极的载流量及引弧特性等综合性能。

(5) 镧钨极

镧钨极还在研制之中,我国已将其定位第五类。

2. 牌号的定义

目前我国对钨极的牌号没有统一的规定,根据化学元素符号及化学成分的平均含量来确定牌号是比较流行的一种。各类钨极的牌号及其化学成分如表 4-1 所列。

3. 钨极的规格

制造厂家按长度供给范围 76~610 mm 的钨极;常用钨极的直径为:0.5 mm、1.0 mm、1.6 mm、2.0 mm、2.5 mm、3.2 mm、4.0 mm、5.0 mm、6.3 mm、8.0 mm 和 10 mm 多种。

4.1.3 钨极的载流量(许用电流)

钨极载流量的大小,主要由直径、电流种类和极性决定。如果焊接电流超过钨极的许用值时,会使钨极强烈发热、熔化和蒸发,从而引起电弧不稳定,影响焊接质量,导致焊缝产生气孔、夹钨等缺陷;同时焊缝的外形粗糙不整齐。表 4-2 列出了根据电极直径推荐的许用电流范围。在施焊过程中,焊接电流不得超过钨极规定的许用电流上限。

表 4-2 根据钨极直径推荐的许用电流范围

电极直径/mm	直流电流/A				交流电流/A	
	正接(电极-)		反接(电极-)		纯钨	加入氧化物的钨
	纯钨	加入氧化物的钨	纯钨	加入氧化物的钨		
0.5	2~20	2~20	—	—	2~15	2~15
1.0	10~75	10~75	—	—	15~55	15~70
1.6	40~130	60~150	10~20	10~20	45~90	60~125
2.0	75~180	100~200	15~25	15~25	65~125	85~160
2.5	130~230	170~250	17~30	17~30	80~140	120~210
3.2	160~310	225~330	20~35	20~35	150~190	150~250
4	275~450	350~480	35~50	35~50	180~260	240~350
5	400~625	500~675	50~70	50~70	240~350	330~460
6.3	550~675	650~950	65~100	65~100	300~450	430~575
8.0						650~830

4.1.4 钨极端头的几何形状及其加工

钨极端部形状对焊接电流燃烧稳定性及焊缝成形影响很大。

使用交流电时,钨极端部应磨成半球形;在使用直流电时,钨极端部呈锥形或截头锥形易于高频引燃电弧,并且电弧比较稳定。钨极端部的锥度也影响焊缝的熔深,减小锥角可减小焊道的宽度,增加焊缝的熔深,常用的钨极端头几何形式,如图 4-2 所示。削磨钨极应采用专用的硬磨精料磨砂轮,应保持钨极磨削后几何形状的均一性。磨削钨极时,应采用密封式或抽风式砂轮机,焊工应戴口罩,磨削完毕,应洗净手脸。

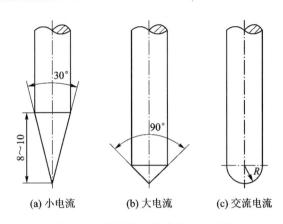

(a) 小电流　　(b) 大电流　　(c) 交流电流

图 4 - 2　常用钨极端头的几何形状

任务 4.2　焊接工艺参数的选择

手工钨极氩弧焊的主要工艺参数有：钨极直径，焊接电流，电弧电压，焊接速度，电源种类和极性、钨极伸出长度、喷嘴直径、喷嘴与工件间距离及氩气流量等。

4.2.1　焊接电流及钨极直径的选择

通常根据焊件的材质、厚度和接头的空间位置选择焊接电流。焊接电力增大时，熔深增大；焊缝宽度与余高稍增加，但增加得很少。手工钨极氩弧焊用钨极的直径是一个比较重要的参数，因为钨极的直径决定了焊枪的结构尺寸、重量和冷却形式，会直接影响焊工的劳动条件和焊接质量。因此。必须根据焊接电流、选择合适的钨极直径。

如果钨极较粗，焊接电力很小，由于电流密度低，钨极端部温度不够，电弧会在钨极端部不规则的飘移，电弧很不稳定，破坏了保护区，熔池被氧化，焊缝形成不好，而且容易产生气孔。

当焊接电流超过了相应直径的许用电流时，由于电流密度太高，钨极端部温度达到或超过钨极的熔点，可看到钨极端部出现熔化迹象，端部很亮，当电流继续增大时，熔化了的钨极在端部形成一个小尖状突起，逐渐变大形成熔滴，电弧随熔滴尖端漂移，很不稳定，这不仅破坏了氩气保护区，使熔池被氧化，焊缝成形不好，而且熔化的钨滴落入熔池后会产生夹钨缺陷。

当焊接电流合适时，电弧很稳定。表 4 - 3 给出了不同直径、不同牌号钨极允许使用的电流范围。又从表 4 - 3 可看出：同一种直径的钨极，在不同的电源和极性条件下，允许使用的电流范围不同。相同直径的钨极，直流正接时许用电流最大；直流反接时许用电流最小；交流时许用电力介于二者之间。当电流种类和大小变化时，为了保护电弧稳定，应将钨极端部磨成不同形状，如图 4 - 3 所示。

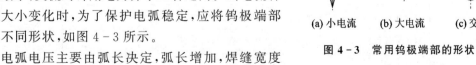

(a) 小电流　　(b) 大电流　　(c) 交流

图 4 - 3　常用钨极端部的形状

电弧电压主要由弧长决定，弧长增加，焊缝宽度增加，熔深稍减小。若电弧太长时，容易引起未焊透及咬边，而且保护效果也不好；若电弧太短很难看清熔池,而且送丝时容易碰到钨极引起短路,使钨极受到污染,加大钨极烧损,还容易造成夹钨。通常使弧长近似等于钨极直径。

表4-3 推荐的焊接电流值

钨棒直径/mm	焊接电流/A			
	交流电流		直流正接	直流反接
	W	WTh	W,WTh	W,WTh
0.5	5～15	5～20	5～20	—
1.0	10～60	15～80	15～80	—
1.6	50～100	70～150	70～150	10～20
2.4	100～160	140～235	150～250	15～30
3.2	150～210	225～325	250～400	25～40
4.0	200～275	300～425	400～500	40～55
4.8	250～350	400～525	500～800	55～80

4.2.2 焊接速度的选择

焊接速度增加时,熔深和熔宽减小。焊接速度太快时,容易产生未焊透,焊缝高而窄,两侧熔合不好;焊接速度太慢时,焊缝很宽,还可能产生焊漏烧穿等缺陷。

手工钨极氩弧焊时,通常都是焊工根据熔池大小、熔池形状和两侧熔合情况随时调整焊接速度。选择焊接速度时,应考虑以下因素:

① 在焊接铝及铝合金以及高导热性金属时,为减少变形,应采用较快的焊接速度。
② 焊接有裂纹倾向的合金时,不能采用高速度焊接。
③ 在非平焊位置焊接时,为保证较小的熔池,避免铁水下流,尽量选择较快的焊速。

4.2.3 焊接电源种类和极性的选择

氩弧焊采用的电流种类和极性选择与所焊金属及其合金种类有关。有些金属只能用直流电正极或反极性,有些交、直流电流都可使用。因而需要根据不同材料选择电源和极性,如表4-4所列。直流正极性时,焊件接正极,温度较高,适用于焊厚焊件及散热快的金属。采用交流电焊接时,具有阴极破碎作用,即焊件为负极时,因受到正离子的轰击,焊件表面的氧化膜破裂,使液态金属容易熔合在一起,通常都用来焊接铝、镁及其合金。

表4-4 焊接电源种类与极性的选择

电源种类与极性	被焊金属材料
直流正极性	低合金高强度钢、不锈钢、耐热钢、铜、钛及其合金
直流反极性	适用各种金属的熔化极氩弧焊
交流电源	铝、镁及其合金

4.2.4　喷嘴直径和氩气流量的选择

喷嘴直径(指内径)越大,保护区范围越大,要求保护气的流量也越大。可按下式选择喷嘴内径:

$$D = (2.5 \sim 3.5)d_w$$

式中:D——喷嘴直径或内径(mm);

　　d_w——钨极直径(mm)。

通常焊枪选定以后,喷嘴直径很少能改变,因此实际生产中并不把它当作独立焊接参数来选择。

当喷嘴直径决定以后,决定保护效果的是氩气流量。氩气流量太小时,保护气流软弱无力,保护效果不好;氩气流量太大,容易产生紊流,保护效果也不好;

只有保护气流量合适时,喷出的气流是层流,保护效果好。

可按下列计算氩气的流量:

$$Q = (0.8 \sim 1.2)D$$

式中:Q——氩气流量(L/min);

　　D——喷嘴直径(mm)。

D 小时,Q 取下限;D 大时,Q 取上限。

实际工作中,通常可根据试焊情况选择流量,流量合适时,保护效果好、熔池平稳、表面上有渣、焊缝表面发黑或者有氧化皮。

选择氩气流量时还要考虑一下因素:

① 外界气流和焊接速度的影响。焊接速度越大,保护气流遇到空气阻力越大,它使保护气体偏向运动的反方向;若焊接速度过大,将失去保护。因此,在增加焊接速度的同时应相应地增加气体的流量。在有风的地方焊接时,应适当增加氩气流量。一般最好在避风的地方焊接,或采取挡风措施。

② 焊接接头形式的影响。对接接头和 T 形接头焊接时,具有良好的保护效果,如图 4-4(a)所示。在焊接这类工作时,不必采取其他工艺措施;而进行端头角焊时,保护效果最差,如图 4-4(b)所示,在焊接这类接头时,除增加氩气流量外,还应加挡板如图 4-5 所示。

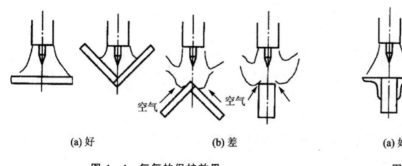

(a)好　　　　　　(b)差

图 4-4　氩气的保护效果

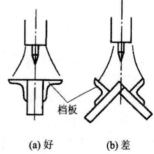

(a)好　　　(b)差

图 4-5　加挡板

4.2.5　钨极伸出长度的选择

为了防止电弧热烧坏喷嘴,钨极端部应突出喷嘴以外。钨极端头至喷嘴端头的距离叫钨极伸出长度。

钨极伸出长度越小,喷嘴与焊接间距离越近,保护效果越好,但过近会妨碍观察熔池。

通常焊对接缝时,钨极伸出长度为 5~6 mm 较好;焊角焊缝时,钨极伸出长度为 7~8 mm 较好。

4.2.6 喷嘴与焊件间距离的选择

喷嘴与焊件间距离是指喷嘴端面和焊件间距离,这个距离越小,保护效果越好,但能观察的范围和保护区都小;这个距离越大,保护效果越差。

4.2.7 焊丝直径的选择

根据焊接电流的大小,选择焊丝直径,表 4-5 列出了电流与直径间的关系。

表 4-5 焊接电流与焊丝直径的匹配关系

焊接电流/A	焊丝直径/mm	焊接电流/A	焊丝直径/mm
10~20	≤1.0	200~300	2.4~4.5
20~50	1.0~1.6	300~400	3.0~6.0
50~100	1.0~2.4	400~500	4.5~8.0
100~200	1.6~3.0		

4.2.8 左焊法与右焊法的选择

左焊法与右焊法,如图 4-6 所示。

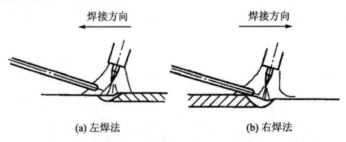

图 4-6 左焊法与右焊法

在焊接过程中,焊丝与焊枪由右端向左端移动,焊接电弧指向未焊部分,焊丝位于电弧运动的前方,称为左焊法。如在焊接过程中,焊丝与焊枪由左端向右端施焊,焊接电弧指向已焊部分,填充焊丝位于电弧运动的后方,则称为右焊法。

① 左焊法的优点。焊工视野不受阻碍,便于观察和控制熔池情况;焊接电弧指向未焊部分,既可对未焊部分起预热作用,又能减小熔深,有利于焊接薄件(特别是管子对接时的根部打底焊和焊易熔金属);操作简单方便、初学者容易掌握。特别是国内很大一部分手工钨极氩弧焊工,多系从气焊工改行(因左向焊法在气焊中应用在普遍),因为更增大了这种方法使用的普遍性。

② 左焊法的缺点。主要是焊大工件,特别是多层焊时,热量利用率低,因而影响熔敷效率。

③ 右焊法的优点。由于右焊法焊接电弧指向已凝固的焊缝金属,使熔池冷却缓慢,有利于改善焊缝金属组织,减少气孔,夹渣的可能性;由于电弧指向焊缝金属,因而提高了热利用率,在相同的热输入时,右焊法比左焊法熔深大,因而特别适合于焊接厚度较大,熔点较高的焊件。

④ 右焊法的缺点。由于焊丝在熔池运动后方,影响焊工视线,不利于观察和控制熔池;无法在管道上(特别小直径管)施焊;掌握较难,焊工一般不喜欢用此法。

任务 4.3　焊机的型号、技术特性、维护及故障排除

4.3.1　氩弧焊机的型号编制方法

根据 GB/T10249—1988《电焊机型号编制方法》规定,氩弧焊机型号由汉语拼音字母及阿拉伯数字组成。氩弧焊机型号的编排次序如图 4-7 所示。

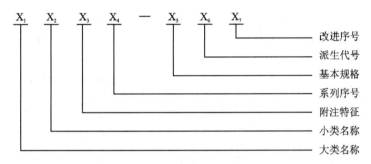

图 4-7　氩弧焊机型号的排版次序

① 型号中 X_1 X_2 X_3 X_6 各项用汉语拼音字母表示。

② 型号中 X_4 X_5 X_7 各项用阿拉伯数字表示。

③ 型号中 X_3 X_4 X_6 X_7 项如不用时,其他各项排紧。

④ 附注特征和系列序号用于区别同小类的系列和品种,包括通用和专用产品。

⑤ 派生代号按汉语拼音的顺序编排。

⑥ 改进序号,按生产改进次数连续编号。

⑦ 可同时兼作两大类焊机使用时,其大类名称的代表字母按主要用途选取。

⑧ 气体保护焊机型号代表字母及序号,如表 4-6 所列。

氩弧焊机型号的编排实例如图 4-8 所示。

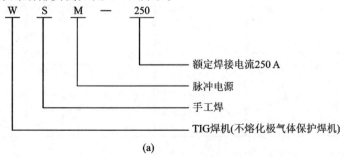

(a)

图 4-8　氩弧焊机型号的编排实例

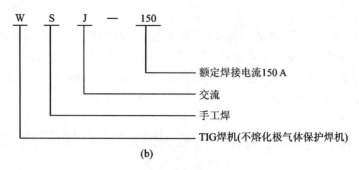

(b)

图 4 - 8　氩弧焊机型号的编排实例(续)

表 4 - 6　气体保护焊机型号代表字母及序号

X₁		X₂		X₃		X₄		X₅	
代表字母	大类名称	代表字母	小类名称	代表字母	附注特征	数字序号	系列序号	单位	基本规格
W	TIG 焊机	Z S D Q	自动焊 手工焊 点焊 其他	省略 J E M	直流 交流 交直流 脉冲	1 2 3 4 5 6 7 8	焊车式 全位置焊车式 横臂式 机床式 旋转焊头式 台式 机械手式 变位式 直空充气式	A	额定焊接电流
N	MIG MAG 焊机	Z B L D U G	自动焊 半自动焊 螺柱焊 点焊 堆焊 切割	M C	氩气及混合气体保护焊 直流 氩气及混合气体保护焊 脉冲 二氧化碳保护焊	1 2 3 4 5 6 7	焊车式 全位置焊车式 横臂式 机床式 旋转焊头式 台式 机械手式 变位式	A	额定焊接电流
K	控制器	D F T U	点焊 缝焊 凸焊 对焊	省略 F Z	同步控制 非同步控制 质量控制	1 2 3	分立元件 集成电路 微机	kV·A	额定容量

4.3.2　常用氩弧焊机的技术特性

（1）交流手工氩弧焊机

这类焊机是应用范围较广的焊机。具有较好的热效率，能提高钨极的载流能力，而且使用交流电源，相对价格较便宜。最大的优点是交流电弧在负半周时（焊件为负极时），大质量氩离子高速冲击熔池表面，可将浮在熔池表面的高熔点氧化膜清除干净，使熔化了的填充金属能够和熔化了的母材熔合在一起，从而可改善铝及其合金的焊接性，能获得优质焊缝，这种作用称为阴极清理作用，又称阴极破碎作用或阴极雾化作用。正是利用这个优点，使交流钨极氩弧焊机成为焊接铝、镁及其合金的重要设备。

交流钨极氩弧焊机的缺点有两个：一是必须采用高频振荡器或高压同步脉冲发生器引弧；二是必须使用电容器组或其他措施清除交流焊接电流中的直流成分。

国产手工交流钨极氩弧焊机属于 WSJ 系列，其技术数据如表 4－7 所列。

表 4－7　交流手工钨极氩弧焊机型号及技术数据

技术数据	型　号		
	WSJ－150	WSJ－400	WSJ－500
电源电压/V	380	220	220/380
空载电压/V	80	80～88	80～88
额定焊接电流/A	150	400	500
电流调节范围/A	30～150	60～400	50～500
额定定载持续率/%	35	60	60
钨极直径/mm	1～2.5	1～5	1～5
引弧方式	脉冲	脉冲	脉冲
稳弧方式	脉冲	脉冲	脉冲
冷却水流量/(L·min^{-1})	—	1	1
氩气流量/(L·min^{-1})	—	25	25
用　途	焊接 0.3～3 mm 的铝及铝合金、镁及其合金	焊接铝与镁及其合金	焊接铝和镁及其合金

（2）直流手工钨极氩弧焊机

这类氩弧焊机电弧稳定，结构最简单。为了实现不接触引弧，也需要用高频振荡器引弧，这样既可使引弧可靠，引弧点准确，又可以防止接触引弧处产生夹钨。由于钨极允许使用的最大电流受极性影响，这类焊机只能在直流正接的情况下（焊件接正极）工作。常用来焊接碳素钢、不锈钢、耐热钢、钛及其合金、铜及其合金。直流手工钨极氩弧焊机可以配用各种类型的具有陡降外特性的直流弧焊电源。目前最常用的是配用逆变电源的直流手工钨极氩弧焊机，这类焊机属于 WS 系列。

（3）交/直流两用手工钨极氩弧焊机

这类焊机可通过转换开关，选择进行交流手工钨极氩弧焊或直流手工钨极氩弧焊。还可用于交流焊条电弧焊或直流焊条电弧焊，也是一种多功能，多用途焊机。交/直流两用钨极氩弧焊机属于 WSE 系列,国产交/直流两用手工钨极氩弧焊的型号和技术数据,如表 4-8 所列。

表 4-8　国产交/直流两用手工钨极氩弧焊机的型号与技术数据

参　数		型　号				
		WSE-150	WSE-160	WSE-250	WSE-300II	WSE-400
电源电压、相数及频率/(V/相/Hz)额定输入容量 kV·A		380/1/50	380/1/50 7.2	380—1—50 22	380/3/50	380/1/50
额定焊接电流/A		150	直流 160 交流 120	250	300	400
电流调节范围/A		15~180		直流 25~250 交流 40~250		50~450
最大空载电压/V		82		直流 75 交流 85		
额定负载持续率/%		35	40	60	60	60
重量/kg	焊接电源控制箱 焊枪	150 42 大 0.4,小 0.3	210	230		250

（4）交流方波/直流多用途手工钨极氩弧焊机

这类焊机可用于交流方波氩弧焊、直流氩弧焊、交流方波焊条电弧焊和直流焊条电弧焊。具有交流方波自稳弧性好,交流方波正、负半周宽度可调,能消除交流氩弧焊产生的直流分量,可获得最佳焊接质量,也可自动补偿电网电压波动对焊接电流的影响,并具有体积小、重量轻、功能强、一机多用等特点,最适用于焊接铝、镁、钛、铜及其合金,还可用来焊接各种不锈钢、碳钢和高、低合金钢。交流方波/直流多用途手工钨极氩弧焊机属于 WSE5 系列。其型号和技术参数如表 4-9 所列。这类焊机广泛用于石油、化工、航空航天、机械、核工业、建筑和家电业等部门中。

表 4-9　国产交流方波/直流钨极氩弧焊机型号及技术数据

型　号		WSE5					
规格		160	200	250	315	400	500
电源电压/V		220/380	380	380	380	380	380
电源相数		单相					
额定输入容量/kV·A		13	16	19	25	32	40
额定焊接电流/A		160	200	150	315	400	500
最大空载电压/V		70	70	72	73	76	78
电流调节范围/A	DC	5~160	12~200	10~250	10~315	10~400	10~500
	AC	20~160	30~200	25~250	30~315	40~400	50~500
额定负载持续率/%		35					

4.3.3　钨极氩弧焊焊机的维护及故障排除

1. 钨极氩弧焊焊机的维护

氩弧焊焊机的正确使用和保养,是保证焊机设备具有良好的工作性能和延长使用寿命的重要因素之一。因此,必须加强对氩弧焊焊机的保养工作。钨极氩弧焊焊机的维护如下:

① 焊机应按外部接线图正确安装,并应检查铭牌电压值与网络电压值是否相符,不相符时严禁使用。

② 焊接设备在使用前,检查水、气管的连接是否良好,以保证焊接时正常供水、气。

③ 焊机外壳必须接地、未接地或地线不合格时不准使用。

④ 应定期检查焊枪的钨极夹头夹紧情况和喷嘴的绝缘性能是否良好。

⑤ 氩气瓶不能与焊接场地靠近,同时必须固定,防止摔倒。

⑥ 工作完毕或临时离开工作场地,必须切断焊机电源,关闭水源及气瓶阀门。

⑦ 必须建立健全焊机一、二级设备保养制度并定期进行保养。

⑧ 焊工工作前,看懂焊接设备使用说明书,掌握焊接设备一般构造和使用方法。

2. 钨极氩弧焊焊机常见故障和排除方法

钨极氩弧焊设备常见故障有:水、气路堵塞或泄露;钨极不洁引起不起电弧,焊枪钨极夹头未旋紧,引起电流不稳;焊枪开关接触不良使焊接设备不能启动等。这些应由焊工排除。另一部分故障,如焊接设备内部电子元件损坏或其他机械故障,焊工不能随便自行拆修,应由电工、钳工进行检修。钨极氩弧焊机常见故障和消除方法如表 4 - 10 所列。

表 4 - 10　钨极氩弧焊焊机的故障和排除方法

故障特征	可能产生原因	消除方法
电源开关接通,指示灯不亮	① 开关损坏; ② 熔断器烧断; ③ 控制变压器损坏; ④ 指示灯损坏	① 更换开关; ② 更换熔断器; ③ 修复; ④ 换新的指示灯
控制线路有电但焊机不能起动	① 枪的开关接触不良; ② 继电器出故障; ③ 控制变压器损坏	① 检修; ② 检修; ③ 检修
焊机启动后,振荡器放电、但引不起电弧	① 网路电压太低; ② 接地线太长; ③ 焊件接触不良; ④ 无气、钨极及焊件表面不洁、间距不合适、钨极太钝等; ⑤ 火花塞间隙不合适; ⑥ 火花头表面不洁	① 提高网路电压; ② 缩短接地线; ③ 清理焊件; ④ 检查气、钨极等是否符合要求; ⑤ 调火花的间隙; ⑥ 清洁火花头表面
故障特征	可能产生原因	消除方法
焊机起动后,无氩气输送	① 按钮开关接触不良; ② 电磁气阀出现故障; ③ 气路不通; ④ 控制线路故障; ⑤ 气体延时线路故障	① 清理触头; ② 检修; ③ 检修; ④ 检修; ⑤ 检修

续表 4 - 10

故障特征	可能产生原因	消除方法
电弧引燃后,焊接过程中电弧不稳	① 脉冲稳弧器不工作,指示灯不亮; ② 消除直流分量的元件故障; ③ 焊接电源的故障	① 检修; ② 检修或更换; ③ 检修

若冷却方式选择开关置于空冷位置时,焊机能正常工作,而置于水冷时则不能工作且水流量又大于 1 L/min 时处理的方法是可打开控制箱底板,检查水流开关的微动是否正常,必要时可进行位置调整。

任务 4.4 钨极氩弧焊实训安全操作规程

4.4.1 理论学习

实训操作人员必须经过氩弧焊的相关理论学习,了解和熟悉氩弧焊的技术操作规程,并经过实训前的现场操作培训。

4.4.2 实训安全操作

1. 操作前准备

① 检查设备、工具是否正常。

② 检查电源、控制系统接地是否良好,水源、氩气必须畅通,通风排气是否正常;如有异常现象,应立即通知修理。

③ 检查清理工作台(面)上的多余物,保持平台清洁。

④ 施焊时,操作者必须正确穿戴好各种劳动保护用品,以防烫伤、伤目、触电等事故。

2. 操作中的关键步骤及注意事项

① 实训人员必须在老师的指导下进行实训操作。

② 必须在通风良好的情况下进行操作。

③ 在电弧附近不准赤身和裸露其他部位、不准在电弧附近进食、吸烟、以免臭氧、烟尘吸入体内。

④ 氩气瓶不准碰撞,立放必须有支架,并远离明火 3 m 以上。

⑤ 更换气瓶时,瓶内压力应保持不低于 0.1 MPa 的压力。

⑥ 定期对电路、水路、气路、减压阀进行检查,并更换冷却水。

⑦ 磨钍钨极时必须戴口罩、手套、并遵守砂轮机操作规程。

⑧ 钍钨棒应存放于铅盒内,避免由于大量钍钨棒集中在一起,其放射性剂量超出安全规定而致伤人体。

⑨ 遵守"电焊工操作规程";非直接操作人员(含辅助人员)应保持一定的安全距离。

3. 操作中禁止的行为

① 严禁实训人员在未经指导老师同意的情况下私自开机操作。

② 禁止超负载使用(设备)。严禁在焊接进行中调整焊接参数、极性、电源种类及控制板

上的调节按钮。

③ 装拆气体流量计时,瓶阀瓶口禁止沾油。氩气瓶要固定好,轻抬轻放,不准乱摔乱扔,禁止猛力撞击以防爆炸。

4. 异常情况处理

焊接过程中发现异常,应立即切断电源、气路、水路。并报告指导老师,待查明原因,排出故障后,方可继续操作。

4.4.3　实训后的工作

① 工作结束后,应将水、电、气的阀门关好,将电缆线收好。

② 清理工作现场,并将有关工具放回适当位置。

任务 4.5　实训项目

4.5.1　基本操作技术练习

1. 注意事项

为了保证手工钨极氩弧焊的质量,焊接过程中始终要注意以下几个问题:

① 保持正确的持枪姿势,随时调整焊枪角度及喷嘴高度,既有可靠的保护效果,又便于观察熔池。

② 注意观察焊后钨极形状和颜色的变化,焊接过程中如果钨极没有变形,焊后钨极端部为银白色,则说明保护效果好;如果焊后钨极发蓝,说明保护效果差;如果钨极端部发黑或有瘤状物,说明钨极已被污染,多半是焊接过程中发生了短路,或沾了很多飞溅,使头部变成了合金,必须将这段钨极磨掉,否则容易夹钨。

③ 送丝要匀,不能在保护区搅动,防止卷入空气。

2. 焊缝的引弧

为了提高焊接质量,手工钨极氩弧焊多采用引弧器引弧,如高振荡器或高压脉冲发生器,是氩气电离而引燃电弧。其优点是:钨极与焊件不接触就能在施焊点直接引燃电弧,钨极端头损耗小;引弧处焊接质量高,不会产生夹钨缺陷。没有引弧器时,可用纯铜板或石墨板做引弧板。引弧板放在焊接坡口上,或放在坡口边缘,不允许钨极直接与试板或坡口面直接接触引弧。

3. 定位焊

为了防止焊接时焊件受膨胀引起变形,必须保证定位焊缝的距离,可按表 4-11 选择。

表 4-11　定位焊缝的间距

板厚/mm	0.5~0.8	1~2	>2
定位焊缝间距/mm	≈20	50~100	≈200

定位焊将来是焊缝的一部分,必须焊牢,不允许有缺陷,如果该焊缝要求单面焊双面成形,则定位焊缝必须焊透。

必须按正式焊接工艺要求焊定位焊缝,如果正式焊缝要求预热、缓冷,则定位焊前也要预热,焊后要缓冷。

定位焊缝不能太高,以免焊接到定位焊缝处接头困难,如果碰到这种情况,最好将定位焊缝磨低些,两端磨成斜坡,以便焊接时好接头。

如果定位焊缝上发现裂纹、气孔等缺陷,应将该段定位焊缝打磨掉重焊,不允许用重熔的办法修补。

4. 焊接和焊缝接头

（1）打底层

打底层焊道应一气呵成,不允许中途停止。打底层焊道应具有一定厚度:对于壁厚 $\delta \leqslant$ 10 mm 的管子,其厚度不得小于 2 mm;壁厚 $\delta > 10$ mm 管子,其厚度不得小于 4 mm,打底层焊道需经自检合格后,才能进行填充盖面焊。

（2）焊　接

焊接时要掌握好焊接角度,送丝位置,力求送丝均匀,才能保证焊道成形。

为了获得比较宽的焊道,保证坡口两侧的熔合质量,氩弧焊枪也可横向摆动,但摆动频率不能太高,幅度不能太大,以不破坏熔池的保护效果为原则,由焊工灵活掌握。

焊完打底层焊道后,焊第二层时,应注意不得将打底层焊道烧穿,防止焊道下凹或背面剧烈氧化。

（3）焊缝接头的质量控制

无论打底层或填充层焊接,控制接头的质量是很重要的。因为接头是两段焊缝交接的地方;由于温度的差别和填充金属量的变化,该处易出现超高。缺肉、未焊透、夹渣（夹杂）、气孔等缺陷。所以焊接应尽量避免停弧,减少冷接头次数。但由于实际操作时,需更换焊丝、更换钨极和焊接位置的变化或要求对称分段焊接等,必须停弧,因此接头汗死不可避免的,关键是应尽可能地设法控制接头质量。

控制焊缝接头质量的方法:焊缝接头处要有斜坡,不能有死角。重新引弧的位置在原弧坑后面,是焊缝 20～30 mm,重叠处一般不加或只加少量焊丝。熔池要贯穿到焊缝接头的根部,以确保接头处焊透。

5. 填　丝

（1）填丝的基本操作技术

1）连续填丝

这种填丝操作技术较好,对保护层的扰动小,但比较难掌握。连续填丝时,要求焊丝比较平直,用左手拇指、食指、中指配合动作送丝,无名指和小指夹住焊丝控制方向,如图 4-9 所示。连续填丝时手臂动作不大,待焊丝快用完时才前移。当填丝量较大,采用强工艺参数时,多采用此法。

2）断续填丝

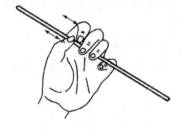

图 4-9　连续填丝操作技术

断续填丝又叫点滴送丝,以焊工的左手拇指、食指、中指捏紧焊丝,焊丝末端应始终处于氩气保护区内。填丝动作要轻,不得扰动氩气保护层,以防止空气侵入。更不能像气焊那样在熔池搅拌,而是靠焊工的手臂和手腕的上、下、反复动作,将焊丝端部的熔滴送入熔池,全位置焊时多用此法。

3）焊丝贴紧坡口与钝边一起熔入

即将焊丝弯成弧形，紧贴在坡口间隙处，焊接电弧熔化坡口钝边的同时也熔化焊丝。这时要求对口间隙应小于焊丝直径，此法可避免焊丝遮住焊工视线，适用于困难位置的焊接。

（2）焊丝注意事项

① 必须等坡口两侧熔化后才填丝，以免造成熔合不良。

② 填丝时，焊丝应与工件表面夹角成 15°，敏捷地从熔池前沿点进，随后撤回，如此反复动作。

③ 填丝要均匀，快慢适当。过快，焊缝余高大；过慢则焊缝下凹和咬边。焊丝端头应始终处于氩气保护区内。

④ 对口间隙大于焊丝直径时，焊丝应跟随电弧作同步横向摆动。无论采用哪种填丝动作，送丝速度均应与焊接速度适应。

⑤ 填充焊丝，不应把焊丝直接放在电弧下面，把焊丝抬得过高也是不适宜的，不应让熔滴向熔池"滴渡"。填丝位置的正确与否的示意图，如图 4 - 10 所示。

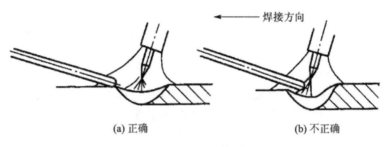

图 4 - 10　填丝的正确位置

⑥ 操作过程中，如不慎使钨极与焊丝相碰，发生瞬间短路，将产生很大的飞溅和烟雾，这会造成焊缝污染和夹钨。这时，应立即停止焊接，用砂轮磨掉被污染处，直至磨出金属光泽。被污染的钨极，应在别处重新引弧熔化掉污染端部，或重新磨尖后，方可继续焊接。

⑦ 撤回焊丝时，切记不要让焊丝端头撤出氩气保护区，以免焊丝端头被氧化，在下次点进时进入熔池，造成氧化物夹渣货产生气孔。

6. 焊缝的收弧

收弧不当，会影响焊缝质量，使弧坑过深或产生弧坑裂纹，甚至造成返修。

一般氩弧焊设备都配有电流自动衰减装置时，多采用改变操作方法来收弧，其基本要点是逐渐减少热量输入，如改变焊枪角度、拉长电弧、加快焊速。对于管子封闭焊缝，最后的收弧，一般多采用稍拉长电弧，重叠焊缝 20~40 mm，在重叠部分不加或少加焊丝。

停弧后，氩气开关应延时 10 s 左右再关闭（一般设备上都有提前送气、滞后关气的装置），焊枪停留在收弧处不能抬高，利用延迟关闭的氩气保护收弧处凝固的金属，可防止金属在高温下继续氧化。

4.5.2　平板对接平焊操作练习

1. 焊前准备

（1）试件尺寸及要求

① 试件材料：Q345。

② 试件及坡口尺寸：如图 4-11 所示。

③ 焊接位置：平焊。

④ 焊接要求：单面焊双面成形。

⑤ 焊接材料：焊丝为 HO8Mn2SiA；电极为铈钨极，为使电弧稳定，将其尖角磨成如图 4-12 所示形状；氩气纯度 99.9%。

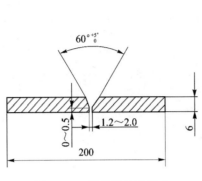

图 4-11 试件及坡口尺寸

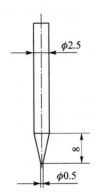

图 4-12 钨极尺寸

（2）准备工作

① 选用钨极氩弧焊机，采用直流正接。使用前应检查焊机各处的接线是否正确、牢固、可靠，按要求调试好工艺参数。同时应检查氩弧焊系统水冷却和气冷却有无堵塞、泄漏，如发现应及时解决。

② 清理坡口及其正、反两面两侧 20 mm 范围内和焊丝表面的油污、锈蚀，直至露出金属光泽，然后用丙酮进行清洗。

③ 准备好工作服、焊工手套、护脚、面罩、钢丝刷、锉刀、角向磨光机和焊缝量尺等。

（3）试件装配

① 装配间隙。装配间隙为 1.2~2.0 mm。

② 定位焊。采用手工钨极氩弧焊，按表 4-12 中打底焊接工艺参数在试件正面坡口内两端进行定位焊，焊点长度为 10~15 mm，将焊点接头端预先打磨成斜坡。

③ 错边量。小于等于 0.6 mm。

2. 焊接参数

平板对接焊的焊接参数如表 4-12 所列。

表 4-12 平板对接焊的焊接参数

焊接层次	焊接电流/A	电弧电压/V	氩气流量/(L·min⁻¹)	钨极直径/mm	焊丝直径/mm	钨极伸出长度/mm	喷嘴直径/mm	喷嘴至焊件距离/mm
打底层	80~100							
填充层	90~110	10~14	8~10	2.5	2.5	4~6	8~10	≤12
盖面层	100~110							

3. 操作要点

由于钨极氩弧焊对熔池的保护及可见性好，熔池温度又容易控制，所以不易产生焊接缺陷,适合于各种位置的焊接。

（1）打底焊

手工钨极氩弧焊通常采用左向焊法(焊接过程中焊接热源从接头右端向左端移动,并指向待焊部分的操作法),故将试件装配间隙大端放在左侧。

1）引 弧

在试件右端定位焊缝上引弧。引弧时采用较长的电弧(弧长为 4～7 mm),使坡口外预热 4～5 s。

2）焊 接

引弧后预热引弧处,当定位焊缝左端形成熔池并出现熔孔后开始送丝。焊丝、焊枪与焊件角度如图 4－13 所示。焊接打底层时,采用较小的焊枪倾角和较小的焊接电流。由于焊接速度和送丝速度过快,容易使焊缝下凹或烧穿,因此焊丝送人要均匀,焊枪移动要平稳、速度一致。焊接时,要密切注意焊接熔池的变化,随时调节有关工艺参数,保证背面焊缝成形良好。当熔池增大、焊缝变宽并出现下凹

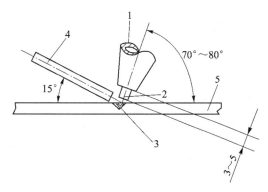

图 4－13 焊丝、焊枪与焊件角度示意图

时,说明熔池温度过高,应减小焊枪与焊件夹角,加快焊接速度;当熔池减小时,说明熔池温度过低,应增加焊枪与焊件夹角,减慢焊接速度。

3）接 头

当更换焊丝或暂停焊接时,需要接头。这时松开焊枪上按钮开关(使用接触引弧焊枪时,立即将电弧移至坡口边缘上快速灭弧),停止送丝,借焊机电流衰减熄弧,但焊枪仍需对准熔池进行保护,待其完全冷却后方能移开焊枪。若焊机无电流衰减功能,应在松开按钮开关后稍抬高焊枪,待电弧熄灭、熔池完全冷却后移开焊枪。进行接头前,应先检查接头熄弧处弧坑质量。如果无氧化物等缺陷,则可直接进行接头焊接。如果有缺陷,则必须将缺陷修磨掉,并将其前端打磨成斜面,然后在弧坑右侧 15～20 mm 处引弧,缓慢向左移动,待弧坑处开始熔化形成熔池和熔孔后,继续填丝焊接。

4）收 弧

当焊至试件末端时,应减小焊枪与试件夹角,使热量集中在焊丝上,加大焊丝熔化量以填满弧坑。切断控制开关,焊接电流将逐渐减小,熔池也随着减小,将焊丝抽离电弧(但不离开氩气保护区)。停弧后,氩气延时约 10 s 关闭,从而防止熔池金属在高温下氧化。

（2）填充焊

按填充层焊接工艺参数调节好设备,进行填充层焊接,其操作与打底层相同。焊接时焊枪可做圆弧"之"字形横向摆动,其幅度应稍大,并在坡口两侧停留,保证坡口两侧熔合好,焊道均匀。从试件右端开始焊接,注意熔池两侧熔合情况,保证焊缝表面平整且稍下凹。盖面层的焊道焊完后应比焊件表面低 1.0～1.5 mm,以免坡口边缘熔化导致盖面层产生咬边或焊偏现象,焊完后将焊道表面清理干净。

（3）盖面焊

按盖面层焊接工艺参数调节好设备进行盖面层焊接,其操作与填充层基本相同,但要加大焊枪的摆动幅度,保证熔池两侧超过坡口边缘 0.5～1 mm,并按焊缝余高决定填丝速度与焊接速度,尽可能保持焊接速度均匀,熄弧时必须填满弧坑。

（4）焊后清理检查

焊接结束后,关闭焊机,用钢丝刷清理焊缝表面;用肉眼或低倍放大镜检查焊缝表面是否有气孔、裂纹、咬边等缺陷;用焊缝量尺测量焊缝外观成形尺寸。

4.5.3 平板对接 V 形坡口立焊操作练习

1. 焊前准备

（1）试件尺寸及要求

① 试件材料:Q345。

② 试件及坡口尺寸:详见图 4-14。

③ 焊接位置:立焊。

④ 焊接要求:单面焊双面成形。

⑤ 焊接材料:HO8Mn2SiA,焊丝直径 2.5 mm。

⑥ 焊机:WSME-315,直流正接。

（2）试件装配

① 钝边:0～0.5 mm,要求平直。

② 清除坡口及其正反面两侧 20 mm 范围内的油、锈及其他污物,至露出金属光泽,并再用丙酮滑洗该区。

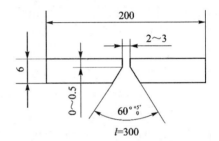

图 4-14 试件及坡口尺寸

③ 装配间隙:下端为 2 mm,上端为 3 mm。

④ 定位焊。采用与焊接试件相同牌号的焊丝进行定位焊,并点于试件正面坡口内两端,焊点长度为 10～15 mm。

⑤ 预置反变形量 3°。

⑥ 错边量:≤0.6 mm。

2. 焊接工艺参数

平板对接立焊的焊接参数如表 4-13 所列。

表 4-13 平板对接立焊的焊接参数

焊接层次	焊接电流/A	电弧电压/V	氩气流量/(L·min⁻¹)	钨极直径/mm	焊丝直径/mm	喷嘴直径/mm	钨极伸出长度/mm	钨极至焊件距离/mm
打底层	80～90							
填充层	90～100	12～16	7～9	2.5	2.5	10	4～8	≤12
盖面层	90～100							

3. 操作要点

立焊难度较大,熔池金属下坠,焊缝成形差,易出现焊瘤和咬边,施焊宜用偏小的焊接电流,焊枪作上凸月牙形摆动,并应随时调整焊枪角度来控制熔池的凝固,避免铁水下淌。通过焊枪移动与填丝的配合,以获得良好的焊缝成形。焊枪角度、填丝位置如图4-15所示。

(1)打底焊

在试板最下端的定位焊缝上引弧,先不加焊丝,待定位焊缝开始熔化,并形成熔池和熔孔后,开始填丝向上焊接,焊枪作上凸的月牙形运动,在坡口两侧稍停留,保证两侧熔合良好,施焊时应注意,焊枪向上移动速度要合适,特别要控制好熔池的形状,保持熔池外沿接近椭圆形,不能凸出来,否则焊;道将外凸,使成形不良。尽可能让已焊好的焊道托住熔池,使熔池表面接近一个水平面匀速上升,使焊缝外观较平整。立焊最佳填丝位置如图4-16所示。

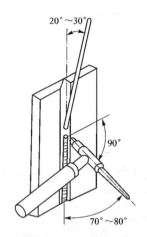

图4-15   立焊焊枪角度与填丝位置

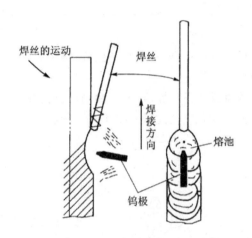

图4-16   对接向上立焊最佳填丝位置

(2)填充焊

焊枪摆动幅度稍大,保证两侧熔合好,焊道表面平整,焊接步骤、焊枪角度、填丝位置同打底层焊接。

(3)盖面焊

施焊前应修平填充焊道的凸起处。施焊时除焊枪摆动幅度较大外,其余都与打底层焊接相同。

4.5.4   平板V形坡口对接横焊操作练习

1.装配与定位焊

平板对接横焊的装配要求如表4-14所列。

表4-14   平板对接横焊的装配要求(板厚:6 mm)

坡口角度/(°)	装配间隙/mm	钝边/mm	反变形/(°)	错边量/mm
60°	始端2.0 终端3.0	0	6~8	≤1

2.焊接参数

平板对接横焊的焊接参数如表4-15所列。

3.焊接要点

横焊时要避免上部咬边,下部焊道凸出下坠,电弧热量要偏向坡口下部,防止上部坡口过热,母材熔化过多。焊道分布为三层四道,如图 4-17 所示,用右焊法。

表 4-15 平板对接横焊的焊接参数

焊接层次	焊接电流/A	电弧电压/V	氩气流量/(L·min⁻¹)	钨极直径/mm	焊丝直径/mm	喷嘴直径/mm	钨极伸出长度/mm	喷嘴至焊件距离/mm
打底层	90~100							
填充层	100~110	12~16	7~9	2.5	2.5	10	4~8	≤12
盖面层	100~110							

(1)试板位置

试板垂直固定,坡口在水平位置,其小间隙的一端放在右侧。

(2)打底层

焊接时保证根部焊透,坡口两侧熔合良好。

焊枪角度和填丝位置如图 4-18 所示。

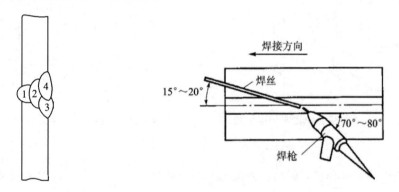

图 4-17 对接横焊的焊道分布　　图 4-18 对接横焊打底层的焊枪角度和填丝位置

在试板右端引弧,先不加丝,焊枪在右端定位焊缝处稍停留,待形成熔池和熔孔后,在填丝并向左焊接。焊枪做小幅度锯齿形摆动,在坡口两侧稍停留。

正确的横焊加丝位置如图 4-19 所示。

(3)填充层

焊填充层焊道时,除焊枪摆动幅度稍大外,焊接顺序,焊枪角度、填丝位置都与打底层焊相同。但注意,焊接时不能熔化坡口上表面的棱边。

(4)盖面层

焊盖面层焊道时,盖面层有两条焊道,焊枪角度和对中位置如图 4-20 所示。

焊接时可先焊下面的焊道 3,后焊上面的焊道 4(见图 4-17,下同)。

焊下面的盖面层焊道 3 时,电弧以填充层焊道的下沿为中心摆动,使熔池的上沿在填充层焊道的 1/2~2/3 处,熔池的下沿超过坡口下棱边为 0.5~1.5 mm。

焊上面的焊道 4 时,电弧以填充层焊道上沿为中心摆动,使熔池的上沿超过坡口上棱边 0.5~1.5 mm,熔池的下沿与下面的盖面层焊道均匀过渡,保证盖面层焊道表面平整。

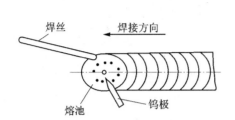

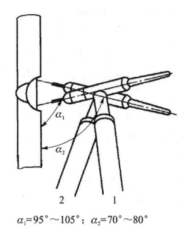

$\alpha_1 = 95° \sim 105°$；$\alpha_2 = 70° \sim 80°$

图 4 - 19　正确的横焊填丝位置　　图 4 - 20　对接横焊盖面层的焊枪角度与对中位置

4.5.5　小径管对接操作练习

1. 小径管水平转动对接

（1）焊接参数

小径管水平转动对接焊的焊接参数如表 4 - 16 所列。

表 4 - 16　小径管水平转动对接焊的焊接参数

焊接 电流/A	电弧 电压/V	氩气流量 /(L·min⁻¹)	预热温度 （最低）/℃	层间温度 （最高）/℃	钍钨极 直径/mm	焊丝 直径/mm	喷嘴 直径/mm	喷嘴至焊件 距离/mm
90~100	10~12	6~10	15	250	2.5	2.5	8	≤10

（2）焊接要点

定位焊缝可只焊一处,位于时钟
6 点位置处,保证该处间隙为 2 mm
焊两层两道,焊枪倾斜角度与电弧对
中位置如图 4 - 21 所示。焊前将定位
焊缝放在时钟 6 点钟位置处,并保证
时钟 0 点位置间隙为 1.5 mm。

1）打底层

在时钟 0 点位置处引燃电弧,管
子先不动,也不加丝,待管子坡口熔化
并形成,明亮的熔池和熔孔后,管子开
始转动并开始加焊丝。

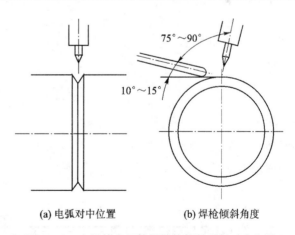

（a）电弧对中位置　　（b）焊枪倾斜角度

图 4 - 21　小径管水平转焊焊枪倾斜度与对中位置

焊接过程中焊接电弧始终保持在时钟 0 点钟位置处,始终对准间隙,可稍作横向摆动,应
保证管子的移动速度和焊接速度一致。

焊接过程中,填充焊丝以往复运动方式间断送入电弧内的熔池前方,成滴状加入。焊丝送
进要有规律,不能时快时慢,这样才能保证焊缝形成美观。焊接过程中,试管与焊丝、喷嘴的位

置保持一定的距离,避免焊丝扰乱气流及触到钨极,焊丝末端不得脱离氢气保护区,以免端部被氧化。

当焊至定位焊缝处,应暂停焊接。收弧时,首先应将焊丝抽离电弧区,但不要脱离氢气保护区,同时切断控制开关,这时焊接电流衰减,熔池随之缩小,当电弧熄灭后,延时切断氢气时,焊枪才能移开。

将定位焊缝磨掉,并将收弧处磨成斜坡并清理干净后,管子暂停转动与加焊丝,在斜坡上引燃电弧,待焊缝开始熔化时,加丝接头,焊枪回到时钟12点钟位置处1管子继续转动,至焊完打底层焊道为止。

打底层焊道封闭前,先停止送进焊丝和转动,待原来的焊缝头部开始熔化时,再加丝皆有,填满弧坑后再断弧。

2) 盖面层

焊盖面层焊道时,除焊枪横向摆动浮动稍大外,其余操作与打底层焊接处相同。

2. 作业练习(小径管垂直固定对接)

(1)焊前准备

1)试件尺寸及要求

① 试件材料:20钢;

② 试件及坡口尺寸:见图4-22;

③ 焊接位置:垂直固定;

④ 焊接要求:单面焊双面成形;

⑤ 焊接材料:HO8Mn2SiA,焊丝直径2.5 mm;

⑥ 焊机:WSME-315。

2)试件装配

① 钝边:0~0.5 mm。

② 清除坡口及其两侧内外表面20 mm范围内的油、锈及其他污物,至露出金属光泽,并再用丙酮清洗该区。

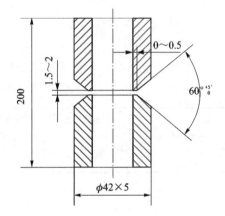

图4-22 试件及坡口尺寸

3)装　配

① 装配间隙:1.5~2 mm。

② 定位焊:一点定位,焊点长度为10~15 mm,并保证该处间隙为2 mm,与它相隔180°处间隙为1.5 mm,将管子轴线垂直并加以固定,间隙小的一侧位于右边。焊接材料与焊接试件相同。定位焊点两端应预先打磨成斜坡。

③ 错边:小于等于≤0.5 mm。

(2)操作要点

本试件采用两层三道焊,封底焊为一层一道;盖面焊为一层上、下两道。

1)打底焊

焊枪角度如图4-23所示,在右侧间隙最小处(1.5 mm)引弧,先不加焊丝,待坡口根部熔化形成熔滴后,将焊丝轻轻地向熔池里推一下,并向管内摆动,将铁水送到坡口根部,以保证背面焊缝的高度。填充焊丝的同时,焊枪小幅度作横向摆动并向右均匀移动。在焊接过程中,填充焊丝以往复运动方式间断地送入电弧内的熔池前方,在熔池前呈滴状加入。焊丝送进要有规律,不能时快时慢,这样才能保证焊缝成形美观。当焊工要移动位置暂停焊接时,应按收弧要点操作。焊工再进行焊接时,焊前应将收弧处修磨成斜坡并清理干净,在斜坡上引弧,移至离接头 8～10 mm 处,焊枪不动,当获得明亮清晰的熔池后,即可添加焊丝,继续从右向左进行焊接。小管子垂直固定打底焊,熔池的热量要集中在坡口的下部,以防止上部坡口过热,母材熔化过多,产生咬边或焊缝背面的余高下坠。

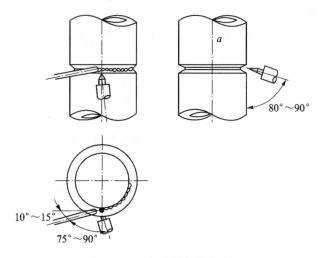

图 4 - 23　打底焊焊枪角度

2)盖面焊

盖面焊缝由上、下两道组成,先焊下面的焊道,后焊上面的焊道,焊枪角度如图 4 - 24 所示。焊下面的盖面焊道时,电弧对准打底焊道下沿,使熔池下沿超出管子坡口棱边 0.5～1.5 mm,熔池上沿在打底焊道的 1/2～2/3 处。焊上面的盖面焊道时,电弧对准打底焊道上沿,使熔池超出管子坡口 0.5～1.5 mm,下沿与下面的焊道圆滑过渡,焊接速度要适当加快,送丝频率要加快,适当减少送丝量,防止焊缝下坠。

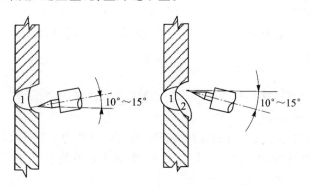

图 4 - 24　盖面焊焊枪角度

项目5 气焊与气割

知识和能力目标

① 熟悉气焊、气割的原理,认识操作中所用的设备、工具和材料;

② 熟悉气焊、气割安全事故产生的原因,掌握安全防护的措施;

③ 掌握气焊、气割实训安全操作规程;

④ 了解两种切割机工作原理、特点,并熟练掌握其操作技能。

任务5.1 气焊与气割简介

5.1.1 气焊、气割原理

1. 气体火焰

（1）气 体

气焊、气割用的气体可分为两类:助燃气体(氧气)和可燃气体(乙炔、液化石油气)。

1）氧 气

氧气是一种无色、无味、无毒的气体,其分子式为 O_2。在标准状态下,氧气的密度为 1.429 kg/m³,空气密度为 1.29 kg/m³。氧气本身不能燃烧,但它是一种活泼的助燃气体。

氧气的化学性质极为活泼,它能与自然界的大部分元素(除惰性气体和金、银、铂外)相互作用,称为氧化反应,而激烈的氧化反应就是燃烧。氧的化合能力随着压力的加大和温度的升高而增强。高压氧与油脂类等易燃物质接触就会发生剧烈的氧化反应而迅速燃烧,甚至爆炸,因此使用中要注意安全。

氧气的纯度对气焊、气割的质量和效率有很大的影响,因此,焊接用氧气纯度一般应不低于99.2%。

2）乙 炔

乙炔是一种无色而有特殊臭味的气体,是一种碳氢化合物,其分子式为 C_2H_2。在标准状态下,密度为 1.17 kg/m³,比空气略轻。

乙炔是可燃气体,它与空气混合燃烧时所产生的火焰温度为 2 350 ℃,而与氧气混合燃烧时所产生的火焰温度可达 3 000～3 300 ℃。因此,能够迅速熔化金属进行焊接与切割。

乙炔的完全燃烧按下列反应式进行,即

$$2C_2H_2 + 5O_2 = 4CO_2 + 2H_2O$$

由反应式知道1体积的乙炔完全燃烧需要2.5体积的氧气。所以气焊、气割时,氧气的消耗量比乙炔大。

乙炔也是一种具有爆炸性危险的气体,当压力为 0.15 MPa、温度为 580 ℃时纯乙炔就可能发生爆炸。乙炔与空气或氧气混合时,在空气中浓度 2.5%～80%时,在氧气中浓度达 2.8%～93%范围时,遇到明火就会立刻发生爆炸。乙炔与铜或银长期接触会产生一种爆炸性的化合物,即乙炔铜和乙炔银,当它们受到剧烈振动或者加热到 110~120 ℃时就会引起爆炸。所以凡与乙炔接触的器具设备禁止用纯铜制造,只准用含铜量不超过 70%的铜合金制造。

由于乙炔受压会引起爆炸,因此不能加压,直接装瓶来储存。但是利用乙炔可以大量溶解在水和丙酮中的特性储存。特别是在丙酮中溶解量特别大,1 L 丙酮可溶解 25 L 乙炔。工业上将乙炔灌装在盛有丙酮和多孔物质的容器中,称为溶解乙炔(瓶装乙炔)进行储运,既方便又经济。

(2)氧-乙炔火焰

乙炔与氧混合燃烧形成的火焰叫氧-乙炔焰。氧-乙炔焰的外形、构造及温度分布是由氧气和乙炔混合的比值大小决定的。按比值大小的不同,可得到性质不同的三种火焰:碳化焰、中性焰和氧化焰,如图 5-1 所示。各种火焰的特点如表 5-1 所列。

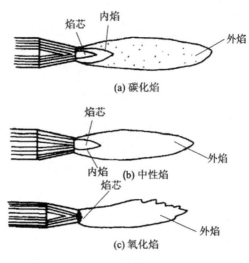

图 5-1 氧-乙炔火焰种类

表 5-1 氧-乙炔火焰种类及特点

火焰种类	火焰形状	$[O_2][C_2H_2]$	特 点	火焰温度
碳化焰	整个火焰长而软,焰芯较长,呈白色,外围略带蓝色,内焰呈蓝色,外焰呈橙黄色。乙炔过多时,还会冒黑烟	<1	乙炔过剩,火焰中有游离状态碳及过多的氢,焊接时会增加焊缝含碳量。焊接低碳钢会有渗碳现象,适用于高碳钢、铸铁及硬质合金堆焊	2 700~3 000 ℃
中性焰	焰心为尖锥形,呈明亮白色,轮廓清楚,内焰呈蓝白色,外焰与内焰无明显的界限,从里向外,由淡紫色变为橙黄色	1~1.2	氧与乙炔充分燃烧,没有过剩的氧和乙炔,内焰具有一定的还原性,适用于一般低碳钢、低合金钢和有色金属	3 050~3 150 ℃
氧化焰	焰心缩短,短而尖,内焰和外焰没有明显的界限,好像由焰心和外焰两部分组成。外焰也较短带蓝紫色,火焰笔值有劲,并发出"嘶嘶"的响声	>1.2	火焰有过剩的氧,并具有氧化性。焊钢件时,焊缝易产生气孔和变脆,一般只用于焊接黄铜,锰钢及镀锌铁皮	3 100~3 300 ℃

氧-乙炔焰的温度与混合气体的成分有关,随着氧气比例的增加,火焰温度增高。另外,还与混合气体的喷射速度有关,喷射速度越高则火焰温度越高,衡量火焰温度一般以中性焰为准。火焰的温度在沿长度方向和横方向上都是变化的,沿火焰轴线的温度较高,越向边缘温度越低,沿火焰轴线距焰芯末端以外 2~4 mm 处的温度为最高,如图 5-2 所示。各种金属材料气焊火焰的选择可参考表 5-2 所列。

表 5 - 2　各种金属材料气焊时采用的火焰

焊件材料	火焰种类
低碳钢	中性焰
中碳钢	中性焰或乙炔稍多的中性焰
高碳钢	乙炔稍多的中性焰或轻微的碳化焰
低合金钢	中性焰
紫铜	中性焰
青铜	中性焰或轻微的氧化焰
黄铜	氧化焰
铝及铝合金	中性焰或乙炔稍多的中性焰
不锈钢	中性焰或乙炔稍多的中性焰
铅、锡	中性焰或乙炔稍多的中性焰
锰钢	轻微氧化焰
镍	中性焰或轻微的碳化焰
铸铁	碳化焰或乙炔稍多的中性焰
镀锌铁皮	氧化焰
高速钢	碳化焰或轻微的碳化焰
硬质合金	碳化焰或轻微的碳化焰

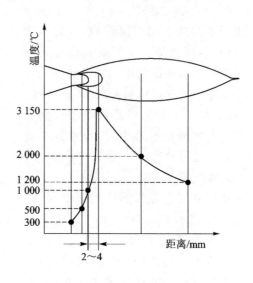

图 5 - 2　中性焰的温度分布

（3）氧-液化石油气火焰

氧-液化石油气火焰的构造,同氧-乙炔火焰基本一样,也分为氧化焰、碳化焰和中性焰三种。其焰心也有部分分解反应,不同的是焰心分解产物较少,内焰不像乙炔那样明亮,而有点发蓝,外焰则显得比氧乙炔焰清晰而且较长。由于液化石油气的着火点较高,使得点火较乙炔困难,必须用明火才能点燃。液化石油气的温度比氧乙炔焰略低,气焊温度可达 2 800～2 850 ℃。调节时,先送一点氧气,然后再慢慢加大液化石油气量和氧气量,当火焰最短,呈蓝白色并发幽"呜呜"响声时,该火焰温度最高。目前,氧-液化石油气火焰用于焊接还不成熟,但在气割中已成功地应用,并正在积极地推广。

2. 气焊原理及应用范围

（1）气焊基本原理

利用可燃气体加上助燃气体,在焊炬里进行混合,并使它们发生剧烈的氧化燃烧,然后用氧化燃烧的热量去熔化工件接头部位的金属和焊丝,使熔化金属形成熔池,冷却后形成焊缝。

（2）气焊的优缺点

优点:由于填充金属的焊丝是与焊接热源分离的,所以焊工能够控制热输入量、焊接区温度、焊缝的尺寸和形状及熔池黏度;由于气焊火焰种类是可调的,因此,焊接气氛的氧化性或还原性是可控制的;设备简单、价格低廉、移动方便,在无电力供应的地区可以方便地进行焊接。缺点:热量分散,热影响区及变形大;生产率较低,除修理外不宜焊接较厚的工件;因气焊火焰中氧、氢等气体化熔与金属发生作用,会降低焊缝性能;不适于焊难熔金属和"活泼"金属;难以实现自动化。

（3）气焊的应用范围

气焊目前主要应用于有色金属及铸铁的焊接和修复,碳钢薄板的焊接及小直径管道的制造和安装。另外,由于气焊火焰调节方便灵活,因此在弯曲、矫直、预热、后热、堆焊、淬火及火焰钎焊等各种工艺操作中得到应用。

3. 气割原理及应用范围

（1）气割基本原理

利用可燃气体加上氧气混合燃烧的预热火焰，将金属加热到燃烧点，然后加大氧气以便将金属吹开。加热—燃烧—吹渣过程连续进行，并随着割炬的移动而形成割缝。

（2）气割的优缺点

优点：切割效率高，切割钢的速度比其他机械切割方法快；机械方法难以切割的截面形状和厚度，采用氧-乙炔焰切割比较经济；切割设备的投资比机械切割设备的投资低，切割设备轻便，可用于野外作业；切割小圆弧时，能迅速改变切割方向。切割大型工件时，不用移动工件，借助移动氧-乙炔火焰，便能迅速切割；可进行手工和机械切割。缺点：切割的尺寸公差，劣于机械方法；预热火焰和排出的赤热熔渣存在发生火灾以及烧坏设备和烧伤操作工的危险；切割时，燃气的燃烧和金属的氧化，需要采用合适的烟尘控制装置和通风装置；切割材料受到限制（如铜、铝、不锈钢、铸铁等）不能用氧-乙炔焰切割。

（3）气割的应用范围

气割的效率高，成本低，设备简单，并能在各种位置进行切割，和在钢板上切割各种外形复杂的零件，因此，广泛地用于钢板下料、开焊接坡口和铸件浇冒口的切割，切割厚度可达300 mm 以上。

目前，由于金属的切割性能，气割主要用于各种碳钢和低合金钢的切割。其中淬火倾向大的高碳钢和强度等级较高的低合金钢气割时，为避免切口淬硬或产生裂纹，应采取适当加大预热火焰功率和放慢切割速度，甚至割前对钢材进行预热等措施。

5.1.2　气焊与气割所用设备及工具

1. 气　瓶

（1）氧气瓶

氧气瓶是储存和运输氧气的一种高压容器。氧气瓶的形状和构造如图 5-3 所示。目前，工业中最常用的氧气瓶规格是：瓶体外径为 219 mm，瓶体高度约为 1 370 mm，容积为 40 L，当工作压力为 15 MPa 时，储存 6 m³ 氧气。氧气瓶时由瓶体、瓶阀、瓶箍及瓶帽等组成。

瓶阀是控制瓶内氧气进出的阀门。使用时，如将手轮逆时针方向旋转，则可开启瓶阀；顺时针旋转则关闭瓶阀。氧气瓶的安全是由瓶阀中的金属安全膜来实现的。一旦瓶内压力达 18～22.5 MPa 时，安全膜即自行爆破泄压，确保瓶体安全。氧气瓶外表面涂淡酞蓝漆，并用黑漆写上"氧"字。

（2）乙炔瓶

乙炔瓶是一种储存和运输乙炔的压力容器，其外形与氧气瓶相似，比氧气瓶矮，但略粗一些。乙炔瓶主要由瓶体、多孔性填料、丙酮、瓶阀、石棉、瓶座等组成，如图 5-4 所示。瓶内装有浸满了丙酮的多孔性填料。使用时，溶解在丙酮内的乙炔就分解出来，而丙酮仍留在瓶内。目前，生产中最常用的乙炔瓶的规格为：瓶外径 250 mm，容积为 40L，充装丙酮为 13.2～14.3 kg，充装乙炔量为 6.2～7.4 kg，为 5.3～6.3 m³。

乙炔瓶外表面涂白色漆，并用红漆写上"乙炔不可近火"字样。

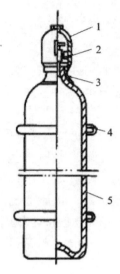

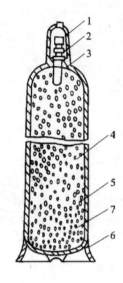

1—瓶帽;2—瓶阀;3—瓶箍; 1—瓶帽;2—瓶阀;3—石棉;4—瓶体;
4—防振橡胶圈;5—瓶体   5—多孔性填料;6—瓶座;7—丙酮

图 5-3　氧气瓶的构造   图 5-4　乙炔瓶的构造

2. 减压器、回火防止器

减压器又称为压力调节器,它是将高压气体降为低压气体的调节装置。例如,把氧气瓶内的 15 MPa 高压气体减压至 0.1～0.3 MPa 的工作压力,供焊接或切割时使用。减压器同时还有稳压作用,使气体的工作压力不随气瓶内的压力减小而降低。

当气体供应不足或管路、焊枪咀阻塞等情况时,火焰会沿乙炔管路向内燃烧,造成回火。倘因回火而造成火焰在乙炔发生器内燃烧时,会引起爆炸危险,回火防止器的作用就是截住回火气体,保证安全。

3. 焊炬与割炬

焊炬与割炬是进行气焊与气割的主要工具,是使可燃气体与氧气按一定比例混合燃烧形成稳定火焰的工具。按可燃气体与助燃气体混合的方式不同,可分为射吸式和等压式两大类。

(1) 射吸式焊炬

射吸式焊炬的型号由汉语拼音字母、表示结构和形式的序号及规格组成,如图 5-5 所示。

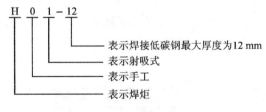

图 5-5　射吸式焊炬的型号

焊炬的结构和零部件如图 5-6 所示。每个焊炬都配有不同规格的 5 个焊嘴,每个焊嘴上刻有不同数字,数字小的焊嘴孔径小,数字大的孔径大,焊接时可根据材料、板厚选用所需的焊嘴。射吸式焊炬的主要技术数据如表 5-3 所列。

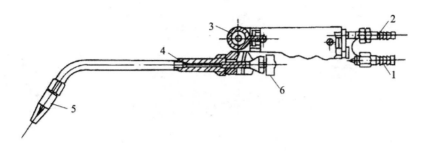

1—氧气接头;2—乙炔接头;3—乙炔调节手轮;4—混合气管;5—焊嘴;6—氧气调节手轮

图 5－6　H01－6 型射吸式焊炬

表 5－3　射吸式焊炬主要技术数据

焊炬型号	H01－6					H01－12					H01－20				
焊嘴号码	1	2	3	4	5	1	2	3	4	5	1	2	3	4	5
焊嘴孔径/mm	0.9	1.0	1.1	1.2	1.3	1.4	1.6	1.8	2.0	2.2	2.4	2.6	2.8	3.0	3.2
适用工件厚度/mm	1~2	2~3	3~4	4~5	5~6	6~7	7~8	8~9	9~10	10~12	10~12	12~14	14~16	16~18	18~20
氧气压力/MPa	0.2	0.25	0.3	0.35	0.4	0.4	0.45	0.5	0.6	0.7	0.6	0.65	0.7	0.75	0.8
乙炔压力/MPa	0.001~0.1					0.001~0.1					0.001~0.1				
氧气消耗量 /($m^3 \cdot h^{-1}$)	0.15	0.20	0.24	0.28	0.37	0.37	0.49	0.65	0.86	1.10	1.25	1.45	1.65	1.95	2.25
乙炔消耗量 /($L \cdot h^{-1}$)	170	240	280	330	430	430	580	780	1 050	1 210	1 500	1 700	2 000	2 300	2 600
焊炬总长度/mm	400					500					600				

（2）射吸式割炬

射吸式割炬型号由汉语拼音字母,表示结构和形式的序号及规程组成,如图 5－7 所示。

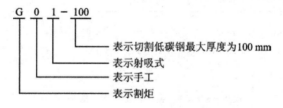

G 0 1－100
表示切割低碳钢最大厚度为100 mm
表示射吸式
表示手工
表示割炬

图 5－7　射吸式割炬型号

割炬的结构和零件如图 5－8 所示。其主要技术数据如表 5－4 所列。

对于液化石油气割炬,由于液化石油气与乙炔的燃烧特性不同,因此不能直接使用乙炔用的射吸式割炬,需要进行改造,应配用液化石油气专用割嘴。

G01－100 型乙炔割炬改变的主要部位和尺寸如下:喷嘴孔径为 1 mm;射吸管直径为 2.8 mm;燃料气接头孔径为 1 mm。

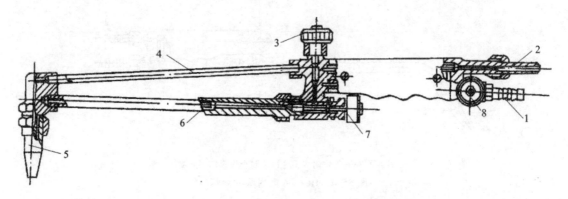

1—乙炔接头;2—氧气接头;3—高压氧调节手轮;4—高压氧气管;5—割嘴;
6—混合气管;7—氧气调节气轮;8—乙炔调节手轮

图 5-8 射吸式割炬

表 5-4 射吸式割炬主要技术数据

割炬型号	G01-30			G01-100			G01-300			
割嘴号码	1	2	3	1	2	3	1	2	3	4
割嘴孔径/mm	0.6	0.8	1.0	1.0	1.3	1.6	1.8	2.2	2.6	3.0
切割厚度范围/mm	2~10	10~20	20~30	10~25	25~30	30~100	100~150	150~200	200~250	250~300
氧气压力/MPa	0.2	0.25	0.30	0.2	0.35	0.5	0.5	0.65	0.8	1.0
乙炔压力/MPa	0.001~0.1			0.001~0.1			0.001~0.1			
氧气消耗量 /(m³·h⁻¹)	0.8	1.4	2.2	2.2~2.7	3.5~4.2	5.5~7.3	9.0~10.8	11~14	14.5~18	19~26
乙炔消耗量 /(L·h⁻¹)	210	240	310	350~400	400~500	500~610	680~780	800~1 100	11 50~1 200	1 250~1 600
割嘴形式	环形			梅花形或环形			梅花形			
割炬总长	500			550			650			

液化石油气割炬除可以自行改制外,某些焊割工具厂已开始生产专供液化石油气用的割炬。例如,G07-100 割炬是专供液化石油气切割用的割炬。焊炬与割炬常见故障及其排除方法如表 5-5 所列。

表 5-5 焊割炬常见故障及排除方法

故障	原因	排除方法
开关处漏气或焊嘴漏气	① 压紧螺帽松动或垫圈磨损; ② 焊嘴未拧紧	① 更换; ② 拧紧
焊嘴孔扩大成椭圆形	① 使用过久; ② 焊嘴磨损; ③ 使用通针不当	① 用手锤轻敲焊嘴尖部,使孔径缩小后,再用小钻头钻孔; ② 焊嘴保持清洁

续表 5－5

故 障	原 因	排除方法
焊炬发热	① 焊接时间过长； ② 焊嘴离工件太近	浸入冷水中冷却后，再开氧气，吹净积物
火焰能率调节不大，乙炔压力过低	① 胶皮管被挤压或堵塞； ② 焊枪被堵塞； ③ 手轮打滑	① 排除挤压； ② 排除堵塞吸洗皮管和焊枪； ③ 检修各处开关

4. 橡胶软管

氧气瓶和乙炔瓶中的气体须用橡胶软管输送到焊炬或割炬。焊割所用的橡胶软管，按其所输送的气体不同分为：

（1）氧气胶管

根据 GB/T 2550—91《氧气橡胶软管》的规定，氧气胶管应为蓝色。它由内外胶层和中间纤维层组成，其外径为 18 mm，内径为 8 mm，工作压力为 1.5 MPa。

（2）乙炔胶管

根据 GB/T 2551—92《乙炔胶管软管》的规定，乙炔胶管为红色，其结构与氧气胶管相同，但其壁较薄，外径为 16 mm，内径为 10 mm，工作压力为 0.3 MPa。

每一种胶管只能用一种气体，不能互相代用，使用时注意胶管不要沾染油脂，并要防止烫坏折伤。老化及回火烧损的胶管禁止使用，以免造成安全事故。

5. 辅助工具

（1）护目镜

气焊、气割时，焊工应戴护目眼镜操作，可保护焊工眼睛不受火焰亮光的刺激，以便在焊接过程中能仔细地观察熔池金属，又可防止飞溅金属伤害眼睛。在焊接一般材料时宜用黄绿色镜片，镜片的颜色要深浅合适，根据光度强弱可选用 3～7 号遮光玻璃。

（2）通 针

通针用于清理发生堵塞的火焰孔道。一般由焊工用钢性好的钢丝或黄铜丝自制。

（3）打火机

使用手枪式打火机点火最为安全可靠。尽量避免使用火柴点火。当用火柴点火时，必须把划着的火柴从焊嘴或割嘴的后面送到焊嘴或割嘴上，以免手被烫伤。

（4）其他工具

钢丝刷、锤子、锉刀、扳手、钳子等。

5.1.3 气焊材料

（1）焊 丝

焊丝是气焊时起填充作用的金属丝。焊丝的化学成分影响着焊缝质量。气焊时正确选择焊丝非常重要。焊接低碳钢时常用焊丝牌号有 HO8A、HO8MnA 等，其直径一般为 2～4 mm。除此以外，还有低合金钢焊丝、不锈钢焊丝、铸铁焊丝、铜及铜合金焊丝、铝及铝合金焊丝等。这些焊丝都有相应的国家标准。选用时可按焊件成分查表选择。焊丝使用前应清除表面上的油、锈等污物，不允许使用不明牌号的焊丝进行焊接。

（2）熔　剂

气焊熔剂是焊接时的辅助熔剂,其作用是:保护熔池;减少有害气体浸入;去除熔池中形成的氧化物杂质;增加熔池金属的流动性。一般低碳钢气焊不必用熔剂。但在焊接有色金属、铸铁以及不锈钢等材料时,必须采用气焊熔剂。

表 5-6　气焊熔剂的种类、用途及性能

牌　号	名　称	适用材料	基本性能
CJ101	不锈钢及耐热钢气焊熔剂	不锈钢及耐热钢	熔点约为 900 ℃
CJ201	铸铁气焊熔剂	铸铁	熔点约为 650 ℃,呈碱性反应,富潮解性,能有效地去除铸铁在气焊时产生的硅酸盐和氧化物,有加速金属熔化的功能
CJ301	铜气焊熔剂	铜及铜金合	熔点约为 650 ℃呈酸性反应,能有效地溶解氧化铜和氧化亚铜
CJ401	铝气焊熔剂	铝及铝合金	熔点约为 560 ℃,呈碱性反应,能有效地破坏氧化铝膜,因具有潮解性,在空气中能引起铝的腐蚀,焊后必须将熔渣清除干净

任务 5.2　气焊、气割的安全技术

5.2.1　气焊、气割操作中的安全事故原因及防护措施

由于气焊、气割使用的是易燃,易爆气体及各种气瓶,而且又是明火操作,因此在气焊、气割过程中存在很多不安全的因素。如果不小心就会造成安全事故。因此必须在操作中遵守安全章程。气焊、气割中的安全事故主要有以下几个方面。

1. 爆炸事故的原因及防护措施

① 气瓶温度过高气瓶爆炸。气瓶内的压力与温度有密切关系,随着温度的上升,气瓶内的压力也将上升。当压力超气瓶平耐压极限是就将发生爆炸。因此,应严禁暴晒气瓶,气瓶的放置应远离热源,以避免温度升高引起爆炸。

② 气瓶受到剧烈振动也会引起爆炸。要防止磕碰和剧烈颠簸。

③ 可燃气体与空气或氧气混合比例不当,会形成具有爆炸性的预混气体。要按照规定控制气体混合比例。

④ 氧气与油脂类物质接触也会引起爆炸。要隔绝油脂类物质与氧气的接触。

2. 火灾事故的原因及防护措施

由于气焊、气割是明火操作,特别是气割中会产生大量飞溅的氧化物熔渣。如果火星和高温熔渣遇到可燃、易燃物质时,就会引起火灾,威胁国家财产和焊工安全,造成重大危害。

3. 烧伤、烫伤事故的原因及防护措施

① 应焊炬、割炬漏气而造成烧伤。

② 应焊炬、割炬无射吸能力发生回火而造成烧伤。

③ 气焊、气割中产生的火花和各种金属及熔渣飞溅,尤其是全位置焊接与切割还会出现熔滴下落现象,更易造成烫伤。

因此,焊工要穿戴好防护器具,控制好焊接、气割的速度,减少飞溅和熔滴下落。

4. 有害气体中毒事故的原因及防护措施

气焊、气割中会遇到各类不同的有害气体和烟尘。例如,铅的蒸发引起铅中毒,焊接黄铜产生的锌蒸气引起的锌中毒。某些焊剂中的有毒元素,如有色金属焊剂中含有的氯化物和氟化物,在焊接中会产生氯盐和氟盐的燃烧产物,会引起焊工急性中毒。另外,乙炔液化石油气中均含有一定的硫化物、磷化氢,也都能引起中毒。所以,气焊、气割中必须加强通风。

总之,气焊、气割中的安全事故会造成严重危害。因此焊工必须掌握安全使用技术,严格遵守各种安全操作规程,确保生产的安全。

5.2.2 气瓶的使用安全技术

(1)氧气瓶使用安全技术

① 氧气瓶在使用过程中,必须根据国家《气瓶安全检查规程》要求,进行定期的技术检验。

② 氧气瓶在运送时避免相互碰撞,不能与可燃气瓶、油料及其他可燃物放在一起运输。在厂内运输是应用专用校车,并牢固固定,不能把氧气瓶放在地上滚动,以免放生事故。

③ 使用氧气瓶时,应稍打开瓶阀,垂钓瓶阀上粘有的细屑或赃物清除后立即关闭,然后接上减压器使用。

④ 开起瓶阀时,应站在瓶阀气体喷出方向的侧面并缓慢开启,避免气流朝向人体。

⑤ 严禁让粘有油、脂的手套、棉纱和工具同氧气瓶、瓶阀、减压器及管路等接触。

⑥ 操作中氧气瓶应距离乙炔瓶、明火和热源应大于 5 m。

⑦ 瓶阀发生冻结现象是,严禁使用火焰加热或使用铁器一类的东西猛击,只可用热水或水蒸气解冻。

⑧ 气瓶和电焊在同一作业地点使用时,为了防止气瓶带电,应在瓶底垫以绝缘物。

⑨ 氧气瓶内的气体不能全部用尽,应留有 $0.1 \sim 0.3$ MPa 余压,并关紧阀门,防止漏气,使瓶内保持正压,防止空气进入。

⑩ 要消除带压力的氧气瓶泄漏,禁止采用拧紧瓶阀或垫圈螺母的方法。禁止手托瓶帽移动氧气瓶。

⑪ 禁止使用氧气代替压缩空气吹净工作服、乙炔管道。禁止将氧气用作试压和气动工具的气源,禁止用氧气对局部焊接部位同分换气。

(2)溶解乙炔气瓶使用安全技术

① 乙炔瓶必须是由国家定点厂家生产,新瓶的合格证必须齐全,并与钢瓶肩部的钢印相符。使用过程中,气瓶必须根据国家《溶解乙炔气瓶安全监察规程》的要求,进行定期技术检验。

② 溶解乙炔气瓶搬运、装卸、使用时都应竖立放稳,严禁在地上平放使用。一旦要使用平放的乙炔瓶,必须先直立后,静止 20 min 后再连接乙炔减压器使用。

③ 乙炔气瓶一般应在 40 ℃以下使用。当环境温度超过 40 ℃时,应采取有效的降温措施。

④ 乙炔气瓶使用时,禁止敲击、碰撞、不得靠近热源和电器设备。

⑤ 使用乙炔瓶时,必须安装回火防止器。开启瓶阀是,焊工应站在阀口侧后方,动作要轻缓,瓶阀开启是不要超过 3/2 圈,一般情况只开启 3/4 圈。

⑥ 乙炔瓶阀必须与乙炔减压器连接可靠,严禁在漏气的情况下使用。否则,一旦触及明火将可能引发爆炸事故。

⑦ 禁止在乙炔气瓶上放置物件、工具,或缠绕、悬挂橡胶软管和焊炬、割炬等。

⑧ 瓶阀冻结时,可用 40 ℃ 热水解冻,严禁火烤。

（3）液化石油气瓶使用安全技术

① 液化石油气瓶的制造应符合《液化石油气钢瓶》GB5442 的规定。瓶阀必须密封严实,瓶座、护罩齐全。使用过程中应定期做水压试验。

② 气瓶距离明火和飞溅火花不应小于 5 m。露天使用时,瓶体应避免目光直晒。

③ 气瓶内不得充满液体,必须留出 20％ 的气化空间,以防止液体随环境温度的升高而膨胀,导致气瓶破裂。

④ 冬季使用时,可以用 40 ℃ 以下的温水加热或用蛇管式或列管式热水汽化器。禁止把液化石油气瓶直接放在加热炉旁或用明火烘烤。

⑤ 液化石油气瓶应加装减压器,禁止用胶管直接同气瓶阀连接。

⑥ 气瓶所剩残液不得自行到处,因残液蒸发会造成事故。

⑦ 液化石油气瓶内的气体禁止用尽。瓶内应留有一定量的余气,便于充装前检查气样和防止其他气体进入瓶内。

⑧ 要经常注意检查气瓶阀门及连接管接头等处的密封情况,防止漏气。气瓶用完后要关闭全部阀门,严防漏气。

⑨ 如用旧的氧气瓶或乙炔瓶充装液化气时,必须有明显标志,以防止气体混用造成事故。

5.2.3　减压器的使用安全技术

减压器使用时应注意的事项是:

① 减压器应选用符合国家标准规定的产品。如果减压器存在表针指示失灵、阀门泄漏、含有油污未处理等缺陷,禁止使用。

② 氧气瓶、溶解乙炔瓶、液化石油气瓶等都应使用各自专用的减压器,不得自行换用。

③ 安装减压器前,应稍许打开气瓶阀并吹除瓶口上的污物。瓶阀应慢慢打开,不得用力过猛,防止高压气体冲击损坏压力器。焊工应站立在瓶口的一侧。

④ 减压器应牢固地安装在气瓶上。采用螺纹连接是要拧紧 5 个以上;采用专用夹具压紧时,装夹应平整牢靠,防止减压器使用中脱落造成事故。

⑤ 当发现减压器发生自流现象和减压器漏气,应迅速关闭气瓶阀,卸下减压器,并送专业修理点检修,不准自行修理后使用。新修好的减压器应有检修合格证明。

⑥ 同时使用两种气体进行焊接时,不同气瓶减压器的出口端应各自装有单向阀,防止互相倒灌。

⑦ 禁止用棉、麻绳或一般橡胶等易燃材料作为氧气减压器的密封垫圈。

⑧ 必须保证用于液化石油气、溶解乙炔或二氧化碳等用的减压器位于瓶体的最高部位,防止瓶内液体流入减压器。

⑨ 冬季使用减压器应采取防冻措施。如果发生冻结,应用热水或水蒸气解冻,严禁火烤、

锤击和摔打。

⑩ 减压器卸压的顺序:首先,关闭高压气瓶的瓶阀;然后,放出减压器内的全部余气;最后放松压力调节螺钉使表针降至零位。

⑪ 不准在减压器上挂放任何物件。

5.2.4　焊炬、割炬的使用安全技术

焊炬与割炬使用时应注意的是:

① 焊炬和割炬应符合《等压式焊炬、割炬》(JB/T 794—1999)、《射吸式焊炬》(JB/T 6969—1993)、《射吸式割炬》(JB/T 6970—1993)的要求。

② 焊炬、割炬的内腔要光滑,气路通畅,阀门严密,调节灵敏,连接部位紧密而不泄漏。

③ 焊工在使用焊炬、割炬前应检查焊炬、割炬的射吸能力。检查的方法是:将氧气胶管接到焊炬、割炬的氧气接头上;开启氧气,调节至所需工作压力;开启焊炬、割炬的乙炔阀门和混合氧气阀门,是氧气自焊嘴、割嘴中喷出;检查乙炔进口是否有向内的吸力。如果乙炔口有足够的吸力并随着氧气容量的增大而增强,说明焊、割炬有射吸能力,是不合格的。严禁使用没有射吸能力的焊炬、割炬。

④ 检查合格后才能点火。点火时应先把氧气阀稍微打开,然后打开乙炔阀。点火后立灰,此时立即开氧气阀调节火焰。这种方法的缺点是有烟灰优点是当焊炬不正常,点火并开始送气后,发生有回火现象便立即关闭氧阀,防止回火爆炸。

⑤ 停止使用时,应先关乙炔阀,然后关氧气阀,以防止火焰倒流和产生烟灰。当发生回火时,应先迅速关闭氧气阀,再关乙炔阀。等回火熄灭后,应将焊嘴放在水中冷却,然后打开氧气阀,吹除焊炬内的烟灰,再点火使用。

⑥ 禁止在使用中把焊炬、割炬的嘴在平面上摩擦来清除嘴上的堵塞物。不准把点燃的焊炬、割炬放在工件或地面上。

⑦ 焊炬、割炬上均不允许沾染油脂,应放掉氧气以防燃烧和爆炸。

⑧ 焊嘴和割嘴温度过高时,应暂停使用或放入水中冷却。

⑨ 焊炬、割炬暂不使用时,不可将其放在坑道、地沟或空气不流通的工件以及容器内。防止因气阀不严密而漏出乙炔,是这些空间内存极易爆炸混合气,易造成遇明火而发生爆炸。

⑩ 使用完毕后,应将焊炬连同胶管一张挂在适当的地方,或将胶管拆下,将焊炬放在工具箱内。

5.2.5　橡胶软管的使用安全技术

橡胶软管的安全使用技术是:

① 胶管要有足够的抗压强度和阻燃特性。

② 新胶管使用前,应将管内滑石粉吹除干净。

③ 胶管应避免暴晒、雨淋,避免和其他有机溶剂(酸、碱、油)接触,存放温度在−15～+40 ℃内。

④ 工作前应检查胶管有无磨损、扎伤、刺孔、老化裂纹等,发现有上述情况应及时修理或更换。禁止使用回火烧损的胶管。

⑤ 胶管的长度一般在 10～15 m 为宜,过长会增加气体流动的阻力。氧气胶管两端接头

用夹子夹紧或用软钢丝扎紧。

⑥ 液化石油气管必须使用耐油胶管,爆破压力应大于4倍工作压力。

任务5.3 气焊、气割实训安全操作规程

5.3.1 相关理论学习

实训操作人员必须经过气焊气割相关的理论学习,了解和熟悉气焊气割技术操作规程,并经过实训前的现场操作培训。

5.3.2 实训操作准备

1. 实训操作检查准备

① 施焊前检查工作场地周围5 m内是否有易燃易爆物品或影响安全实训的物品,并加以清除,焊(割)炬、皮管、接头及气瓶附件等是否良好。

② 点火前应先检查乙炔、氧气、减压阀流量是否正确。

③ 操作前,实训人员应穿戴好各种必要的劳动防护用品以防烫伤、伤目等事故发生。

2. 操作中的关键步骤及注意事项

① 实训人员必须在老师的指导下进行实训操作。

② 点火时,先稍开氧气,再开乙炔,面部和手应远离焊(割)嘴,防止火焰喷出伤人。

③ 发生回火或鸣爆时,应立即将乙炔和氧气关闭,待焊(割)炬冷却后再开氧气,吹掉焊(割)内的黑灰,再点火操作。

④ 不要把焊炬放在热工件上,工作时要防止火焰喷射到氧气和乙炔瓶和易燃、易爆物上。

⑤ 操作自动切割机时,要做好防止触电等防护措施。

⑥ 皮管穿越通道要加盖保护物,焊(割)炬和皮管的坚固夹要经常检查,防止松动滑脱。

⑦ 焊接容器时要有出气孔,油类物质要洗净后才能焊接。

⑧ 气瓶中气体不能全部用光,至少保留1~3个大气压。

⑨ 定期对焊(割)炬、皮管、气瓶附件做定期检查、保养及排除存在的隐患。

⑩ 非直接操作人员(含辅助人员)应与操作现场保持一定的安全距离。

3. 操作中的禁止行为

① 严禁实训人员在未经指导老师同意的情况下私自开机操作。

② 不准将气瓶放在强烈阳光下及高温处,搬运时禁止滚动和撞击。氧气、乙炔瓶要安放牢固,严禁沾染油脂。装拆减压阀时,禁止用金属物敲击连接的螺帽和阀门,开启气阀时身体不要对着出气口。

③ 不准在带电设备和有压力的液体或气体以及易燃、易爆、有毒物品的容器上焊接。

④ 禁止使用变质焊剂。

⑤ 非直接操作人员(含辅助人员)应保持一定的安全距离。

4. 异常情况处理

操作过程中发现异常,应立即切断火源,关闭气阀,并报告指导老师,待查明原因,排除故障后,方可继续操作。

5.3.3　实训后的工作

① 操作完毕后,应排除余气,收好皮管,关闭氧气乙炔阀门。

② 仔细检查周围作业场地,熄灭火种,清扫现场卫生。

任务 5.4　实训项目

5.4.1　气焊操作练习

1. 基础知识

(1) 气焊工艺参数

合理地选择气焊工艺参数,是保证焊接质量的重要条件。应根据工件的成分、大小、厚薄、形状及焊接位置选用不同的气焊参数,如火焰性质、火焰能率、焊丝直径、焊嘴与工件间倾斜角度以及焊接速度等。

1) 焊丝直径的选择

焊丝直径要根据工件的厚度来选择。如果焊丝过细,则焊丝熔化太快,熔滴滴在焊缝上,容易造成熔合不良和焊波高低不平,降低焊缝质量。如果焊丝过粗,为了熔化焊丝,则需要延长加热时间,从而使热影响区增大,容易产生过热组织,降低接头质量。

2) 火焰种类的选择

火焰种类的选择主要是根据工件的材质选用。

3) 火焰能率的选择

火焰能率是以每小时混合气体的消耗量(L/h)来表示的。火焰能率的大小要根据工件的厚度、材料的性质(熔点及导热性等),以及焊件的空间位置来选择。在实际工作中,视具体情况在允许范围内尽量采取较大一些的火焰能率,以提高生产率。

4) 焊嘴的倾斜角度

焊嘴的倾斜角度(也叫焊嘴倾角)是指焊嘴与焊件间的夹角,如图 5-9 所示。

焊嘴倾角的大小要根据焊件厚度、焊嘴大小及施焊位置等来确定。焊嘴倾角大,则火焰集中,热量损失小,工件受热量大,升温快;焊嘴倾角小,则火焰分散,热量损失大,工件受热量小,升温慢。

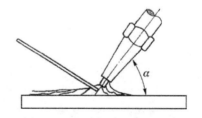

图 5-9　焊嘴倾角示意图

根据上述道理,在焊接厚度较大、熔点较高、导热性好的工件时,焊嘴倾角就要大些;而焊接厚度较小、熔点较低、导热性较差的工件时,焊嘴倾角就要相应地减小。在焊接一般低碳钢时,焊嘴倾角与工件厚度的基本关系如图 5-10 所示。

5) 焊丝倾角

焊丝倾角是指在焊接过程中,焊丝与工件表面的夹角。一般这个倾角为 30°~40°,而焊丝相对焊嘴的角度为 90°~100°,如图 5-11 所示。

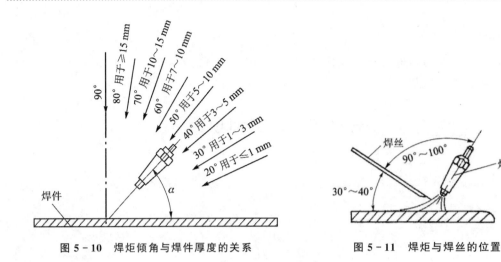

图 5-10　焊炬倾角与焊件厚度的关系　　　　图 5-11　焊炬与焊丝的位置

6）焊接速度的选择

焊接速度直接影响生产率和产品质量。根据不同产品,必须选择相应的焊接速度。

焊接速度是焊工根据自己的操作熟练程度来掌握的。在保证质量的前提下,应尽量提高焊接速度,提高生产率。

（2）气焊操作技术

1）左焊法和右焊法

气焊操作分左焊法和右焊法两种,如图 5-12 所示。

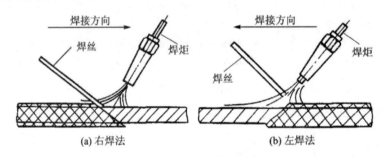

(a) 右焊法　　　　　　　　(b) 左焊法

图 5-12　右焊法和左焊法

① 左焊法。焊丝和焊炬都是从焊缝的右端向左端移动,焊丝在焊炬的前方,火焰指向焊件金属的待焊部分,这种操作方法叫左焊法。左焊法操作简单方便,易于掌握,适用于焊接较薄和熔点较低的工件。左焊法是应用最普遍的气焊方法。

② 右焊法。焊丝与焊炬从焊缝的左端向右端移动,焊丝在焊炬后面,火焰指向金属已焊部分,这种操作方法叫右焊法。右焊法的特点是:在焊接过程中火焰始终笼罩着已焊的焊缝金属,使熔池冷却缓慢,有助于改善焊缝的金属组织,减少气孔夹渣的产生。另外,这种焊法还有热量集中、熔透深度大等优点,所以适合焊接厚度较大、熔点较高的工件。但是,这种方法掌握较难。

2）焊炬和焊丝的摆动

在焊接过程中,为了获得优质而美观的焊缝,焊炬与焊丝应做均匀协调的摆动。通过摆动,既能使焊缝金属熔透、熔匀、又避免了焊缝金属的过热和过烧。在焊接某些有色金属时,还要不断地用焊丝搅动熔池,以促使熔池中各种氧化物及有害气体的排出。

焊炬摆动基本上有三种动作:第一种,沿焊缝向前移动;第二种,沿焊缝做横向摆动(或做圆圈摆动);第三种,做上下跳动,即焊丝末端在高温区和低温区之间做往复跳动,以调节熔池的热量,但必须均匀协调,不然就会造成焊缝高低不平、宽窄不一等现象。

焊炬和焊丝的摆动方法与摆动幅度,同焊件的厚度、性质、空间位置及焊缝尺寸有关。

图 5-13 所示为平焊时焊炬和焊丝常见的几种摆动方法。

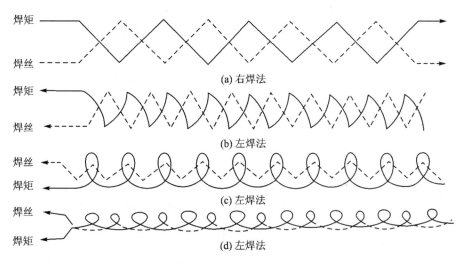

图 5-13   焊炬和焊丝的摆动方法

3)焊缝的起焊、接头和收尾

一般情况下,起焊时,由于焊件温度低,焊嘴倾角应大些,对起焊处的一定范围进行预热,同时火焰应作往复运动,使起焊处加热均匀,然后集中到一点加热,当起焊处形成白亮的熔池时,才开始填加焊丝,使焊接过程转入正常化。

在焊接过程中,当中途停顿后再继续施焊时,应用火焰把原熔池重新加热至熔化,形成新的熔池后再加焊丝重新开始焊接。接头时与前焊道要重叠 5~10 mm,重叠焊道要少加或不加焊丝,以保证焊缝高度合适及圆滑过渡。

当焊接至焊缝的终点时,由于端部散热条件差,焊件本身温度较高,应减小焊炬与焊件的倾角,同时要加快焊接速度并多加一些焊丝,以防止焊件烧穿。待终点熔池填满后,火焰才可慢慢离开熔池。

(3)平板气焊

1)平板接头形式

平板常用的接头形式如图 5-14 所示。碳钢的卷边接头和对接接头形式和尺寸见表 5-7。

2)焊前准备

① 焊丝及焊件表面清理。为保证焊缝质量,气焊前应把焊丝及焊接接头处的氧化物、铁锈、油污等脏物清除干净,以免焊缝产生夹渣、气孔等缺陷。碳钢一般可用砂纸、钢丝刷等进行清理。

② 定位焊。定位焊(即点焊)的目的是固定工作间的相互位置。

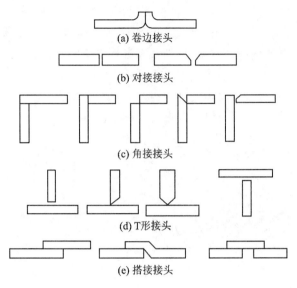

图 5-14 板料的气焊接头形式

表 5-7 碳钢的卷边接头及对接接头的形式和尺寸

接头名称	略　图	板厚 δ/mm	卷边及钝边 δ_1/mm	间隙 c/mm	坡口角度 α		焊丝直径/mm
					左焊法	右焊法	
卷边对接接头		0.5～1.0	1.5～2.0	—	—	—	不用
I 形坡口对接接头		1.0～5.0	—	1.0～4.0	—	—	2.0～4.0
Y 形坡口对接接头		>5.0	1.5～3.0	2.0～4.0	80°	60°	3.6～6.0

a. 当工件较薄时,定位焊从工件中间开始,定位焊的长度一般为 5～7 mm,间隔 50～100 mm,定位点焊顺序如图 5-15 所示。

b. 当工件较厚时,可从两头开始。点焊的长度应为 20～30 mm,间隔为 200～300 mm,其顺序如图 5-16 所示。

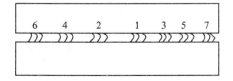

图 5-15 薄工件定位焊顺序

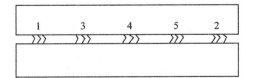

图 5-16 较厚工件定位焊顺序

定位焊焊缝不宜过长,更不宜过高和过宽。对较厚的工件定位焊要有足够的熔深,否则正式焊接时会造成焊缝高度不平、宽窄不一和熔合不良等现象。对定位焊的要求如图 5-17 所示。若遇有两种不同厚度工件定位焊时,后沿要侧重于较厚工件一边加热;否则,薄件容易烧穿。

(a) 不合适　　　　　　　　　　　　　　(b) 合格

图 5-17　对定位焊的要求

（4）各种位置焊接的操作要点

1）平　焊

平焊是气焊最常见的一种焊接方法。平焊操作方便,焊接质量可靠。平焊时,多采用左焊法进行焊接。焊丝与焊炬对于工件的相对位置如图 5-18 所示。火焰焰心的末端与焊件表面保持 2~6 mm 的距离,焊丝位于焰心前 2~4 mm。焊接时如果焊丝在熔池边缘被粘住,不要用力拔焊丝,可用火焰加热焊丝与焊件接触处,焊丝即可自然脱离。

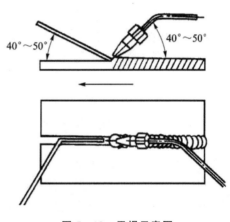

图 5-18　平焊示意图

① 起焊。开始焊接时,可从对接缝一端 30 mm 处施焊。目的是使焊缝处于板内,传热面积大,基本金属熔化时,周围温度已升高,冷凝时不易出现裂纹。在整个施焊过程中,火焰要始终笼罩着熔池和焊丝末端,以免熔化金属被氧化。施焊时应将焊件和焊丝同时熔化,使焊丝金属与焊件金属在液态下均匀地熔合成焊缝。由于焊丝容易熔化,所以火焰应较多地集中在焊件上,否则会产生未焊透现象。

② 在焊接过程中,焊炬和焊丝要作上下往复相对运动,其目的是调节熔池的温度,使焊缝熔化良好,并控制液体金属的流动,使焊缝成形美观。

焊接过程中,如果发现熔池金属被吹出,说明气体流量过大,应立即调节火焰能率,将氧气和乙炔量同时调小;如果发现焊缝过高,与基本金属熔合不圆滑,说明火焰能率低,应增加火焰能率,将氧气和乙炔量同时调大;如发现熔池不清晰、有气泡,火花飞溅严重,熔池出现沸腾现象,应及时调整火焰至中性焰状态。焊接时应始终保持熔池大小一致。这可以通过改变焊炬角度、高度和焊接速度来调节。如果发现熔池过小,焊丝不能与焊件很好地熔合,仅浮在焊件表面,表明热量不够,应增加焊炬倾角,减慢焊接速度;如果发现熔池过大,金属不流动,说明焊件可能被烧穿,应加快焊速,减小焊炬角度;如果还达不到要求,应提起火焰让熔池降温至正常后,再继续施焊。

③ 焊接收尾。焊接结束时,将焊炬火焰缓慢提起,使熔池逐渐减小,为防止收尾时产生气孔、裂纹和凹坑,可在收尾时适当多填一些焊丝。

总之,在整个焊接过程中,要正确地选择焊接参数和熟练运用操作方法,控制熔池温度和焊接速度,防止产生未焊透、过热甚至焊穿等缺陷。

2）立　焊

立焊示意图如图 5-19 所示。立焊操作比横焊操作要困难一些,原因是熔池中的液态金属容易下流,焊缝表面不易形成均匀的焊波。为此,立焊操作时应注意以下几点:

a. 应采用能率比平焊时小一些的火焰进行焊接。

b. 应严格控制熔池温度,熔池表面不能过大,熔池深度也应减小。要随时掌握熔池温度的变化,控制熔池形状,使熔池金属受热适当,防止液态金属下流。

c. 焊嘴要向上倾斜,与焊件夹角成 60°,甚至夹角更大。借助火焰气流的压力来支撑熔池,防止熔化金属下流。

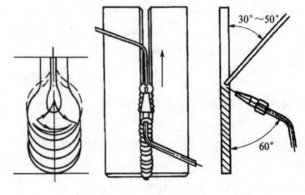

图 5-19　立焊示意图

d. 焊炬与焊丝的相对位置与平焊相似,焊炬一般不做横向摆动,但为了控制熔池温度,焊炬可随时作上下运动,使熔池有冷却的机会,保证熔池受热适当。焊丝则在火焰的范围内环形运动,使熔化的焊丝金属一层层地均匀堆敷在焊缝上。

e. 在焊接过程中,当发现熔池温度过高使熔化金属即将下流时,应立即将火焰移开,使熔池温度降低后,再继续进行焊接。为了避免熔池温度过高,可以把火焰较多地集中在焊丝上,同时增加焊接速度,以保证焊接过程正常进行。

3）横　焊

横焊示意图如图 5-20 所示。横焊操作的主要问题也是熔池金属的下淌,使焊缝上方形成咬边,下方形成焊瘤,如图 5-21 所示。操作时应注意:

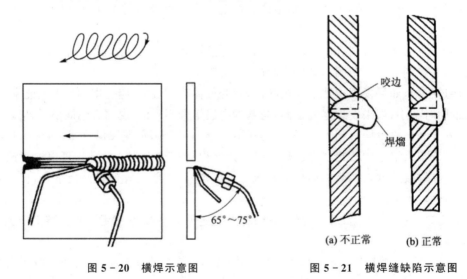

图 5-20　横焊示意图　　　　图 5-21　横焊缝缺陷示意图

a. 应使用较小的火焰能率来控制熔池温度。

b. 采用左焊法焊接,同时焊炬也应向上倾斜。火焰与工件的夹角保持在 65°～75°,使火焰直接朝向焊缝,利用火焰吹力拖住熔化金属,防止熔化金属从熔池中流出。

c. 焊接时,焊炬一般不做摆动,但焊较厚焊件时,可做小环形摆动。而焊丝要始终浸在熔池中,并不断地把熔化金属向熔池上方推去,焊丝做斜环形运动,使熔池略带一些倾斜,使焊缝容易成形,并防止熔化金属堆积熔池下方,形成咬边及焊瘤等缺陷。

4) 仰　焊

仰焊如图 5-22 所示。其操作技术最难掌握。主要因为熔化金属下坠,难以形成满意的熔池及理想的焊缝。仰焊时操作的基本要领如下:

① 采用较小的能率进行焊接。

② 严格掌握熔池的大小和温度,使液体金属始终处于较稠的状态,以防止下淌。

③ 焊接时采用较细的焊丝,一薄层堆敷上去,有利于控制熔池温度。

④ 根据生产情况,仰焊可用左焊法,也可用右焊法。采用右焊法时,焊缝成形较好。因为焊丝末端与火焰气流的压力能防止熔化金属下流。

⑤ 焊炬与焊丝应具有一定角度。焊炬可做不间断的运动,焊丝应做月牙形运动,并始终浸在熔池内。

⑥ 当焊接开坡口或较厚的工件时,如果一次焊满,难以得到理想的熔深和成形美观的焊缝,故应采用多层焊。第一层保证焊透,第二层(或最后一层)控制焊缝两侧熔合良好,并均匀地过渡到母材,使焊缝成形美观。采用多层焊还有利于防止熔化金属下坠。

⑦ 仰焊时要注意操作姿势,同时应选择较轻便的焊炬和细软的胶管,以减轻焊工的劳动强度。特别要注意采取适当防护措施防止飞溅金属或跌落的液体金属烫伤面部和身体。

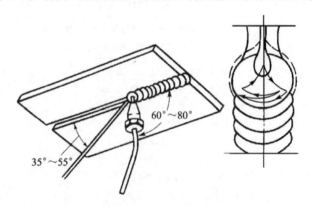

图 5-22　仰焊示意图

2. 作业练习 1(气焊低碳钢板对接平焊单面焊双面成形)

(1) 操作要求

① 焊接方法为气焊。

② 焊接位置为平焊。

③ 焊件坡口形式为 I 形坡口。

④ 单面焊双面成形。

⑤ 对口间隙自定。

⑥ 焊前应将焊件坡口两侧 10~20 mm 清油除锈,定位焊从工件中间开始进行,焊缝长度为 5~7 mm,间隔 50~100 mm。

⑦ 定位装配后,将装配好的试件固定在操作架上;试件一经施焊不得任意更换和改变焊接位置。

⑧ 焊接过程中劳保用品穿戴整齐;焊接工艺参数选择正确,焊后焊件保持原始状态。

⑨ 焊接完毕,关闭气焊焊炬及气瓶,工具码放整齐,场地清理干净。

（2）准备工作

① 材料准备:Q235 - A,$\delta = 3$ mm 的钢板 2 块,规格为 300 mm × 100 mm;气焊焊丝 HO8A,直径为 2.5 mm。

② 设备准备:氧气瓶、乙炔瓶、氧气减压器、乙炔减压器、焊炬、焊嘴、氧气胶管、乙炔胶管。

③ 工具准备:防护眼镜 1 副,台虎钳 1 台,刻丝钳 1 把,锤子 1 把,火柴、钢丝刷、锉刀、活扳手、台式砂轮或角向磨光机等。

④ 劳保用品准备:自备。

（3）考核时限

基本时间:准备时间 20 min,正式操作时间 30 min。

时间允许差:每超过 5 min 扣总分 1 分,不足 5 min 按 5 min 计算,超过额定时间 15 min 不得分。

（4）评分项目及标准

评分项目及标准如表 5-8 所列。

表 5-8 评分项目及标准

序 号	考核要求	配分/分	评分标准	得 分	备 注
1	焊前准备	10	① 工件清理不干净,点固定位不正确,扣 5 分; ② 焊接参数调整不正确,扣 5 分		
2	焊缝外观质量	40	① 焊缝余高>3 mm,扣 4 分; ② 焊缝余高差>2 mm,扣 4 分; ③ 焊缝宽度差>3 mm,扣 4 分; ④ 背面余高>3 mm,扣 4 分; ⑤ 焊缝直线度>2 mm,扣 4 分; ⑥ 角变形>3°,扣 4 分; ⑦ 错边>0.3 mm,扣 4 分; ⑧ 背面凹坑深度>0.75 mm 或长度>26 mm,扣 4 分; ⑨ 咬边深度≤0.5 mm,累计长度每 5 mm 扣 1 分;咬边深度>0.5 mm 或累计长度>26 mm,扣 8 分; 注意: ① 焊缝表面不是原始状态,有加工、补焊、返修等现象或有裂纹、气孔、夹渣、未焊透、未熔合等任何缺陷存在,此项考试记不合格; ② 焊缝外观质量得分低于 24 分,此项考试记不合格		
3	焊缝内部质量 （JB 4730）	40	射线探伤后按 JB 4730 评定: ① 焊缝质量达到 I 级,扣 0 分; ② 焊缝质量达到 II 级,扣 10 分; ③ 焊缝质量达到 III 级,此项考试记不合格		

续表 5 - 8

序　号	考核要求	配分/分	评分标准	得　分	备　注
4	安全文明生产	10	① 劳保用品穿戴不全,扣 2 分; ② 焊接过程中有违反安全操作规程的现象,根据情况扣 2~5 分; ③ 焊接完毕,场地清理不干净,工具码放不整齐,扣 3 分		

3. 作业练习 2(气焊低合金钢板对接立焊单面焊双面成形)

(1) 操作要求

① 焊接方法为气焊。

② 焊接位置为立焊(向上)。

③ 焊件坡口形式为 V 形坡口,坡口面角度 32°± 2°。

④ 单面焊双面成形。

⑤ 钝边和对口间隙自定。

⑥ 焊前应将焊件坡口两侧 10~20 mm 处清油除锈,定位焊从焊件两头向中间开始进行,焊缝长度为 5~7 mm,间隔 50~100 mm。

⑦ 定位装配后,将装配好的试件固定在操作架上;试件一经施焊不得任意更换和改变焊接位置。

⑧ 焊接过程中劳保用品穿戴整齐;焊接工艺参数选择正确,焊后焊件保持原始状态。

⑨ 焊接完毕,关闭气焊焊炬及气瓶,工具摆放整齐,场地清理干净。

(2) 准备工作

① 材料准备:16Mn,$\delta = 5$ mm 的钢板 2 块,规格为 300 mm × 100 mm;气焊焊丝 HO8MnA,直径为 2.5 mm。

② 设备准备:氧气瓶、乙炔瓶、氧气减压器、乙炔减压器、焊炬、焊嘴、氧气胶管、乙炔胶管。

③ 工具准备:防护眼镜 1 副,台虎钳 1 台,刻丝钳 1 把,锤子 1 把,火柴、钢丝刷、锉刀、活扳手、台式砂轮或角向磨光机等。

④ 劳保用品准备:自备。

(3) 考核时限

基本时间 30 min,正式操作时间 40 min。

时间允许差:每超过 5 min 扣总分 1 分,不足 5 min 按 5 min 计算,超过额定时间 15 min 不得分。

(4) 评分项目及标准

评分项目及标准如表 5 - 9 所列。

表 5 - 9　评分项目及标准

序　号	考核要求	配分/分	评分标准	得　分	备　注
1	焊前准备	10	① 工件清理不干净,点固定位不正确,扣 5 分; ② 焊接参数调整不正确,扣 5 分		

序 号	考核要求	配分/分	评分标准	得 分	备 注
2	焊缝外观质量	40	① 焊缝余高>4 mm,扣 4 分; ② 焊缝余高差>3 mm,扣 4 分; ③ 焊缝宽度差>3 mm,扣 4 分; ④ 背面余高>2 mm,扣 4 分; ⑤ 焊缝直线度>2 mm,扣 4 分; ⑥ 角变形>3°,扣 4 分; ⑦ 错边>0.5 mm,扣 4 分; ⑧ 背面凹坑深度>1.0 mm 或长度>26 mm,扣 4 分; ⑨ 咬边深度≤0.5 mm,累计长度每 5 mm 扣 1 分;咬边深度>0.5 mm 或累计长度>26 mm,扣 8 分; 注意: ① 焊缝表面不是原始状态,有加工、补焊、返修等现象或有裂纹、气孔、夹渣、未焊透、未熔合等任何缺陷存在,此项考试记不合格; ② 焊缝外观质量得分低于 24 分,此项考试记不合格		
3	焊缝内部质量 (JB 4730)	40	射线探伤后按 JB 4730 评定: ① 焊缝质量达到Ⅰ级,扣 0 分; ② 焊缝质量达到Ⅱ级,扣 10 分; ③ 焊缝质量达到Ⅲ级,此项考试记不合格		
4	安全文明生产	10	① 劳保用品穿戴不全,扣 2 分; ② 焊接过程中有违反安全操作规程的现象,根据情况扣 2~5 分; ③ 焊接完毕,场地清理不干净,工具码放不整齐,扣 3 分		

5.4.2 气割操作练习

1. 气割基础知识

(1)气割前的准备

1)工作场地、设备及工具检查

气割前要认真检查工作场地是否符合安全生产和气割工艺的要求,检查整个气割系统的设备和工具是否正常,检查乙炔瓶、回火防止器工作状态是否正常。使用射吸式割炬时,应将乙炔胶管拔下,检查割炬是否有射吸力,若无射吸力,不得使用。将气割设备连接好,开启乙炔瓶阀和氧气瓶阀,调节减压器,将乙炔和氧气压力调至需要的压力。

2)工件的准备及其放置

去除工件表面污垢、油漆、氧化皮等。工件应垫平、垫高,距离地面一定高度,有利于熔渣吹除。工件下的地面应为非水泥地面,以防水泥爆溅伤人、烧毁地面,否则应在水泥地面上遮盖石棉板等。

3)确定气割工艺参数

根据工件的厚度正确选择气割工艺参数、割炬和割嘴规格,准备好后,开始点火并调整好火焰性质(中性焰)及火焰长度。然后试开切割氧调节阀,观察切割氧气流(风线)的形状。切割氧气流应是挺直而清晰的圆柱体,并要有适当的长度,这样才能使切口表面光滑干净、宽窄一致。如风线形状不规则,应关闭所有的阀门,用通针修理割嘴内表面,使之光洁。

(2)气割操作技术

1)操作姿势

气割时,先点燃割炬,调整好预热火焰,然后进行气割。气割操作姿势因个人习惯而不同。初学者可按基本的"抱切法"练习,如图 5-23 所示。手势如图 5-24 所示。操作时,双脚呈里八字形蹲在工件一侧右臂靠住右膝,左臂空在两脚之间,以便在切割时移动方便,右手把住割炬手把,并以大拇指和食指把住预热调节阀,以便于调整预热火焰和当回火时及时切断预热氧气。左手的拇指和食指把住开关切割氧调节阀,其余三指平稳托住射吸管,掌握方向。上身不要弯得太低,呼吸要有节奏,眼睛应注视割件和割嘴,并着重注视前面割线。一般从右向左切割。整个气割过程中,割炬运行要均匀,割炬与工件间的距离保持不变。每割一段移动身体时要暂时关闭切割氧调节阀。

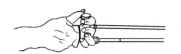

图 5-23　抱切法姿势　　　　图 5-24　气割时的手势

2)气割操作

① 点火。点燃火焰时,应先稍许开启氧气调节阀,再开乙炔调节阀,两种气体在割炬内混合后,从割嘴喷出,此时将割嘴靠近火源即可点燃。点燃时,拿火源的手不要对准割嘴,也不要将割嘴指向他人或可燃物,以防发生事故。刚开始点火时,可能出现连续的放炮声,原因是乙炔不纯,应放出不纯的乙炔,重新点火。如果氧气口开的太大,会导致点不着火的现象,这时可将氧气阀关小即可。火焰点燃后,调节火焰性质和预热火焰能率,与气割的要求相一致。

② 起割。开始气割时,首先用预热火焰在工件边缘预热,待呈亮红色时(既达到燃烧温度),慢慢开启切割氧气调节阀。若看到铁水被氧气流吹掉时,再加大切割氧气流,待听到工件下面发出"噗噗"的声音时,则说明已被割透。这时应按工件的厚度,灵活掌握气割速度,沿着割线向前切割。

③ 气割过程。气割时火焰焰心离开割件表面的距离为 3~5 mm,割嘴与割件的距离,在整个气割过程中保持均匀。手工气割时,可将割嘴沿气割方向后倾 20°~30°,以提高气割速度。气割质量与气割速度有很大关系。气割速度是否正常,可以从熔渣的流动方向来判断,熔渣的流动方向基本上与割件表面垂直。当切割速度过快时,熔渣将成一定角度流出,既产生较大后拖量。当气割 J 较长的直线或曲线割缝时,一般切割 300~500 mm 后需移动操作位置。此时应先关闭切割氧调节阀,将割炬火焰离开割件后再移动身体位置。继续气割时,割嘴一定要对准割缝的切割处,并预热到燃点,再缓慢开启切割氧。切割薄板时,可先开启切割氧,然后将割炬的火焰对准切割处继续气割。

④ 停割。气割要结束时,割嘴应向气割方向后倾一定角度,使钢板下部提前割开,并注意余料的下落位置,这样,可使收尾的割缝平整。气割结束后,应迅速关闭切割氧调节阀,并将割炬抬高,再关闭乙炔调节阀,最后关闭预热氧调节阀。

⑤ 回火处理。在气割时,若发现鸣爆及回火时,应迅速关闭乙炔调节阀和切割氧调节阀,以防氧气倒流人乙炔管内并使回火熄灭。

3)气割安全注意事项

① 每个氧气减压器和乙炔减压器上只允许接一把焊炬或一把割炬。

② 必须分清氧气胶管和乙炔胶管,GB 9448—88 中规定,氧气胶管为蓝色,乙炔胶管为红色。新胶管使用前应将管内杂质和灰尘吹尽,以免堵塞割嘴,影响气流流通。

③ 氧气管和乙炔管如果横跨通道和轨道,应从它们下面穿过(必要时加保护套管)或吊在空中。

④ 氧气瓶集中存放的地方,10 m 之内不允许有明火,更不得有弧焊电缆从瓶下通过。

⑤ 气割操作前应检查气路是否有漏气现象。检查割嘴有无堵塞现象,必要时用通针修理割嘴。

⑥ 气割工必须穿戴规定的工作服、手套和护目镜。

⑦ 点火时可先开适量乙炔,后开少量氧气,避免产生丝状黑烟,点火严禁用烟蒂,避免烧伤手。

⑧ 气割储存过油类等介质的旧容器时,注意打开人孔盖,保持通风。在气割前做必要的清理处理,如清洗、空气吹干、化验缸内气体是否处于爆炸极限之内,同时做好防火、防爆以及救护工作。

⑨ 在容器内作业时,严防气路漏气,暂时停止工作时,应将割炬置于容器外,防止漏气发牛爆炸、火灾等事故。

⑩ 气割过程中,发生回火时,应先关闭乙炔阀,再关闭氧气阀。因为氧气压力较高,回火到氧气管内的现象极少发生,绝大多数回火倒袭是向乙炔管方向蔓延。只有先关闭乙炔阀,切断可燃气源,再关闭氧气阀,回火才会很快熄灭。

⑪ 气割结束后,应将氧气瓶和乙炔瓶阀关紧,再将调压器调节螺钉拧松。冬季工作后应注意将回火防止器内的水放掉。

⑫ 工作时,氧气瓶、乙炔瓶间距应在 5 m 以上。

⑬ 气割时,注意垫平、垫稳钢板等,避免工件割下时钢板突然倾斜,伤人以及碰坏割嘴。

2. 作业练习 1(低碳钢中厚板的直线氧-乙炔手工气割)

(1)操作要求

① 切割方法为氧-乙炔手工气割。

② 切割位置为垂直俯位。

③ 切割件割口形式为直线 I 形。

④ 将待割钢板垫平,离开地面足够大的距离。

⑤ 将待割件表面清油除锈,在 500 mm 方向上每隔 20 mm 画线。

⑥ 气割过程中只允许正常停割 1 次。

(2)准备工作

① 材料准备:Q235A,$\delta=16$ mm 的钢板 1 块,规格为 500 mm×16 mm×300 mm。

② 设备准备：氧气瓶、乙炔瓶、氧气减压器、乙炔减压器、割炬、割嘴、氧气胶管、乙炔胶管。

③ 工具准备：防护眼镜 1 副，刻丝钳 1 把，火柴、活扳手等。

④ 劳保用品准备：自备。

（3）考核时限

基本时间 20 min，正式操作时间 20 min。

时间允许差：每超过 2 min 扣总分 1 分，不足 2 min 按 2 min 计算，超过额定时间 6 min 不得分。

（4）评分项目及标准

评分项目及标准如表 5-10 所列。

表 5-10 评分项目及标准

序 号	考核要求	配分/分	评分标准	得 分	备 注
1	切割前准备	15	① 待割钢板未垫平，待割钢板离地面距离不够，扣 5 分； ② 待割钢板清理不干净，未放好切割线，扣 5 分； ③ 气割参数调整不正确，扣 5 分		
2	切割操作过程	30	① 点火，调节火焰操作不正确，扣 5 分； ② 预热未采用中性焰或轻微的氧化焰，扣 5 分； ③ 切割氧压力不正确，扣 5 分； ④ 气割操作姿势不正确，扣 5 分； ⑤ 切割过程中停割次数大于 1 次，扣 5 分； ⑥ 停割操作不正确，扣 5 分		
3	切割件质量	40	① 切口表面粗糙，扣 5 分； ② 切口平面度公差＞4.8 mm，扣 5 分； ③ 切口上缘有明显圆角塌边，宽度＞1.5 mm，扣 5 分； ④ 切口有条状挂渣，用铲可清除，扣 5 分； ⑤ 切口直线度公差＞2 mm，扣 5 分； ⑥ 切口垂直度公差＞5 mm，扣 5 分； ⑦ 切口切割缺陷沟痕深度＞1.2 mm，沟痕宽度＞5 mm，每出现 1 个，扣 1 分； 注意： 待割钢板未被切割开，此项考试记不合格		
4	安全文明生产	15	① 劳保用品穿戴不全，扣 5 分； ② 焊接过程中有违反安全操作规程的现象 1 次，扣 5 分； ③ 气割完后，场地清理不干净、工具码放不整齐，扣 5 分； ④ 出现重大安全事故隐患，此项考试记不合格		

3. 作业练习 2（低碳钢钢管的转动氧-乙炔手工气割）

（1）操作要求

① 切割方法为氧-乙炔手工气割。

② 切割位置为垂直俯位。

③ 切割件割口形式为直线 I 形。

④ 将待割钢板垫平，离开地面足够大的距离。

⑤ 将待割件表面清油除锈,每隔 20 mm 画线。

（2）准备工作

① 材料准备:20 号钢,159 mm×8 mm 的钢管 1 根,规格长 300 mm。

② 设备准备:氧气瓶、乙炔瓶、氧气减压器、乙炔减压器、割炬、割嘴、氧气胶管、乙炔胶管。

③ 工具准备:防护眼镜 1 副,刻丝钳 1 把,火柴、活扳手等。

④ 劳保用品准备:自备。

（3）考核时限

基本时间 20 min,正式操作时间 20 min。

时间允许差:每超过 2 min 扣总分 1 分,不足 2 min 按 2 min 计算,超过额定时间 6 min 不得分。

（4）评分项目及标准

评分项目及标准如表 5-11 所列。

表 5-11　评分项目及标准

序　号	考核要求	配分/分	评分标准	得　分	备　注
1	切割前准备	15	① 待割钢管未垫平,待割钢板离地面距离不够,扣 5 分; ② 待割钢管清理不干净,未放好切割线,扣 5 分; ③ 气割参数调整不正确,扣 5 分		
2	切割操作过程	30	① 点火,调节火焰操作不正确,扣 5 分; ② 预热未采用中性焰或轻微的氧化焰,扣 5 分; ③ 切割氧压力不正确,扣 5 分; ④ 气割操作姿势不正确,扣 5 分; ⑤ 切割过程中停割次数大于 3 次,扣 5 分; ⑥ 停割操作不正确,扣 5 分		
3	切割件质量	40	① 切口表面粗糙,扣 5 分; ② 切口平面度公差>2.4 mm,扣 5 分; ③ 切口上缘有明显圆角塌边,宽度>1.5 mm,扣 5 分; ④ 切口有条状挂渣,用铲可清除,扣 5 分; ⑤ 切口垂直度公差>2 mm,扣 5 分; ⑥ 切口切割缺陷沟痕深度>1.2 mm,沟痕宽度>5 mm,每出现 1 个,扣 1 分; 注意:待割钢管未被切割开,此项考试记不合格		
4	安全文明生产	15	① 劳保用品穿戴不全,扣 5 分; ② 焊接过程中有违反安全操作规程的现象 1 次,扣 5 分; ③ 气割完后,场地清理不干净,工具码放不整齐,扣 5 分; ④ 存在重大安全事故隐患,或出现重大安全事故,此项考试记不合格		

5.4.3　半自动切割机与仿行切割机操作练习

1. 气割切割机基础知识

气割机是代替手工割炬进行气割的机械化设备。它比手工气割的生产效率高,割口质量好,劳动强度和成本都较低。近年来,随着计算机技术发展,数控气割机也得到广泛应用。

（1）半自动气割机

半自动气割机是一种最简单的机械化气割设备，一般是由一台小车带动割嘴在专用轨道上自动地移动，但轨道轨迹要人工调整。当轨道是直线时，割嘴可以进行直线气割；当轨道呈一定的曲率时，割嘴可以进行一定曲率的曲线气割；如果轨道是一根带有磁铁的导轨，小车利用爬行齿轮在导轨上爬行，割嘴可以在倾斜面或垂直面上气割。

CG1-30 型半自动气割机是目前常用的半自动切割机，如图 5-25 所示。这是一种结构简单、操作方便的小车式半自动气割机，它能切割直线或圆弧。

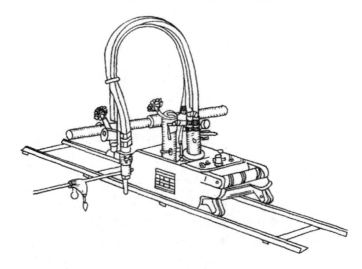

图 5-25　CG1-30 型半自动气割机

（2）仿形气割机

仿形气割机是一种高效率的半自动气割机，可方便而精确地切割出各种形状的零件。仿形气割机的结构形式有两种类型：一种是门架式，另一种是摇臂式。其工作原理主要是通过靠轮沿样板仿形带动割嘴运动。靠轮有磁性靠轮和非磁性靠轮两种。

CG2-150 型仿形气割机是一种高效率半自动气割机，如图 5-26 所示。

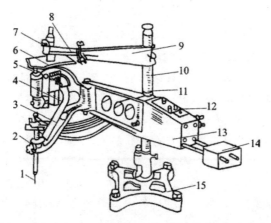

1—割嘴；2—割嘴调节架；3—主臂；4—驱动电动机；5—磁头；6—样板；7—连接器；8—固定样板调节杆；
9—横移架；10—竖柱；11—机臂；12—控制盘；13—速度控制箱；14—平衡锤；15—底座

图 5-26　CG2-150 型仿形气割机

（3）气割机切割的安全操作注意事项

① 气割机应放在通风干燥处避免受潮，室内不应有腐蚀性气体存在。

② 气割机的减速箱，一般应半年加一次润滑油。

③ 下雨天切勿在露天使用气割机以防电气系统受潮引起触电事故。

④ 使用前应做好清理准备工作，机身、割炬以及运动部件必须调整好间隙，不能松动；同时检查紧固件有无松动现象，如有应及时加以紧固。

⑤ 气割机必须由专人负责使用和维护保养，并定期进行检修，使气割机保持完好状态。

⑥ 切割场地必须备有检验合格的消防器材。

⑦ 易燃易爆物品距离切割场地在 10 m 以外。

⑧ 各种气瓶的存放、搬运必须按规定进行。

⑨ 必须经常检查气路系统有无漏气，气管是否完好无损。

⑩ 气割工必须穿戴规定的工作服、手套和护目镜等。

⑪ 气割工休息或长时间离开工作场地时，必须切断电源，以免电机过热烧坏。

⑫ 工作完毕，必须拉闸断电，关闭所有瓶阀，清理场地，消除事故隐患。

2．作业练习（气割机的使用）

（1）准备工作

① 将电源（220 V 交流电）插头插入控制板上的插座内，电源接通后，指示灯亮。

② 将氧气、乙炔胶皮管接到气体分配器上，并调节好氧气和乙炔的使用压力，进行供气。

③ 直线气割时，将导轨放在气割钢板上，然后将气割机轻放在导轨上，使有割炬的一侧向着气割工，并校正好导轨，调节好割炬与割线之间的距离以及割炬的垂直度。气割坡口时，应调整好割嘴与割件的倾斜角度。气割圆形件时，应装上半径架，调好气割半径，抬高定位针，并使靠近定位针的滚轮悬空。

④ 根据割件厚度选择割嘴并拧紧。

⑤ 当采用双割炬气割时，应将氧气和乙炔气管与两组调节阀接通。

（2）操作方法

① 将离合器手柄推上，并开启压力开关阀，使切割氧和乙炔气管相通，并将起割开关扳在停止位置。

② 扳动倒顺开关，根据焊接小车的运动方向将开关放在"倒"或"顺"的位置。根据割件厚度调整气割速度，点火后调整好预热火焰能率。

③ 将割件预热到燃点后，开启切割氧调节阀，割穿割件。同时，由于压力开关的作用，使电动机的电源接通，气割机行走，气割工作开始。气割时若不使用压力开关阀，可直接用起割开关来接通和切断电源。

④ 气割过程中，可随时旋转升降架上的调节手轮，以调节割嘴到割件间的距离。

⑤ 气割结束时，应先关闭切割氧调节阀，此时压力开关失去作用，使电动机的电源切断，接着关闭压力开关阀和预热火焰。必须注意，不能先关闭压力开关阀，否则由于高压氧气被封在管路内，使压力开关继续工作，这样电动机的电源就不能被切断。整个工作结束后，应切断控制板上的电源和停止氧气及乙炔的供应。

项目6 综合强化练习

一、练习项目

练习1 手工电弧焊 T 形接头仰角焊

1. 试件尺寸及要求

① 焊件。焊件为低碳钢板，每组两块：1 块规格为 300 mm×60 mm×10 mm，V 形坡口，坡口面角度为 50°，无钝边；另 1 块规格为 300 mm×60 mm×10 mm，无坡口。

② 焊接材料。E4303 焊条，直径为 2.5 mm、3.2 mm 和 4 mm。

③ 设备。BXI－330 型或 7XG－3 00 型焊机。

2. 试件装配

① 用砂纸或角向磨光机将 300 mm×60 mm×10 mm 板两侧 20 mm 范围内的坡口处及 300 mm×100 mm×10 mm 板中线两侧各 20 mm 范围内的油污、铁锈等清除干净，并使之露出金属光泽。

② 装配定位焊时采用的焊条与正式焊接时相同。定位焊缝在焊件两端各 20 mm 范围之内，不得有任何缺陷，定位焊缝长度小于等于 15 mm，焊后将定位焊缝的一端打磨成缓坡形。装配时立板与底板应相互垂直。焊件装配尺寸如表 6－1 所列。根部间隙始焊端为 3～3.5 mm，终焊端为 4 mm，钝边为 1～2 mm。

表 6－1　T 形接头仰角焊的装配尺寸

焊接方法	根部间隙/mm		钝边/mm
	始焊端	终焊端	
断弧焊	3.2	4	1～2
连弧焊	3	3.5	0.5～1

3. 焊接层数和焊接参数

焊接层次为三层六道或四层七道，如图 6－1 所示，焊接参数如表 6－2 所列。

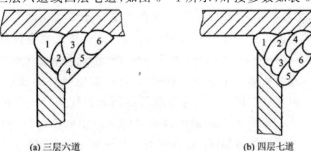

(a) 三层六道　　　　　　　　　　(b) 四层七道

图 6－1　T 形接头仰角焊的焊接层次

表 6 - 2 T形接头仰角焊的焊接参数

焊 层	焊条直径/mm	焊接电流/A	
打底层	2.5	连弧焊	70～80
	3.2	断弧焊	85～90
		连弧焊	90～100
		断弧焊	100～100
填充层	3.2	115～125	
盖面层	3.2	110～120	
	4	150～160	

4. 操作要点

（1）打底层的焊接

1）连弧焊法

打底层连弧焊的焊条角度如图 6 - 2 所示。首先从焊件的始端定位焊处引弧，引弧后稍作停顿对定位焊处预热，然后横向摆动向前运条。当电弧到达定位焊缝的末端时，将焊条向背面顶送，并停顿 2～3 s 后，当听到"噗"的一声，说明已击穿坡口根部，将焊条上下摆动，以斜锯齿形向前运条焊接。在焊接过程中坡口击穿的顺序是先上坡口，后下坡口；熔孔的位置下半周在前、上半周在后，如图 6 - 3 所示。熔孔大小以坡口每侧各熔 0.5 mm 为宜，并始终保持斜椭圆形熔池形状和熔孔大小一致。注意观察熔池，防止熔池温度过高，如发现熔池金属将要下淌，应立即调整焊条角度或断弧。

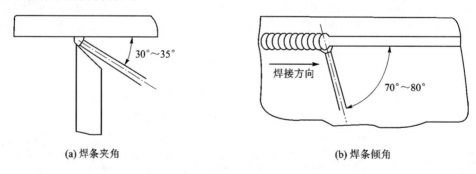

(a) 焊条夹角   (b) 焊条倾角

图 6 - 2 T形接头仰角焊焊接打底层的焊条角度

2）断弧焊法

打底层断弧焊的焊接参数如表 6 - 2 所列。焊条角度与连弧焊相同。首先从始焊端定位焊处引弧，然后稍作停顿对定位焊处预热并以横向摆动向前运条。当电弧到达定位焊缝的末端时，将焊条向背面顶送，并停顿 2～3 s，听到"噗"的一声后，说明第一个熔池已经建立并立即灭弧。当熔池由红变暗，立即从第一个熔池口点引弧，然后将电弧对准坡口根部中心，向背面顶送焊条，听到击穿坡口根部的"噗"声后，再将电弧移到 c 点灭弧。c 点在 a、b 两点间的下方，即下坡口边缘，如图 6 - 4 所示。在 a 点灭弧的目的是防止电弧在 O 点时，熔池金属下坠到下坡口引起熔合不良，并增加熔池温度，减缓熔池冷却速度，有利于防止产生气孔、冷缩孔。如此按照 a—b—c 反复运条焊接。焊接时始终注意熔孔大小要合适、一致，随时调整焊条角度。采用短弧焊接,电弧总是顶着熔池,严防熔池金属、熔渣超前。在焊接过程中需要停弧时,为防止产生缩孔,应将电弧向焊接反方向,即沿坡口斜后方向回拉 10～15 mm,慢慢提起焊条、灭弧。或沿熔池边缘连续点焊几下,以便增加熔池温度,减缓冷却速度,然后再灭弧。接头采用热接法,热接法灭弧后迅速更换焊条,在停弧处引弧向前运条,当电弧到达原停弧处的熔孔后,向背面顶送焊条并稍作停顿,当形成新的熔孔时,摆动焊条向前进行焊接。

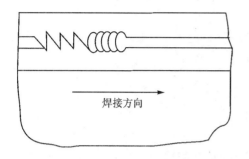

图 6 - 3　T 形接头仰角焊连弧焊法焊接
接打底层的运条方法及熔孔形状

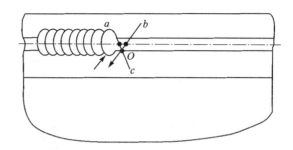

图 6 - 4　T 形接头仰角焊断弧焊法
打底层的运条方法

（2）填充层的焊接

焊接填充层前应将前层焊道清理干净,焊接参数如表 6 - 2 所列。

下面以三层六道的填充层焊接方法为例介绍其操作方法。焊条夹角如图 6 - 5 所示,首先采用直线方法运条焊接焊道 2,并注意观察下坡口的熔合情况。再采用小斜锯齿形方法运条焊接焊道 3,使其覆盖焊道 2 的 1/3～1/2,避免填充层出现凹槽和凸起,使焊道表面平整。焊接完填充层后,焊道下边缘距坡口边缘 1～2 mm;焊道上边缘距离立板表面 1 mm 左右,为焊接盖面层打好基础。

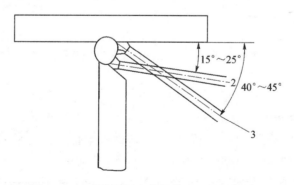

图 6 - 5　T 形接头仰角焊焊填充层的焊条角度

（3）盖面层的焊接

焊接盖面层前应将前层焊道清理干净。焊接顺序是先从下面焊道开始依次向上焊接。焊接盖面层的焊接参数如表 6 - 2 所列,焊条夹角如图 6 - 6 所示。焊接焊道 4 时,应注意压缩电弧,运条速度要均匀,并用熔池温度均匀地熔化坡口边缘,防止产生未熔合和熔化金属下坠。焊接中间焊道 5 时,运条速度不宜过慢,防止熔池温度过高使熔化金属下坠,并使熔池覆盖焊道 4 的 1/3～1/2。焊接最后焊道 6 时,应注意防止咬边,熔化金属下淌。焊接时,尽量压低电弧并注意调整焊条角度。当运条到焊道的上边缘时要稍作停留,注意防止熔池温度过高,应使液态金属均匀地覆盖焊道和底板,并注意焊脚尺寸的要求,如果焊脚尺寸过小,可采用斜锯齿形运条焊接。

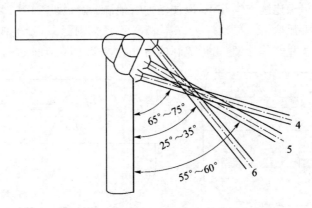

图 6-6 T 形接头仰角焊焊盖面层的焊条角度

练习 2 CO_2 气体保护焊板对接 V 形坡口横焊

1. 试件尺寸及要求

① 试件材料:20 钢。

② 试件及坡口尺寸:如图 6-7 所示。

③ 焊接位置:横焊。

④ 焊接要求:单面焊双面成形。

⑤ 焊接材料:HO8Mn2SiA,焊丝直径为 1.2 mm。

⑥ 焊机:CO_2 气体保护焊机 NB-350,直流反接。

2. 试件装配

① 钝边:1~1.5 mm,要求平直。

② 清除坡口及其正反面两侧 20 mm 范围内的油、锈及其他污物,至露出金属光泽。

③ 装配:

a. 装配间隙:起弧处为 3 mm,完成处为 4.0 mm。

b. 定位焊:采用与焊接试件相同牌号的焊丝进行定位焊,并点于试件正面坡口内两端,焊点长度为≤20 mm,要求焊透。

c. 预置反变形量:3.2 mm。

d. 错边量:小于等于 0.5 mm。

e. 定位后将试件固定在操作架上,试件一经施焊不得任意更换和改变置,操作时注意焊枪角度,如图 6-8 所示。

3. 焊接工艺参数

横焊焊接工艺参数如表 6-3 所列。

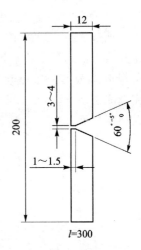

图 6-7   试件坡口尺寸

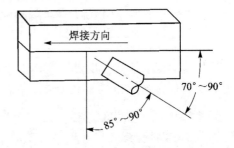

图 6-8   横焊焊枪角度

表 6-3　横焊焊接工艺参数

焊接层次	焊丝直径/mm	焊接电流/A	电弧电压/V	焊丝伸出长度/mm	气体流量/(L·min^{-1})
打底层	1.2	115～125	18～19	15～20	13～17
填充层	1.2	135～145	21～22	15～20	13～17
盖面层	1.2	135～145	21～22	15～20	13～17

4. 操作要点

（1）打底层的焊接

首先在定位焊缝上引弧,以小幅度画斜圆圈摆动从右向左焊接,坡口钝边上下边棱各熔化1～1.5 mm,并形成椭圆熔孔,手要稳,速度要均匀,上坡口钝边停顿时间比下坡口钝边的时间要稍长,防止金属下坠,整条焊缝尽量不要中断,若产生断弧应从断弧处后 15 mm 处重新起弧。

（2）填充层的焊接

将焊道表面的飞溅清理干净,调试好填充焊的参数后,采用多道焊接,填充层的厚度以低于母材 1.0～1.2 mm 为宜,且不得熔化坡口边缘棱角,利于盖面层的焊接。

（3）盖面层的焊接

清理填充层焊道及坡口上的飞溅和熔渣,调试好填充焊的参数后,采用多道焊接,盖面层的第 1 道焊缝是关键,要求不仅要焊直,而且焊缝成形圆滑过渡,左向焊具有焊枪喷嘴稍前倾,从右向左施焊、不挡焊工视线的条件,呈画圆圈运动,每层焊接后都要清渣,各焊道相互搭接一半,防止出现棱沟,影响美观,收弧处要填满弧坑。

练习3　CO_2 气体保护焊插入式管-板 T 形接头水平固定位置角焊

1. 试件尺寸及要求

① 试件材料:20 钢。

② 试件及坡口尺寸:如图 6-9 所示。

③ 焊接位置:水平固定。

④ 焊接要求:单面焊双面成形,$K = 6_0^{+2}$。

⑤ 焊接材料:HO8Mn2SiA,直径为 1.2 mm。

⑥ 焊机:NB-350,直流反接。

2. 试件装配

① 清除坡口及其两侧 20 mm 范围的油、锈及其他污物,至露出金属光泽。

② 定位焊:定位两点,采用与焊接时间相同牌号的焊丝进行点焊,焊点长度 10～15 mm,要求焊透,焊脚不能过高。

③ 管子应垂直于管板。

3. 焊接工艺参数

焊接工艺参数如表 6-4 所列。

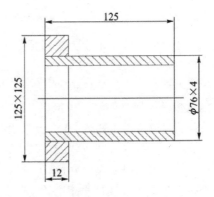

图 6-9　试件坡口尺寸

表 6 - 4　焊接工艺参数

焊接层数	焊丝直径/mm	焊接电流/A	电弧电压/V	气体流量/(L·min⁻¹)	焊丝伸长长度/mm
打底焊	1.2	90～100	18～20	10～15	15～20
盖面焊		110～130	20～22	13～17	

4. 操作要点

T 形接头水平固定位置角焊是插入式管板最难焊的位置,需同时掌握 T 形接头平焊、立焊、仰焊的操作技能,并根据管子曲率调整焊枪角度。本例因管壁较薄,焊脚高度不大,故可采用单道焊或二层二道焊(一层打底焊和一层盖面焊)。焊接时的焊枪角度与焊法如图 6 - 10 所示。

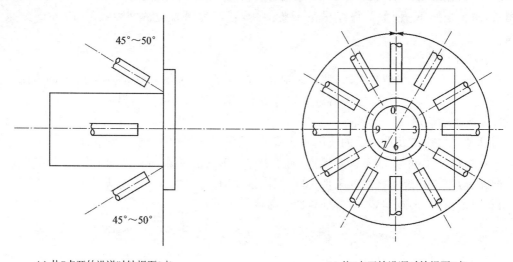

(a) 从7点开始沿逆时针焊至0点　　　　(b) 从7点开始沿顺时针焊至0点

图 6 - 10　焊枪角度与焊法

① 将管板试件固定于焊接固定架上,保证管子轴线处于水平位置,并使定位焊缝不得位于 6 点位置。

② 调整好焊接工艺参数,在 7 点位置处引弧,沿逆时针方向焊至 3 点处断弧,不必填满弧坑,但断弧后不能立即移开焊枪。

③ 迅速改变焊工体位,在 3 点处引弧,仍按逆时针方向由 3 点焊至 0 点。

④ 将 0 点处焊缝磨成斜面。

⑤ 从 7 点处引弧,沿顺时针方向焊至 0 点,注意接头应平整,并满弧坑。若采用两层两道焊,则按上述要求和次序再焊一次。焊第一层时焊接速度要快,保证根部焊透,焊枪不摆动,使焊脚较小,盖面焊时焊枪摆动,以保证焊缝两侧熔合好,并使焊脚尺寸符合规定要求。

注意:上述步骤实际上是一气呵成的,根据管子的曲率变化,焊工不断地转动手腕和改变体位连续焊接,按逆、顺时针方向焊完一圈焊缝。

练习4 钨极氩弧焊板对接 V 形坡口立焊

1. 试件尺寸及要求

① 试件材料:20 g。

② 试件及坡口尺寸:如图 6-11 所示。

③ 焊接位置:立焊。

④ 焊接要求:单面焊双面成形。

⑤ 焊接材料:HO8MnA 或 ER50-6,焊丝直径为 2.0～

2.5 mm。

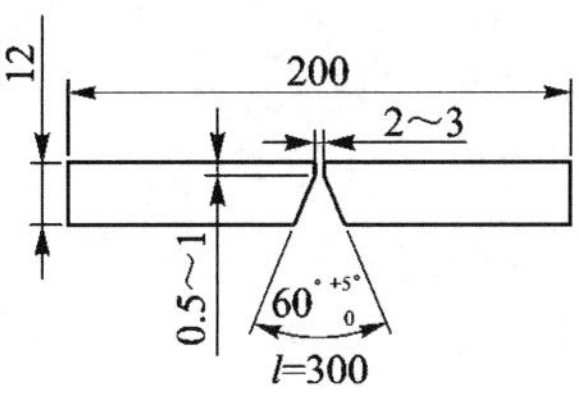

图 6-11 试件及坡口尺寸

⑥ 焊机:直流氩弧焊机 WS-400,直流正接。

2. 试件装配

① 钝边:0.5～1 mm,要求平直。

② 清除坡口及其正反面两侧 20 mm 范围内的油、锈及其他污物,至露出金属光泽,并再用丙酮清洗该区。

③ 装配:

a. 装配间隙:下端为 2 mm,上端为 3 mm。

b. 定位焊:采用与焊接试件相同牌号的焊丝进行定位焊,并点于试件正面坡口内两端,焊点长度为 10～15 mm,要求焊透。

c. 预置反变形量为 4 mm。

d. 错边量:≤0.5 mm。

e. 定位后将试件固定在操作架上,试件一经施焊不得任意更换和改变位置。

3. 焊接工艺参数

焊接工艺参数如表 6-5、表 6-6 所列。

表 6-5 立焊焊接主要工艺参数

焊接层次	焊丝直径/mm	焊接电流/A	焊接电压/V	焊枪与板面的角度/(°)	摆弧方式
打底层	2.0	100～120	11～15	70～80	锯齿形
填充层	2.5	120～130	11～15	70～80	锯齿形
填充层	2.5	130～140	11～15	70～80	锯齿形
填充层	2.5	130～140	11～15	75～85	锯齿形
盖面层	2.5	120～130	11～15	75～85	锯齿形

表 6-6 立焊焊接辅助工艺参数

钨极规格/mm	喷嘴直径/mm	钨极伸出长度/mm	喷嘴至工件距离/mm	氩气纯度	氩气流量/(L·min^{-1})
Wce2.4～3.0	10	4～7	≤10	99.99%	8～12

4. 操作要点及注意事项

立焊难度较大,熔池金属下坠,焊缝成形差,易出现焊瘤和咬边,施焊宜用偏小的焊接电流,焊枪作上凸月牙形摆动,并应随时调整焊枪角度控制熔池的凝固,避免铁水下淌。通过焊枪移动与填丝的配合,以获得良好的焊缝成形。焊枪角度、填丝位置如图 6-12 所示。

（1）打底层的焊接

采用单面焊双面成形操作方法完成,选用直径为 2.0 mm 的焊丝,电流 100~120 A,施焊时,采用蹲位焊接,在起焊接点固定位置引弧,先用长弧预热坡口根部,稳弧几秒后当两侧出现汗珠时,应立即压低电弧,使熔滴向母材过渡,形成一个椭圆形的熔池和熔孔,并立即添加焊丝,将焊丝添在熔孔根部,可作锯齿形小幅度摆动,接头应注意将起焊处磨成斜坡状;电弧控制在 3~4 mm,焊枪沿着焊缝作直线向上移动,为防止熔滴下坠,焊丝应送入熔池,并还要有向上推的动作。

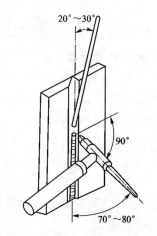

图 6-12　立焊焊枪角度与填丝位置

（2）填充层的焊接

第 2~4 层均为填充层,选用直径为 2.5 mm 的焊丝,电流有所增加,连弧焊接,施焊前,先将打底层清理干净,以两侧稍停、中间不停的原则用"锯齿"形运条摆动,电弧要短,摆动要均匀,填充量应低于管表面 0~1.0 mm。

（3）盖面层的焊接

盖面层在保证一定的余高,避免产生咬边等缺陷,防止缺陷的方法是保持短弧焊,手要稳,摆动要均匀,在坡口边沿要有意识地多停留一会,给坡口边沿填足铁水,这样才能焊接没有缺陷的焊缝。

练习 5　钨极氩弧焊骑座式管-板 T 形接头仰角焊

1. 试件尺寸及要求

① 试件材料:20 钢。

② 试件及坡口尺寸:如图 6-13 所示。

③ 焊接位置:垂直仰位。

④ 焊接要求:单面焊双面成形,$K = 6_0^{+3}$。

⑤ 焊接材料:HO8Mn2SiA。

⑥ 焊机:WSME-315,直流正接。

2. 试件装配

① 挫钝边:0~0.5 mm。

② 清除坡口及其两侧 20 mm 范围的油、锈及其他污物,至露出金属光泽再用丙酮清洗该区。

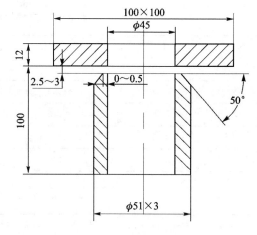

图 6-13　试件坡口尺寸

③ 装配:

a. 装配间隙:2.5~3 mm。

b. 定位焊:采用三点定位固定,均布与管子外围上,焊点长度为 10 mm 左右,要求焊透,不得有缺陷。

c. 试件装配错边量≤0.3 mm。

d. 管子应与管板相垂直。

3. 焊接工艺参数

焊接工艺参数如表 6-7 所列。

表 6-7　焊接工艺参数

焊接电流/A	电弧电压/V	氩气流量/(L·min⁻¹)	钨极直径/mm	焊丝直径/mm	喷嘴直径/mm	喷嘴至工件直径/mm
80~90	11~13	6~8	2.5	2.5	8	≤12

4. 操作要点

骑坐式管板焊的难度较大,既要保证单面焊双面成形,又要保证焊缝外观均匀美观,焊脚对称,再加上管壁薄,坡口两侧导热情况不同,需要控制热量分布,这也增加了难度,通常以打底焊保证背面成形,盖面焊保证焊脚尺寸和焊缝外观成形。本例采用两层三道焊,一层打底,盖面层为上、下两道焊缝。

(1) 打底焊

将试件在垂直仰位处固定好,将一个定位焊缝放在右侧;焊枪角度如图 6-14 所示。

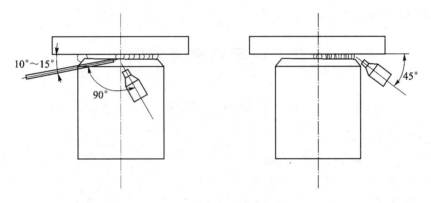

图 6-14　打底焊焊枪角度

在右侧定位焊缝上引弧,先不加丝,待坡口根部和定位焊点端部熔化形成熔池熔孔后,再加焊丝从右向左焊接。

焊接时电弧要短,熔池要小,但应保证孔板与管子坡口面熔合好,根据熔化和熔池表面情况调整焊枪角度和焊接速度。

管子侧坡口根部的熔孔超过原棱边应小于等于1 mm。否则将使背面焊道过宽和过高。

需接头时,在接头右侧10~20 mm 处引弧,先不加焊丝,待接头处熔化形成熔池和熔孔后,再加焊丝继续向左焊接。焊至封闭处,可稍停填丝,待原焊缝头部熔化后再填丝,以保证接头处熔合良好。

(2) 盖面焊

盖面层为两道焊道,先焊下面的焊道,后焊上面的焊道。仰焊盖面的焊枪角度如图 6-15 所示;焊前可先将打底焊道局部凸起处打磨平整。

焊下面焊道时,电弧应对准打底焊道下沿,焊枪做小幅度锯齿形摆动,熔池下沿超过管子坡口棱边1~1.5 mm,熔池的上沿在打底焊道的1/2~2/3 处。

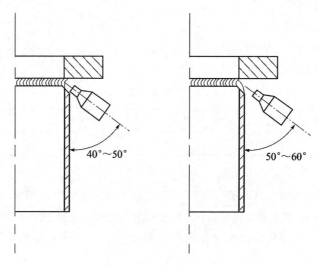

图 6 - 15　仰焊盖面焊枪角度

焊上面的焊道时,电弧以打底焊道上沿为中心,焊枪做小幅度摆动,使熔池将孔板和下面的盖面焊道圆滑地连接在一起。

二、竞赛冠军谈案例

案例一　Cr18Ni9Ti 不锈钢平板对接仰焊

1. 试件尺寸及要求

① 试件材料:Cr18Ni9Ti,厚 4 mm。

② 试件及坡口尺寸:如图 6 - 16 所示。

③ 焊接位置:仰焊。

④ 焊接要求:单面焊双面成形(每段 800,酸洗,烘干,真空封存、不允许对试件进行修锉)。

⑤ 焊接材料:焊丝:HOCr21Ni10,直径为 1.6 mm。

⑥ 焊接方法和焊机:手工 TIG、直流氩弧焊机 WS - 400,直流正接。

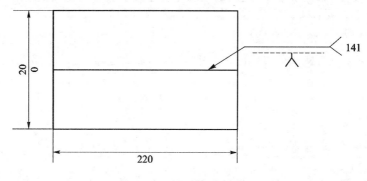

图 6 - 16　试件及坡口尺寸

2. 试件清理与装配

① 手工锉修或角磨机打磨钝边 0.5～1 mm，要求平直。

② 清除坡口及其正反面两侧 20 mm 范围内的油、锈及其他污物，直至露出金属光泽，然后用丙酮清洗整个试件。

③ 装配：

a. 装配间隙：起端 0.5 mm，终端为 1 mm。

b. 定位焊：采用与焊接试件相同牌号的焊丝进行定位焊，并点焊于试件正面坡口两端的内侧，焊点长度为 10～15 mm，要求焊透。

c. 预置反变形量为 4 mm。

d. 错边量小于等于 0.5 mm。

e. 定位后将试件固定在操作架上，试件一经施焊不得任意更换和改变位置。

3. 焊接工艺参数

板仰焊焊接工艺参数如表 6-8、表 6-9 所列。

表 6-8　板仰焊主要工艺参数

焊接层次	焊丝直径/mm	焊接电流/A	焊接电压/V	焊枪与板面的角度/(°)	摆弧方式
打底层	1.6	80～100	11～15	70～80	直线
填充层	1.6	80～100	11～15	70～80	锯齿形
盖面层	1.6	70～90	11～15	75～85	锯齿形

表 6-9　仰焊焊接辅助工艺参数

钨极规格/mm	喷嘴直径/mm	钨极伸出长度/mm	喷咀至工件距离/mm	氩气纯度	氩气流量/(L·min⁻¹)
Wce2.4～3.0	10	4～7	≤10	99.99%	8～12

4. 操作要点及注意事项

仰焊是焊接操作中难度最大的焊接位置。在仰焊焊接过程中，焊枪倒悬，给操作人员带来诸多不便，操作呈蹲姿状态，头仰向上观察，反手持枪，工件与焊枪角度如图 6-17 所示。

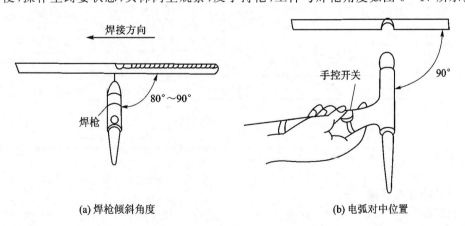

(a) 焊枪倾斜角度　　　　　　　　　(b) 电弧对中位置

图 6-17　工件与焊枪的角度

熔滴受重力作用会阻碍其向熔池过渡,而且由于重力作用,氩气保护效果低于其他焊接位置,故必须严格控制焊接线能量和冷却速度。采用较小的焊接电流、较大的焊接速度,加大氩气流量,使熔池控制在尽可能小的范围内,加快熔池凝固速度,确保焊缝外形美观。焊接时将焊件水平固定,坡口朝下,将间隙小的一端放在始焊端,焊接层次为三层三道焊。

（1）打底焊

在试板始端定位焊缝上引弧,先不填丝,待形成熔池和熔孔后,开始填丝焊接。焊接时尽量压低焊弧,采用直线或小幅度锯齿形摆动,在坡口两侧稍作停留,熔池不能太大,防止熔融金属下坠。接头时可在弧坑右侧 15～20 mm 处引燃电弧,迅速将电弧左移至弧坑处加热,待原弧坑溶化后,开始填丝转入正常焊接。焊至焊件左端收弧,填满弧坑后灭弧,待熔池冷却后再移开焊枪。

（2）填充焊

焊接步骤同打底焊,但焊枪、焊丝摆动幅度稍大,保证坡口两侧熔合良好,焊道表面应平整,并低于母材约 1 mm,不得熔化坡口棱边。

（3）盖面焊

焊枪摆动幅度加大,使熔池两侧超过棱边 0.5～1.5 mm,使熔合好、成形好、无缺陷,盖面层要保证一定的余高,避免产生咬边等缺陷,防止产生缺陷的方法是保持短弧焊,手要稳,摆动要均匀,在坡口边沿要有意识的多停留一会,给坡口边沿填足铁水,这样才能焊接没有缺陷的焊缝。

案例二　小直径铝管对接水平转动焊

1. 试件尺寸及要求

① 试件材料：材料 LF3,6 mm×1 mm。

② 试件尺寸：如图 6-18 所示。

③ 焊接位置：对接水平转动焊接。

④ 焊接要求：单面焊双面成形。

⑤ 焊接材料：焊丝 LF14,直径为 2 mm(每段 800,酸洗,烘干,真空封存)。

⑥ 焊接方法和焊机：手工 TIG、松下交直流 YC-300WX4 焊机。

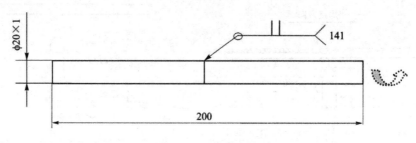

图 6-18　试件尺寸

2. 试件清理与装配

① 焊件须经酸洗,烘干,真空封存。

② 焊前手工锉修焊接端口要求平直。清除焊口及其正反面两侧 20 mm 范围内氧化膜,直至露出金属光泽,最后再用丙酮清洗该区域。

③ 装配：

a. 装配间隙 0～0.5 mm，最好没有间隙。

b. 采用与焊接试件相同牌号的焊丝进行定位焊，点位 1～2 点，焊点长度为 2～3 mm，定位焊点尽量短，要求焊透。

c. 错边量小于等于 0.5 mm，为控制错边量可采用依靠平直物体定位，如依靠较厚的钢板边缘、方箱等。

d. 定位后将试件水平放置于操作平台，可以任意转动焊接，为防止焊件太轻被气流吹跑应用铜条压住焊件。

e. 但为了减少接头带来的质量缺陷，尽量把接头个数控制在 2～3 个为佳。

3. 焊接工艺参数

焊接工艺参数如表 6 - 10、表 6 - 11 所列。

表 6 - 10　主要工艺参数

焊接层次	焊丝直径/mm	焊接电流/A	焊接电压/V	焊枪与焊缝角度/(°)	摆弧方式
一层完成	2.0	25～50	11～15	90	直线

表 6 - 11　辅助工艺参数

钨极规格/mm	喷嘴直径/mm	钨极伸出长度/mm	喷咀至工件距离/mm	氩气纯度/%	氩气流量/(L·min^{-1})
Wce2.0	8～10	0～2	≤10	99.99	8～12

4. 操作要点及注意事项

① 铝合金的焊接主要是防止未熔合、气孔等问题，对于 6 mm×1 mm 如此小直径小厚度的铝管更是难上加难，稍有不慎就会未焊透无法通过氦检，或者背面透得过多，通球试验无法通过，对操作都的技能要求较高。

② 焊接时必须采用引弧板将电弧引燃后拉至焊缝，这样才能更好地避免气孔、夹渣的产生。

③ 添丝要准、轻、少，收丝迅速，观察焊缝金属淌开后焊枪的动作迅速前移；为防止金属塌陷过多，造成背面堵死，整个焊缝最多 3 次焊接完成，接头处应重叠 2～3 mm，尽量减少接头次数。

④ 在收弧处要求不存在明显的下凹以及产生气孔与裂纹等缺陷，在收弧处应该保证弧坑填满。

⑤ 该工件的焊接控制焊接速度是关键，重点关注管内渗透情况，速度过快过慢都影响得分。

案例三　管-管-板组合焊接技术

1. 试件尺寸及要求

① 试件材料：均为 Cr18Ni9Ti(酸洗，烘干，真空封存)。

② 试件及坡口尺寸：装配图见图 6 - 19，零件图见图 6 - 20(a)、(b)、(c)；无坡口尺寸要求。

③ 焊接位置：全位置。

④ 焊接要求：单面焊双面成形(按图示的地面符号的相对位置固定施焊，不允许对试件进

行修锉）。

⑤ 焊接材料：焊丝 HOCr21Ni10，直径为 1.6 mm（每段长 800，酸洗，烘干，真空封存）。

⑥ 焊接方法和焊机：手工 TIG、直流氩弧焊机 WS-400，直流正接。

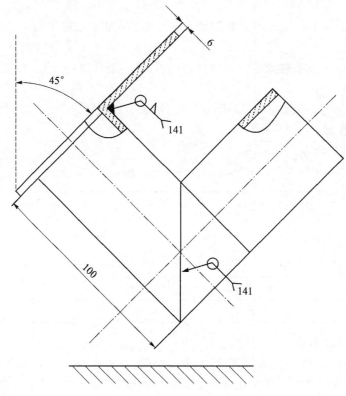

图 6-19　管-管-板组合装配图

2. 试件清理与装配

① 本试件无坡口要求，但为了保证焊透，管管对接应在夹角位置打磨少量坡口；管板可以不打磨坡，用间隙保证焊透性。

② 用机械方法清除坡口及其正反面两侧 20 mm 范围内的油、锈及其他污物，直至露出金属光泽，用丙酮清洗该区域。

③ 装配：

a. 装配次序：先将两管件呈 90°对接，再将定位好的管件与平板骑作式定位；间隙两管件在最小夹角处留 1.5 mm 间隙，其余地方因厚度较小装配时不留间隙；管件与平板间隙 2.5 mm。

b. 定位焊：采用与焊接试件相同牌号的焊丝进行定位焊，并点于试件正面，焊点长度为 5~8 mm，均不超过 3 处，必须焊透。管板定位时注意内径同轴度控制，偏差越小越好，同轴度直接影响焊透的效果，可两人辅助完成。

c. 错边量小于等于 0.5 mm。

d. 定位后将试件固定在操作架上，试件一经施焊不得任意更换和改变位置。

3. 焊接工艺参数

焊接工艺参数如表 6-12、表 6-13 所列。

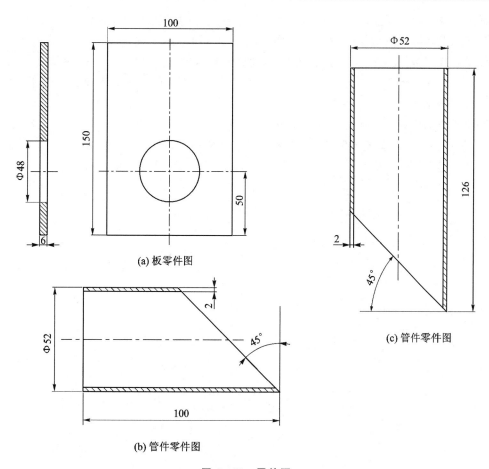

(a) 板零件图

(c) 管件零件图

(b) 管件零件图

图 6 - 20　零件图

表 6 - 12　管-管焊接主要工艺参数

焊接层次	焊丝直径/mm	焊接电流/A	焊接电压/V	焊枪与板面的角度/(°)	摆弧方式
单层焊	1.6	60～80	11～15	70～80	直线

表 6 - 13　管-板焊接工艺参数

焊接层次	焊丝直径/mm	焊接电流/A	焊接电压/V	焊枪与板面的角度/(°)	摆弧方式
打底焊	1.6	60～80	11～15	70～80	直线
盖面层	1.6	—	—	—	—

4. 操作要点及注意事项

（1）管-管焊

管-管 90°焊操作含有仰焊、立焊和平焊,最难是仰焊位和平焊位。仰焊位置太薄需要减少电流,并加快焊接速度;平焊位置厚度大于 2 mm,需要打磨少量坡口和留间隙来保证焊透。

（2）管-板焊

1）打底焊

重点是在定位时要将两孔尽量完全对应,不能有错边,这对控制焊透起到关键作用,在板始端定位焊缝上引弧，先不填丝，待形成熔池和熔孔后，开始填丝焊接。焊接时尽量压低焊弧，采用直线或小幅度锯齿形摆动，在坡口两侧稍作停留，熔池不能太大，防止熔融金属下坠。接头时可在弧坑右侧 15～20 mm 处引燃电弧，迅速将电弧左移至弧坑处加热，待原弧坑溶化后，开始填丝转入正常焊接。焊至焊件左端收弧，填满弧坑后灭弧，待熔池冷却后再移开焊枪。

2）盖面焊

焊枪摆动幅度加大，使熔池两侧超过棱边 0.5～1.5 mm，使熔合好、成形好、无缺陷，盖面层要保证一定的余高，避免产生咬边等缺陷，防止方法是保持短弧焊，手要稳，摆动要均匀，在坡口边沿要有意识地多停留一会，给坡口边沿填足铁水，这样才能焊接没有缺陷的焊缝。

参考文献

[1] 中国焊接协会培训工作委员会. 焊工取证上岗培训教材[M]. 北京:机械工业出版社,2007.

[2] 劳动和社会保障部与中国就业培训技术指导中心. 焊工[M].北京:中国劳动社会保障出版社,2006.

[3] 劳动和社会保障部教材办公室. 焊工[M].北京:中国劳动社会保障出版社,2004.

[4] 高卫明. 焊接方法与操作[M]. 北京:北京航空航天大学出版社,2012.

[5] 毕应利. 焊接工艺与技能训练[M]. 北京:机械工业出版社,2015.

[6] 宁文军. 焊工技能训练与考级[M]. 北京:机械工业出版社,2011.

[7] 周岐. 电焊工操作技能[M]. 北京:中国电力出版社,2015.